I0756141

¿Qué es la salud?

¿Qué es la salud?

La alostasis y la evolución del diseño humano

Peter Sterling

Cecropia Press
Boquete, Chiriquí
República de Panamá

© 2022 Peter Sterling
Todos los derechos reservados. Todos los derechos reservados. Ninguna parte de este libro puede ser reproducida en ninguna forma por ningún medio, electrónico o mecánico (incluyendo el fotocopiado, la grabación, el almacenamiento y la recuperación de información) sin el permiso escrito del editor.

Traducido al español por Sarah Spalding
Español editado por los doctores:
Alberto Pereda, Esteban Larronde, y Daniel Flichtentrei.
La portada: Las Cuevas de las Manos, Santa Cruz, Argentina.
Fotografía del autor, Cat Thrasher
Primera edición en inglés por MIT Press
ISBN: 978-0-262-04330-4, tapa dura

613
St45 Sterling, Peter
¿Qué es la salud? : La alostasis y la evolución del diseño humano / Peter Sterling ; traductor Sarah Spalding ; Editor literario Daniel Flichtentrei ; Editor literario Esteban Larronde ; Editor literario Alberto Pereda. -- Panamá : Cecropia Press, 2022.
320 p. ; 23 cm.

ISBN 978-9962-715-33-7

1. SALUD PÚBLICA
2. PROMOCIÓN DE LA SALUD I. Título.

Cecropia Press
www.cecropiapress.com

En honor a la memoria de Joseph Eyer (1944-2017):
amigo y navegante. Perdido en el mar.

Contenido

Prefacio

Mi vida profesional ha tenido dos pasiones. Una era entender el cerebro, investigando sus circuitos detallados. La otra era participar en los amplios movimientos prosociales de mi época. Ambas pasiones echaron raíces durante mis años de estudiante, las décadas posteriores a la Segunda Guerra Mundial. Yo era un adolescente cuando los neurofisiólogos registraron por primera vez los impulsos eléctricos de los neurones en el ojo y los neuroanatomistas visualizaron por primera vez las sinapsis con el microscopio electrónico. Pronto—en pocos años—me convertí en aprendiz en sus laboratorios, y más tarde utilicé esos enfoques en mi propio laboratorio, especializándome en la estructura y la función de los circuitos neuronales en la retina.[1]

También era un adolescente cuando los ciudadanos negros de Montgomery, Alabama, ganaron el boicot a los autobuses urbanos y empezaron a sentarse en la parte delantera como todos los demás. Y todavía era un adolescente en la Universidad de Cornell cuando los estudiantes negros de Greensboro, Carolina del Norte, realizaron manifestaciones pacíficas llamadas "*sit ins*" porque ocupaban espacios y se sentaban allí, buscando establecer su derecho a comer en los comedores públicos. Pronto estaba organizando piquetes de apoyo en Ithaca, Nueva York, y me uní a los viajes de la libertad a Mississippi.[2] Mientras realizaba mi tesis doctoral sobre neuroanatomía en la Western Reserve University, me escabullía de mi microscopio para ir de puerta en puerta en "Central", el gueto negro más pobre de Cleveland, Ohio. Luego, como postdoc, patrullaba el centro de reclutamiento como activista antibélico en el gélido amanecer de Boston y más tarde me calentaba junto a mi osciloscopio en la Facultad de Medicina de Harvard.

Siempre tuve un doloroso conflicto—nunca supe si mi lugar era el laboratorio o la calle. Con el tiempo, cuando era un miembro joven de la facultad en la Universidad de Pensilvania, conocí a Ingrid Waldron y Joseph Eyer, quienes me animaron a reflexionar sobre mi experiencia en las calles.

En "Central" algo llamó poderosamente mi atención, las personas que entrevistaba estaban a menudo parcialmente paralizadas—con la cara caída hacia un lado, el habla entrecortada, y/o apoyadas en un bastón. De vuelta al laboratorio, donde mi mentor estudiaba las conexiones corticales con el tronco del encéfalo y la médula espinal, aprendí que esta condición, la hemiplejía, es el resultado de un accidente cerebrovascular que interrumpe esas mismas conexiones. A menudo, el ictus está provocado por la hipertensión esencial (presión arterial alta crónica). Nunca había visto una apoplejía en el suburbio blanco de clase media en el que crecí, ni en el próspero suburbio blanco de Brookline, donde hice campaña contra la guerra de Vietnam. Pero recordé que Central había sido una vez un gueto judío, en el que mi abuelo había estado confinado a participar solamente en un sindicato judío de pintores de casas; el también había sufrido hipertensión y una apoplejía temprana. La hipertensión, al parecer, podría estar motivada por la tensión social.

Pero, ¿cómo podía funcionar eso? "Esencial" en la jerga médica significa "causa desconocida", pero en realidad había una teoría estándar sobre la hipertensión. Si se come más sal de la que los riñones pueden excretar, el volumen de agua con mayor contenido de sal se expande en el sistema circulatorio y la presión arterial aumenta. Según esta teoría, los negros sufren excesivamente de hipertensión porque, lamentablemente, sus riñones son genéticamente intolerantes a la sal. No hay cabida para el papel que pueda jugar el cerebro; ni tampoco para el papel que puede jugar el racismo.

Sin embargo, revisando revistas de estructura celular, encontré micrografías electrónicas mostrando sinapsis nerviosas en las células endocrinas del riñón. Estas células segregan una hormona que indica al riñón que retenga sal y a los vasos sanguíneos que se contraigan. Así, el cerebro, a través de esta simple vía, podría simultáneamente aumentar el agua salada y reducir el volumen vascular, efectos que en su conjunto elevan la presión arterial. Buscando más, encontré conexiones neuronales con muchas otras células endocrinas: las que secretan insulina, glucagón, cortisol, etc. Buscando una pistola humeante que relacionara la sociedad con la salud, había encontrado toda la artillería.[3]

Cuando comprendí que la sociedad, al influenciar la actividad cerebral, podía influenciar profundamente la fisiología, mi lugar de activismo social pasó de la calle a la biblioteca—para aprender más—y luego a la sala de conferencias para compartir mis conocimientos con estudiantes de medicina y colegas. Naturalmente, hubo una fuerte resistencia. Los médicos se sentían muy cómodos con el venerable concepto "sin culpa" de la homeostasis, según el cual los mecanismos locales de corrección de errores imponen valores constantes sin el cerebro, excepto en casos de emergencias. Toda la educación médica se centró en esta idea, y todavía lo hace. Pero resulta que la mayoría de los parámetros no son constantes—sólo unos pocos se mantienen fijos. Y, aunque los mecanismos locales de corrección de errores participan en la ecuación general, es el cerebro el que esta definitivamente está a cargo.

El nacimiento de la alostasis

Al encontrar poco éxito con una simple crítica de la homeostasis, y al sentirnos más confiados en nuestro grado de entendimiento, Joseph Eyer y yo propusimos una hipótesis más amplia. El objetivo clave de la regulación fisiológica no es la estabilidad rígida, sino una variación flexible que se anticipe a las necesidades del organismo y las satisfaga rápidamente. El modelo explica ¿Por qué, el cerebro debe estar a cargo?: simplemente es más eficiente predecir una necesidad y satisfacerla que esperar un error y corregirlo. Para que este modelo de "regulación predictiva" pudiera representar una alternativa creíble a la homeostasis, necesitaría un nombre. Por eso, aconsejados por un profesor de griego antiguo, lo llamamos alostasis—que significa "estabilidad a través del cambio".[4]

La alostasis ha sido criticada como un nombre elegante para nada nuevo.[5] Pero ofrece algo muy específico, que no se encuentra en ningún libro de texto de medicina: definiciones de principios de la salud y de la enfermedad. Mientras que la homeostasis tiende a definir la "salud" como una lista de valores de laboratorio "apropiados" y la "enfermedad" como valores "inapropiados", la alostasis define la salud como la capacidad de variación adaptativa y la enfermedad como una reducción o compresión de esa capacidad. Desde el punto de vista terapéutico, la homeostasis hace hincapié en los fármacos para modificar parámetros alterados —dos o tres fármacos para corregir la presión arterial, otros fármacos para normalizar la glucosa en sangre, otros para los lípidos en sangre, etc. Estos fármacos tienden a reducir la capacidad de variación adaptativa, mientras que la alostasis hace hincapié en lo contrario, en intervenciones que aumenten la capacidad de variación adaptativa.[6]

Principios del diseño humano

El modelo de la alostasis, aunque está lejos de suplantar a la homeostasis, gradualmente, ha ido ganando adeptos.[7, 8] Sin embargo, me preocupó que la teoría se gestara de arriba abajo: de la sociedad a las células, mientras que los científicos prefieren construir sus teorías de abajo hacia arriba. Empecé a preguntarme: ¿cuándo surgió la alostasis en la evolución? Si apareció tempranamente y se conservó, entonces debe ser fundamental—una respuesta a alguna profunda limitación. Pero entonces, si compartimos esta restricción con especies anteriores, ¿qué aspectos de nuestro propio diseño podrían considerarse exclusivamente humanos? Estas preguntas coincidieron con dos eventos tardíos de mi carrera.

Mis estudios de laboratorio han pasado de simples descripciones de los circuitos de la retina a cuestiones más amplias sobre su diseño. Los diseños de la retina parecían optimizar el procesamiento de la información visual,[9] y, al perseguir esta noción de forma experimental, en colaboración con un físico experto en la "teoría de la información", descubrimos varias características de diseño que maximizan la información para lograr una determinada inversión en espacio y energía.[10]

Cuando se acercaba el momento de cerrar mi laboratorio, me uní a otro científico visual, también experto en información y eficiencia energética, para escribir un libro general sobre 10 principios generales del diseño del cerebro.[11] Uno de los principios, resultó ser la regulación predictiva—alostasis. Así, habíamos encontrado un camino de principios desde el diseño eficiente del cerebro hasta la regulación fisiológica eficiente.

Para entonces, me alejé de nuevo del laboratorio—no a las calles, sino a zonas salvajes de América Central. Habiendo leído innumerables descripciones de presión arterial baja entre los forrajeadores y los agricultores de antaño, deseaba por fin conocer a algunos. Así que, acompañado de mi aventurera esposa, visité los bribrí, en las montañas de Talamanca, al este de Costa Rica, los pêche, en Honduras, los naso en el noroeste de Panamá, los Emberá en el Darién panameño y los ngöbe en el altiplano panameño de Chiriquí. Dos veces crucé el istmo por senderos selváticos, visitando pequeñas comunidades a dos días de distancia de cualquier tipo de mercado. Al final compramos una pequeña finca en Chiriquí, donde, durante casi 15 años, hemos vivido en estrecha relación con una familia ngöbe que la administra y la trabaja.

Esta pasantía tardía, aunque no sustituye una formación formal en antropología o agronomía, nos ha permitido conocer la existencia humana antes del dominio de los combustibles fósiles y de la educación formal prolongada. Llegamos justo a tiempo para observar las habilidades prácticas, la vida comunitaria y las relaciones con la naturaleza. Luego fuimos testigos de la constante erosión de la vida anterior al mercado a medida que nuestra comunidad avanzaba—con nuestra ambivalente ayuda—hacia la modernidad. Esta experiencia nos dio la oportunidad de relacionar la alostasis y otros principios de diseño con el cambio social. Esta es mi intención en lo que sigue.

Compromiso con el lector

Dado que esta historia se desarrolla durante mucho tiempo, 109 años (la vida en la Tierra), y una gran escala espacial, 109 (proteína a persona), son inevitables las disputas sobre qué hechos son "verdaderos". He intentado ser consciente de las diversas incertidumbres y basar el relato sobre hechos generalmente aceptados. Los lectores pueden evaluar la historia tejida a partir de estos hechos—otra persona la contaría de forma diferente—pero la base no debe ser controversial. He tratado de contar la historia con el menor número posible de términos técnicos, poniendo en cursiva cada uno de ellos en su primera mención. Para reducir aún más los términos inútiles y los paréntesis explicativos, a veces utilizo sólo la abreviatura técnica. De este modo, el lector, si comprende lo suficiente el contexto, puede seguir avanzando, remitirse a la lista de abreviaturas de este volumen o consultar en Wikipedia, la cual he encontrado está muy bien documentada, para obtener más explicaciones.

Una advertencia importante: los estudios de arqueología y genómica humana están ahora en constante cambio, con nuevas y brillantes observaciones que surgen casi semanalmente. Por lo tanto, las fechas de aparición y migración de los humanos están en constante y fascinante revisión. Sin embargo, no se puede hablar de evolución sin algunas fechas como puntos de anclaje—así que elegí las que parecen ser actualmente más plausibles, sabiendo que estos centros no pueden mantenerse. Por otro lado, para mi historia las revisiones no deberían importar. Si el *Homo sapiens* surgió hace 200.000 o 150.000 años, o abandonó África hace 70.000 o 60.000 años, no cambiaría el hilo conductor. El mapa de la migración de *sapiens* que abre el capítulo 4 puede estar ya lo suficientemente desfasado como para molestar a un antropólogo molecular, pero las correcciones no cambiarían los puntos básicos.

La escritura creíble en ciencia y medicina exige una documentación minuciosa. Hay que anticiparse constantemente a los escépticos: ¿Ah, sí? ¡Muéstrame! Pero esto puede convertirse en un obstáculo para el lector que trata de avanzar con rapidez a través de una historia amplia y muy argumentada. Mi compromiso fue introducir citas detalladas mientras escribía, pero finalmente las trasladé a una sección separada de Notas. Esto debería deleitar a las liebres pero molestar a las tortugas, que podrían preferir examinar cada referencia a lo largo del avance. Toda mi vida profesional ha estado al servicio de las tortugas. Esto es para las liebres. Varias citas, tanto los epígrafes como en el texto, han sido editadas por razones de brevedad.

Agradecimientos

Hace varios años, mi esposa y yo vimos la serie de conferencias de Yuval Harari titulada *Sapiens: Una Breve Historia de la Humanidad* y más tarde leímos el libro. Su audacia para contar una gran historia sobre nuestra especie fue inspiradora, sobre todo al reconocer, lo que rara vez hacen los historiadores, que somos animales. En retrospectiva, creo que Harari se apresuró a pasar por encima de nuestra biología, y también pasó rápido por el proceso de la evolución. He intentado corregir aquello aquí, pero quiero reconocer su estimulante contribución. Otro libro inspirador fue *Armas, Gérmees y Acero* de Jared Diamond, por su originalidad, facilidad de lectura y compromiso con la precisión. Para una visión moderna de la evolución, *The Plausibility of Life*, de Marc Kirschner y John Gerhart. Y, por supuesto, está el incomparable Charles Darwin: *El Origen de las Especies* y *El Origen del Hombre*.

Mi formación en primatología se ha beneficiado de la lectura de las obras de Robert Seyfarth y la difunta Dorothy Cheney, sobre todo *Metafísica de los Babuinos*, y por nuestra fantástica estancia en su campamento de investigación en la Reserva de Moremi, en Botsuana. También está el brillante y legible *Cómo Evolucionaron los Humanos* (8ª ed.) de Robert Boyd y Joan B. Silk.

Mi profunda gratitud por el apoyo institucional a este proyecto va dirigida a Wikipedia, a PubMed y a la Biblioteca de la Universidad de Pensilvania, especialmente por su atención personal casi en tiempo real, ¡incluso los fines de semana! Mi formación de grado, postdoctoral y todos mis estudios de laboratorio fueron financiados por los Institutos Nacionales de la Salud durante casi medio siglo. Estoy personalmente agradecido, pero también asombrado, de esta brillantemente constructiva institución federal.

Agradezco enormemente el cuidado y la tutela de mis padres, Dorothy y Philip Sterling, por los amplios debates a la hora la cena, que siempre nos incluían a mí y a mi hermana, Anne, además de las ocasionales visitas de algún interesante invitado a la 1:00 am del FBI de la época de McCarthy. Mis padres nos proporcionaron un modelo de activismo social; una generosidad constante y empática y la buena escritura. Mi hermana, la actual profesora Anne Fausto-Sterling, amplió la tradición familiar con su valiente variante de la sociobiología, y agradezco nuestros continuos intercambios. También estoy agradecido por la persona que me cuidó desde pequeño, la impresionante y cariñosa Annette Smith Lee, cuyas historias sobre la Jamaica rural me implantaron los sueños tropicales que estoy viviendo ahora, y cuya insistencia en ser tratada con respeto es inolvidable.

Por mis primeras experiencias agrícolas en el valle del río Hudson, agradezco a Charles Lester Rice y Nancy Armstrong Rice. Durante los ataques de insomnio, todavía me calmo repitiendo mentalmente el ordeño matutino y las tareas avícolas con Les. Por sus emocionantes tutorías científicas estoy profundamente agradecido a Howard Schneiderman, Henricus Kuypers, David Hubel y Torsten Wiesel. Tantas lecciones brillantes en tan poco tiempo, muchas de las cuales no eran conscientes.

Agradezco su lectura y sus sagaces comentarios sobre cada capítulo a Sally Zigmond, Simon Laughlin, Philip Nelson, Alan Pearlman, Kai Kaila, Roger Dampney y Joseph Bergan. También a Jay Schulkin, que ocupa un lugar especial por haber leído y comentado el primer artículo sobre la alostasis y todos los que se han publicado desde entonces.

También agradezco los numerosos y atentos comentarios sobre capítulos específicos de Zach Hall, Robert Collins, Stan Schein, José Tapia Granados, Pablo Ripollés, Jonathan Steiglitz, Joan Silk, Robert Boyd, Andrew Barto, Read Montague, Wolfram Schultz, Dean Astumian, Michael Selzer, Richard Masland y Bart Borghuis.

Por su generosa correspondencia, doy las gracias a Bruce McEwen, Mary Dallman Margret Livingston, Zachary Knight, William Blessing, Allyn Mark, Paul Glimcher, Amita Seghal y Charles Liberman.

Por su continuo estímulo y apoyo a este proyecto, así como sus comentarios sobre el capítulo, agradezco a Price Peterson, Michael Mullin, Tom Werder Dan Wade, Guy Lanza, Irving Seidman, Neil Krieger, Jonathan Demb, Janos Perge, Peter Strick (también por la Figura 6.3) y a Vijay Balasubramanian.

Por enriquecer nuestra experiencia en Panamá, en la naturaleza, la agricultura y la sociedad—y por su amistad, estoy profundamente agradecido a Susan y Price Peterson, Charlotte Elton y Rafael Spalding, Eugenio y Joanne Lee, Marjorie y Steve Sarner, Edward Toríbio y Milagros Sánchez Pinzón.

Por presentarnos a Sally y a mí a la comunidad bribrí de Yorkin, Costa Rica, Agradezco a William McLarney, al difunto Benson Vanegas y a Maribel Mafla.

Un profundo y especial agradecimiento a Mariano Gallardo y su esposa, Niña Séptimo Gallardo, y a todos sus maravillosos hijos y nietos, por sus muchos años de ayuda y enseñanza, y por compartir la vida en nuestra finca.

Agradezco a MIT Press todo el esfuerzo realizado en este proyecto, en especial a mi editor, Robert Prior, y a su asociada, Anne-Marie Bono; a Deborah Cantor-Adams y Regina Gregory por su cuidadosa edición; y a Mary Reilly por su inteligente y elegante ejecución de las figuras.

Gracias a Iris Broudy por su cuidadosa corrección e indexación.

Desde hace bastante tiempo, mi esposa, Sally Zigmond, ha sido nuestra principal proveedora de sustento, aportando casi todas las calorías y la carne, además de todo lo que no sea escribir—con una paciencia impertérrita y buen humor. Los amigos me preguntan ahora: "¿Qué harás cuando termines?". Respuesta: "¡Lo que me pida Sally!".

Por último, agradezco a mis hijos, Emily Graves y Dan Sterling, su presencia y amor, su admirable práctica sagrada, y por todas las maneras en las que han enriquecido mi existencia desde su llegada a la tierra.

Agradecimientos para la edición en español

Muchas gracias a Noa Jane Chambers por su traducción inicial usando DeepL, y también a Sarah Spalding Elton por todas sus mejoras, demostrando una inteligencia superior a la de cualquier inteligencia artificial. Gracias especiales a Pat Alvarado, Editora de Cecropia Press, por su trabajo tremendo y muy inteligente en preparar el libro por publicar las dos ediciones en español, electrónico y rústico. Desde que el libro fue publicado en inglés, he recibido mucho apoyo de mis simpatizantes en Argentina, los doctores Daniel Flichtentrei y Esteban Larronde y por ello siento mucha gratitud. Finalmente, gracias especiales a Alberto Pereda, mi amigo en la neurociencia, por la última lectura y sugerencias finales.

Introducción: El marinero perdido

El Dr. Oliver Sacks contó en una ocasión para la Radio Nacional Pública (NPR) la historia de un paciente al que llamó el "marinero perdido". Jimmy, un antiguo marinero, tenía alrededor de 40 años, pero estaba recluido en un hogar católico para ancianos.[1] Jimmy había perdido todos sus recuerdos desde los 18 años y sólo podía retener nuevas experiencias durante pocos minutos. Aunque Sacks llegó a conocer a Jimmy y a considerarlo con cariño, no ocurrió lo mismo a la inversa. Para Jimmy, Sacks siguió siendo un extraño para siempre. Al carecer de memoria, Jimmy no podía forjar vínculos humanos. Estaba deprimido y agitado.

Sacks se preguntaba empáticamente qué podía sostener a un hombre tan aislado. Le preguntó a una de las hermanas cuidadoras: "¿Cree que Jimmy tiene alma?"

"Ciertamente", respondió ella. "Debería verlo en la capilla". Allí Sacks observó que la música sagrada y el ritual aliviaban a Jimmy de su agitación habitual y le daban paz. Lo mismo ocurría mientras trabajaba en el jardín.

Mandé a buscar la grabación y la puse para mi clase de neurociencia de estudiantes de primer año de medicina. Cuando la música terminó, me quedé paralizado de emoción y apenas conseguí graznar: "¿Y?". Las manos se alzaron y el primer comentario fue un alegre "¿Dónde está la lesión?". Me había anticipado a esta pregunta porque es lo que se hace desde el primer día en todos los cursos: fisiología, bioquímica, biología celular, neurociencia y farmacología. *¿Cuál es el defecto? ¿Dónde está la lesión? ¿Cuál es el trastorno?*

Respondí que el déficit de Jimmy, conocido como síndrome de Korsakoff, se asocia a una pérdida de neuronas en los cuerpos *mamilares* debida al alcoholismo con deficiencia de tiamina (véase la Figura I.1). Entonces le expliqué por qué había puesto la cinta.

No era para presentar otro dato más que aprender para el examen. Tampoco era para que se asombraran de que un pequeño grupo de neuronas se asociara con una pérdida tan específica y catastrófica.[2] Los estudiantes de medicina están inundados con hechos impresionantes, por lo que deben acostumbrarse o volverse locos. Lo que yo quería mostrar era la posibilidad de contar con una curiosidad empática y la recompensa de investigar más allá de los entornos clínicos y de laboratorio estándar. Sacks, al simplemente entrar en la capilla a la hora señalada, había recordado la profunda necesidad humana de la experiencia sagrada y su poder de sanación.

Definición de la práctica sagrada

"Sagrado" significa "reverencia por lo inefable"—lo que el lenguaje casual no puede expresar. Las prácticas sagradas incluyen el sexo, la música, la danza, el arte, las historias, los chistes, las construcciones monumentales, y una multitud de ceremonias entorno al nacimiento, la pubertad, el matrimonio y la muerte. La experiencia sagrada provoca emociones intensas como el asombro, la alegría o la pena—que de alguna

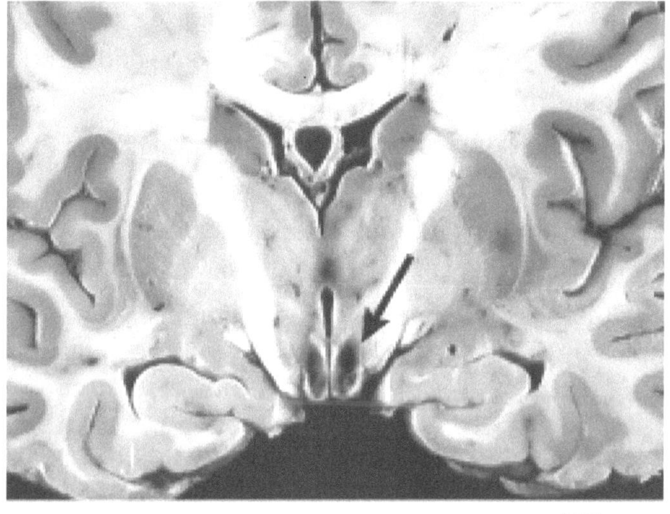

Figura I.1
El daño cerebral en el síndrome de Korsakoff incluye los cuerpos mamilares y varias estructuras asociadas. Se muestra una sección transversal del cerebro anterior humano. La flecha señala el cuerpo mamario derecho, cuyo aspecto oscurecido indica degeneración.
Fuente: Reimpreso de "Toxic Encephalopathies I: Cortical and Mixed Encephalopathies", de Tracy J. Eicher, 2009, en Michael R. Dobbs (Ed.), *Clinical Neurotoxicology*, con permiso de Elsevier.

manera aportan alivio. ¿Por qué nuestra especie necesita una práctica sagrada?: Es una cuestión importante que se examinará más adelante (véanse los capítulos 4-6). Por ahora, basta con observar que nuestra gran inversión en circuitos neuronales para producir y procesar la música y el arte podría indicar su importancia para nuestro diseño.

Una clase de 20 estudiantes de medicina suele incluir alrededor de un tercio que son muy empáticos. Otro tercio se centra inicialmente en "la lesión" pero luego revelan cierta capacidad empática. Comprenden que la pregunta de Sacks "¿Qué sostiene a un hombre?" es más profunda que "¿Dónde está la lesión?". Pueden apreciar el valor de conectar estas preguntas—de considerar cómo un Ave Maria podría unir una personalidad fragmentada.[3] Para apoyar a estos estudiantes y fomentar ese impulso, repetí la cinta anualmente durante muchos años.

El resto de los alumnos están obviamente impacientes con la historia y la discusión subsiguiente. Los dedos tamborilean, las piernas se agitan y los ojos se ponen en blanco. Estos alumnos parece que se sienten incómodos con la idea de que somos algo más que músculo y sangre, piel y hueso. La idea de que la sanación pueda implicar de algún modo la existencia del alma parece casi intolerable, al igual que la afirmación de que se haya logrado mediante alguna argucia religiosa o tirando de un montón de hierbas.[4] Atendí mal a esos estudiantes porque estaba tan centrado en la magia más allá de la palabrería de la neurociencia. En aquel entonces, siguiendo mi matrimonio de 20 años, yo también era un marinero perdido que buscaba la integridad y encontrar algo en mis propias raíces religiosas.

Ahora la experiencia de Jimmy en la capilla—y la mía en la sinagoga—parecen estar más cerca de una especie de comprensión mecánica. La música sagrada imita las cualidades tonales y los intervalos de la voz humana que expresan alegría y tristeza.[5] La música nos une a generaciones pasadas y evoca patrones neuronales de los circuitos que evolucionamos para esos fines—circuitos que Jimmy conservó a pesar de que el alcohol había destruido sus otros circuitos para crear nuevos recuerdos.

La música sagrada que trae lágrimas a mis ojos en Yom Kippur—Día de la Expiación—me recuerda que cometo los mismos errores que mis progenitores tribales. Aunque soy ateo de toda la vida, mi incredulidad en cualquier tipo de poder superior no parece interferir con mi respuesta emocional a la música y a la oración comunitaria. Las lágrimas liberan la tensión durante minutos u horas, pero el alivio sostenido requiere que adopte varias prácticas sagradas, como la búsqueda de mis faltas. Mi primer experimento fue buscar un profesor al que había insultado en un momento de consternación y pedirle perdón. Eso funcionó, por supuesto, para ambos.

La búsqueda y la concesión del perdón pueden dar tanta satisfacción a ambas partes que empecé a preguntarme por qué no era un tema presente en nuestro plan de estudios. Recuerdo que los pueblos iroqueses del noreste de Norteamérica atribuían la enfermedad a las tensiones interpersonales, y la trataban en elaboradas ceremonias de perdón.[6] Si la búsqueda del perdón pudiera conectarse mecánicamente con la fisiología molecular, sería una poderosa "nueva" herramienta terapéutica. Me puse alerta ante posibles pistas en la literatura.

Todos somos marineros

En aquel entonces, si un estudiante me hubiera preguntado: "¿Qué te ha movilizado tanto?" No lo podría haber explicado. Pero ahora, décadas después, puedo responder: todos somos marineros en peligro constante de perdernos; todos necesitamos desesperadamente cartas de navegación y Jimmy se había perdido mucho antes de perder sus cuerpos mamilares. Algo le impidió llevar una vida integrada y lo encauzó en un camino de alcoholismo crónico. Sin conexión, todos corremos el riesgo de caer en una u otra adicción: el trabajo, la comida, las drogas, el juego, el sexo, la rabia, y etcétera.

A falta de claridad sobre lo que se necesita para una vida

integrada, la medicina se centra en los mecanismos finales—un barco sobre las rocas—que parecen ofrecer sencillas posibilidades de reparación. La ciencia básica puede ser convincente porque aclara eficazmente pequeñas preguntas que conducen a otras pequeñas preguntas que pueden conducir finalmente a una píldora. Pero el espacio dentro de nosotros y entre nosotros es tan complejo que, sin algún modelo, cada brillante avance puede desviarnos aún más.

Imaginemos que un hombre canoso y agitado, el Sr. Dante Alighieri, espera una hora para ver a un médico. "Bueno, Dante, ¿cuál parecc ser tu problema?" Respirando hondo, Dante suelta: "Bueno, en medio del viaje de mi vida me encuentro en un bosque oscuro y me he perdido". Si el médico es joven y de mente literal, Dante podría recibir una rápida lección sobre Google Maps. De lo contrario, probablemente reciba una palmadita en el hombro y una prescripción de un inhibidor selectivo de la recaptación de serotonina. Para algunos lectores este régimen terapéutico les parecerá perfectamente normal. De hecho, para un paciente mediana edad, ansioso y deprimido, puede ser el estándar de atención.

Sin embargo, nos perdemos en etapas predecibles del ciclo vital: como adolescentes durante la pubertad, como adultos jóvenes que se incorporan al mundo laboral, como padres jóvenes y en la mediana edad. La crisis de la pubertad coincide con una fase de crecimiento rápido de mente y el cuerpo que es tan sorprendente e inquietante que justifica ceremonias para marcarla con prácticas sagradas especiales. La crisis de la juventud coincide con un cambio a gran escala en nuestro patrón cerebral de expresión genética, y la crisis de la mediana edad coincide aproximadamente con la maduración final de nuestro lóbulo frontal. Las crisis posteriores, aunque no suelen estar marcadas por ceremonias específicas, son ciertamente material para la gran literatura, como Hamlet (edad adulta temprana) y Fausto (mediana edad).

A lo largo de muchas decenas de milenios, probablemente desde la aparición de nuestra especie, las crisis cognitivas/emocionales han sido expresiones predecibles de nuestro diseño. Lo que necesitamos en esos momentos puede que no sea una píldora para arreglar un circuito que no está roto, sino una guía, como el Virgilio de Dante (véase la Figura I.2), a través de nuestro particular infierno. Y lo que la medicina necesita, sin duda, es una concepción más amplia del diseño humano que pueda comprender tales tormentas—además de los intervalos más tranquilos entre ellos. Los capítulos siguientes tratan de construir tal concepción, distinguiendo cuatro épocas del diseño humano.

Figura I.2
Dante guiado por Virgilio a través del Infierno.
Fuente: Grabado de Gustave Doré (1861).

El diseño de los seres humanos: Cuatro épocas

El término "diseño" preocupa a algunos biólogos, pues parece implicar un Diseñador. Pero, dado que toda la vida ha evolucionado a través de variaciones sin rumbo y de la selección natural, en cierto sentido sólo somos una concreción de cuatro mil millones de años de accidentes afortunados. "Diseño" se refiere a un esquema general que gobierna la disposición de los elementos, "Por qué" son así. Esta es mi preocupación, el esquema general que rige a una persona individual y a nuestra especie—además de los por qués. Darwin se enfrentó al mismo conflicto:

> Se ha dicho que hablo de la selección natural como un poder activo o una Deidad; pero ¿quién se opone a que un autor hable de la atracción de la gravedad? Todo el mundo sabe lo que significan y lo que implican tales expresiones; son casi necesarias para la brevedad. Es difícil evitar la personificación de la palabra Naturaleza; pero entiendo por Naturaleza, sólo la acción agregada y el producto de muchas leyes naturales, y por leyes la secuencia de los acontecimientos tal cómo la hemos comprobado. Con un poco de familiaridad estas objeciones superficial se olvidarán.[7]

Ahora el reto de definir "humano". Nuestro diseño abarca cuatro épocas, cada una de las cuales se basa en sus predecesoras. La primera época comenzó con células individuales que extraían energía de un entorno marino y la canalizaban a través de la química intracelular para reproducirse. Las células aumentaron gradualmente su complejidad y, al cabo de tres mil millones de años, funcionaban realmente bien. En consecuencia, la mayoría de los procesos básicos de las células humanas se conservan desde esta época: la codificación genética, el metabolismo celular, la motilidad celular y la mitosis han cambiado muy poco.[8] No es que la evolución haya cesado—nunca lo hace. Más bien estos procesos se estabilizaron porque, siguiendo varios principios de diseño, alcanzaron una eficiencia casi óptima. No podían mejorar más; Además, el cambio los empeoraría, por lo que persistieron, como se explicará en el capítulo 1.

Entonces comenzó la segunda época del diseño humano. Las células se adhirieron unas a otras para formar organismos más grandes. La multicelularidad proporcionó innumerables ventajas en la competencia por los recursos, pero también hubo innumerables desafíos, como la coordinación del movimiento y el metabolismo. Un organismo puede impulsarse de muchas maneras—nadar, retorcerse, arrastrarse o saltar—pero todas requieren la acción coordinada de los músculos. Y una vez que el animal especializa sus tejidos para la contracción, la digestión, etc., cada tejido tiene necesidades metabólicas. Así que el animal requiere de un sistema para gestionarlos y resolver conflictos. Además, una vez que el animal alcanza el tamaño de unos pocos milímetros, se beneficia de la ampliación de su capacidad de aprendizaje y memoria.

Los animales se enfrentan a estos retos especializando ciertas células—neuronas—para ampliar el número de canales separados para enviar información rápidamente a través del cuerpo. Al principio, las neuronas se distribuían por todo el organismo como una red, pero una vez que el animal adoptó un cuerpo bilateralmente simétrico las neuronas podían comunicarse más eficientemente con el cuerpo como un cordón nervioso, más eficazmente entre sí cuando se agrupaban en forma de cerebro, y más eficientemente para sentir y dirigir el movimiento hacia delante, con el cerebro en la cabeza. Además, al igual que las células somáticas ganaron eficiencia al especializarse en órganos distintos, las neuronas ganaron eficiencia al especializarse en circuitos que residen en regiones distintas del cerebro. Los animales, de nuevo acercándose a la alta eficiencia, se diversificaron enormemente, con una rama que condujo a los vertebrados: desde peces a anfibios y reptiles (véase el capítulo 2).

La tercera época del diseño humano comenzó cuando un reptil evolucionó y así creó dos nuevas características y se convirtió en un mamífero. Una fue la *endotermia*, la capacidad de mantener la temperatura corporal muy por encima de la temperatura ambiente. La endotermia aceleró el ritmo de todas las reacciones bioquímicas y así aceleró el ritmo de la vida. La otra fue la *lactancia*, la capacidad de producir un nutriente endógeno para alimentar a las crías neonatas. Las dos características estaban acopladas en el sentido de que cada una requería prácticamente de la otra, y ambas fueron esenciales para nuestro diseño (véase el capítulo 3). Cuando nuestra especie surgió hace unos 150.000 años—un guiño en el tiempo evolutivo—habíamos conservado los dones de tres épocas anteriores, y también los de nuestros ancestros primates.

La cuarta época del diseño humano añadió algo sutil que nos permitió, al encontrarnos con otras especies de nuestro género (Homo), suplantarlos rápidamente y suprimirlas por completo. *H. sapiens* salió de África hace unos 60.000 años y pronto—hace unos 50.000 años—se encontró con *H. neanderthalensis* en Europa y *H. denisova* en Siberia. Hubo algunos cruces con cada uno de ellos—pero a los 5.000 años—de los encuentros iniciales esas especies se extinguieron y *sapiens* había migrado por el sureste de Asia y Australia. Hace 16.000 años varios grupos de *H. sapiens* habían cruzado el istmo de Bering hacia Alaska, y hace 9.000 años, los artistas de nuestra especie habían plasmado imágenes de manos en cuevas cerca del extremo sur de Sudamérica (véase la Figura I.3).[9]

Este rápido predominio estaba regido por un principio de diseño conocido—la *especialización*—que llevó al cerebro de *H. sapiens* al límite. El cerebro había estado expandiéndose en nuestro género durante varios millones de años, tanto absolutamente como en proporción al tamaño del cuerpo. Llegó a su punto máximo en el *H. neanderthalensis*, cuyo cerebro y cuer-

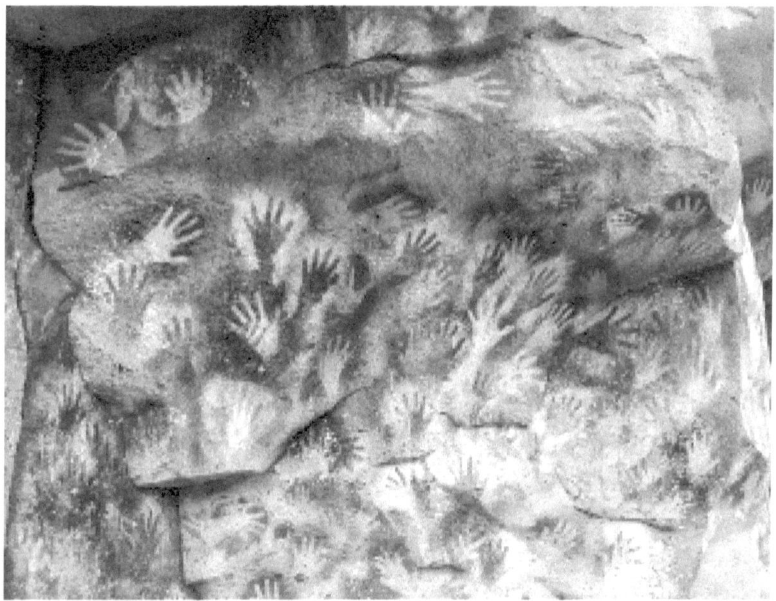

Figura I.3
Plantillas de la Cueva de las Manos en el sur de Argentina.
Ejecutados por los forrajeadores unos 9.000 años antes del presente.
Fuente: https://en.wikipedia.org/wiki/Cueva_de_las_Manos.

po robusto son un 30% más grandes que el nuestro.[10, 11] ¿Cómo pudo el *sapiens* con un cerebro más pequeño en un cuerpo delgado—David a Goliath—suplantar a *H. neanderthalensis*? Al parecer, mediante una mayor capacidad de cálculo. Sin embargo, como el cerebro de *H. sapiens* era más pequeño y toda su corteza estaba ocupada por circuitos dedicados, ¿cómo pudo ocurrir eso?

La única posibilidad que quedaba era la especialización de los cerebros, es decir, que cada individuo fuera diferente (véase el capítulo 4). Por supuesto, salvo en el caso de la reproducción clonal, todos los animales difieren genéticamente en algún grado, y todos los animales difieren en sus experiencias, lo que hace que los cerebros individuales sean diferentes. Pero los humanos han llevado esto más allá expresando amplios espectros de diferentes habilidades innatas cuya práctica conduce a cerebros extraordinariamente diferentes. Este diseño beneficia a una comunidad pero puede dejar a los individuos con deficiencias (véase el capítulo 6).

Durante sus 150.000 años de existencia, el *H. sapiens* se ha adaptado bien a su entorno—todo el planeta—aunque el propio entorno fluctuara radicalmente.[12] Pero ahora nuestra especie se encuentra repentinamente amenazada por múltiples crisis autoinfligidas. Las crisis incluyen el calentamiento global y todo tipo de adicciones, desde los opioides hasta los helados. El calentamiento global se considera generalmente un problema político, y las adicciones se ven como problemas médicos. Sin embargo, desde un punto de vista más amplio, todos comparten una causa común, el *consumo ilimitado* impulsado por una diversidad cada vez menor de pequeñas recompensas (véase capítulo 5).

Un modelo de diseño humano

Una vez definidos "diseño" y "humano", ¿por qué necesitamos un "modelo"? El modelo se refiere a una hipotética encarnación de un diseño. En última instancia, debería permitir las simulaciones—aunque en el caso del diseño humano estamos lejos de ello. Pero al menos debería explorar conceptualmente las implicaciones generales del diseño. Un modelo debe ser lo suficientemente relevante como para predecir cuándo algo va a ir mal y sugerir estrategias racionales de reparación. Por ejemplo, sin un modelo de diseño humano, se pueden diagnosticar trastornos cuando no son más que variaciones esperadas. Este tipo de error conduciría a tratamientos para circuitos que no están estropeados-que en el mejor de los casos serian improbablemente eficaces, perjudiciales en el peor de los casos, y siempre costosos.

Un modelo integral del diseño humano debe reconocer las épocas claves y las relaciones entre ellas: cómo las características claves de nuestra biología celular cooperan para formar nuestro organismo. Luego, cómo y por qué nuestro metabolismo y fisiología responden a nuestra experiencia diaria y a nuestro carácter. El modelo debe reconocer que el ciclo de la vida humana se recorre normalmente con considerables dificultades, y explicar por qué es así. Debe explicar por qué los humanos necesitan prácticas sagradas—a las que responden con alivio y lágrimas. Por ello, ¡el modelo debe explicar el alivio y las lágrimas!

Para ser útil, un modelo debe estar limitado. Es decir, debe surgir de algún conjunto de principios y regirse por ellos. La medicina actual carece de un principio general. Enseñamos principios de la física y la química: El principio de Bernoulli para los fluidos, la ley de Fick para la difusión y la ecuación de Michaelis-Menten para la cinética enzimática. Cada uno de ellos limita una parte concreta de nuestro mecanismo, pero ninguno limita nuestro diseño global e integrado. Para tal restricción debemos recurrir a Darwin, quien, al articular el principio más profundo de la biología, identificó la clave: *la disponibilidad de recursos*.

Darwin razonó de la siguiente manera: Cada especie compite con otras por los recursos dentro de un *nicho* particular. La especie está sujeta a pequeñas variaciones heredables que pueden mejorar su capacidad de competir, y éstas se seleccionan para su transmisión; las variaciones desfavorables se descartan. La especie se vuelve progresivamente más eficiente; de lo contrario, es suplantada. Así, cada especie tiene éxito *adaptándose*—optimizando cada aspecto de su diseño—a su nicho.

Una de las vías de éxito es reducir el nicho. Por ejemplo, la mosca de la fruta *Drosophila carcinophila* se desarrolla como larva en los surcos nefríticos del tercer maxilípedo bajo las aletas del cangrejo terrestre *Gecarcinus ruricola* en ciertas islas del Caribe.[13] Un nicho más estrecho alberga menos sorpresas desagradables, lo que permite un repertorio fisiológico y de comportamiento más estrecho. Cuanto más fielmente se ciña una mosca a lo que ofrece y requiere su nicho, más posibilidades tiene de sobrevivir y reproducirse. Esta estrategia de nicho estrecho fomenta la uniformidad física y conductual: si se estudia una *D. carcinophila*, se han estudiado prácticamente todas.[14]

El *Homo sapiens* tomó el camino opuesto, evolucionando hacia la capacidad de ocupar cualquier nicho y todos los nichos—tierra, mar y aire. Lejos de evitar la sorpresa, *H. sapiens* busca la sorpresa y no puede tolerar la uniformidad durante mucho tiempo.[15] Por supuesto, un nicho casi infinito presenta innumerables sorpresas a las que debe adaptarse la especie, pero la baja tasa de natalidad de *H. sapiens* y el largo tiempo de generación de *H. sapiens* no permiten una adaptación genética rápida como la de las moscas. Así que *H. sapiens* desarrolló una capacidad casi infinita de adaptar su comportamiento, y esta capacidad implica un grado extremo de diversidad dentro de la especie. A diferencia de *D. carcinophila*, no hay dos *H. sapiens* que se parezcan o se comporten igual—ni siquiera los gemelos "idénticos" (monocigóticos).[16] En consecuencia, sea cual sea la sorpresa, algún miembro de la comunidad generalmente podrá manejarla.

Naturalmente, la extrema complejidad y la extrema individualidad de *H. sapiens* crean dificultades para mantener la cohesión individual y la cohesión de grupo, ambas esenciales para mantener la especie. Por ello, el diseño humano incluye mecanismos para superar las diversas tendencias disipativas que desvían a los marineros. Estas tendencias incluyen circuitos neuronales dedicados a la música, el arte, el sexo, el juego, la comedia, la risa y las lágrimas. Por supuesto, cada cultura expresa estos rasgos de forma diferente. Pero, al igual que todos los miembros de nuestra especie tienen los circuitos neuronales para el lenguaje pero hablamos de forma diferente, todos albergamos circuitos para la música, pero cantamos de forma diferente y tocamos un tambor distinto.

Los diseños deben ser energéticamente eficientes

El principal recurso por el que competía el *H. sapiens* era el combustible para su motor metabólico. Un humano adulto quema unas 2.000 calorías al día, una cantidad equivalente a unos 3 kilovatios-hora o un cuarto de litro de gasolina.[17] En un mundo con supermercados esto no es nada. Pero aventúrese un poco más allá del límite de la ciudad para adentrarse en el bosque sin una cesta de picnic y volverá a ver la realidad del *H. sapiens* en el momento de su aparición como forrajeador. Capturar de forma fiable 3 kilovatios-hora de combustible requiere conocimientos, ingenio, habilidad y persistencia—además de una considerable ayuda de sus amigos. El *H. sapiens* ocupa todos los nichos—pero siempre acompañado.

Si consigue encontrar comida en cantidad y calidad suficientes, y si consigue cocinarla y consumirla, necesitará un sistema digestivo para reducir los alimentos a sus moléculas constitutivas y distribuirlas a todos los órganos hambrientos. Cada eslabón de esta compleja cadena debe funcionar óptimamente. Si consumen 2.000 calorías en un día pero algunas de ellas se pierden porque los alimentos pasan demasiado rápido por los lugares clave de la digestión y la absorción en el tubo digestivo, la alimentación será insuficiente. Si las pequeñas moléculas absorbidas no se unen rápidamente en polímeros para su almacenamiento, se perderán en la orina. Si la combustión es ineficiente, la energía se perderá en forma de calor; lo mismo pasaría si la turbina que convierte energía en moléculas que impulsan la química celular es ineficiente.

La eficiencia energética global de *H. sapiens* requiere el acoplamiento de mecanismos a través de una inmensa gama de escalas espaciales: 10^9 (mil millones de veces), desde una escala de metros para el cuerpo hasta una escala nanométrica para la cadena transportadora de electrones en las mitocondrias y la cadena metabólica asociada. El acoplamiento abarca una gama aún más inmensa de escalas de tiempo: 10^{14}—desde un ciclo diurno (un día) hasta nanosegundos para el tren energético mitocondrial. Un acoplamiento eficiente a través de estas vastas escalas determina el tiempo necesario para la búsqueda de alimentos y los peligros a los que se exponía el ser humano. En resumen, la restricción energética de energía gobierna el diseño humano en todas las escalas y a lo largo de las distintas épocas evolutivas. La restricción vincula nuestras máquinas moleculares en la escala más fina con los aspectos más amplios de la cultura humana.

La forma en que la energía limita el diseño humano no se discute en ningún libro de texto. El modelo estándar se origina simplemente ante una afirmación de Claude Bernard, que el objetivo de toda fisiología es mantener constante el medio interno.[18] El diseño de la constancia parecía explicar los estudios de Bernard sobre el control de la glucosa en sangre por el hígado, pero luego, siendo más ambicioso que reflexivo, Bernard lo generalizó como una condición de toda la vida. Walter Cannon más tarde utilizó esta idea para enmarcar sus propios estudios fisiológicos, denominándola "homeostasis"—es decir, la estabilidad conseguida mediante la constancia.[19] Ha pasado ya un siglo sin que se cuestione seriamente el eslogan de Cannon, y pocos científicos se dan cuenta de que el eslogan carece de fundamento teórico.

La homeostasis se refiere a una clase específica de mecanismo regulador, la retroalimentación negativa de corrección de errores. A menudo se la compara con un termostato con un "punto de ajuste" ("*set-point*") y luego se generaliza a toda la regulación animal (véase la Figura I.4). Este concepto no estaba vinculado al pensamiento de Darwin, sino que hacía eco del concepto anterior de Adam Smith del "mercado libre" auto-correctivo. El modelo de homeostasis fue predefinida después de la Segunda Guerra Mundial como una ecuación diferencial que se había desarrollado para corregir la puntería de los cañones antiaéreos.[20] Por supuesto, todos los organismos emplean la retroalimentación negativa para corregir ciertos tipos de errores, mencionaré algunos ejemplos. Pero la retroalimentación que corrige los errores no ofrece una base para un modelo completo del diseño humano.

El diseño humano va mucho más allá de un simple conjunto de mecanismos de auto-corrección. Ningún animal podría funcionar como una economía de libre mercado—cada célula por sí misma. La libre competencia anularía la principal ventaja de la multicelularidad, que es la eficiencia a través de la cooperación. El diseño eficiente, tal como se explicará, debe anticiparse a las necesidades—suministrar los productos antes de que se necesiten y realizar ajustes antes de que se produzcan errores. El control predictivo requiere una señalización descendente (de arriba hacia abajo o *top-down*) y anterógrada (antero alimentación o *feed-forward*), por lo tanto es necesario, un cerebro que hable con cada célula.

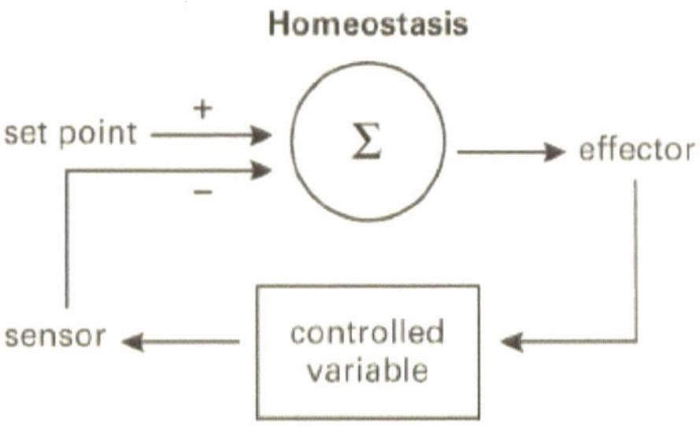

Figura I.4
Regulación mediante la detección de desviaciones de un punto de ajuste y la retroalimentación de una señal para corregir el error. Este modelo de diseño es ajeno a cualquier restricción particular. Fuente: Reimpreso de "Allostasis: A Model of Predictive Regulation", por P. Sterling, 2012, Physiology & Behavior, 106, 5-15, con permiso de Elsevier.

Los diseños eficientes son modulares—un órgano diferente para cada función—pero los módulos deben regularse de forma cooperativa, permitiendo que cada uno cambie su punto de funcionamiento según sea necesario para la estabilidad general. Este tipo de regulación, que combina la predicción con la cooperación, surgió con la aparición de los primeros cerebros—porque en realidad era la razón de tener un cerebro—y se ha denominado alostasis.[21]

La alostasis no es barata. Un cerebro debe recoger, procesar, almacenar y recuperar inmensas cantidades de información del entorno externo y también del entorno interno—del propio cuerpo. Las especies humanas, tanto el *H. sapiens* como el *H. neanderthalensis*, invirtieron más en el cerebro, considerando su tamaño corporal, que cualquier otro mamífero. Por tanto, un modelo de diseño humano debe explicar cómo el cerebro gestiona su propia eficiencia y hace que sea rentable. La corrección de errores por retroalimentación negativa—la homeostasis—puede ser eficiente en determinadas circunstancias, pero, al no estar conectada a la restricción energética de energía, no podría funcionar como mecanismo principal para regular un animal multicelular.

Ingeniería inversa

La investigación en biología y medicina se encuentra actualmente inmersa en un enorme esfuerzo por "ingeniería inversa" del organismo humano a todos los niveles—desde el código básico del ADN que genera una persona a partir de un óvulo fecundado, a las proteínas codificadas, las interacciones químicas inmensamente ricas dentro de las células y entre ellas, hasta el cerebro, que supervisa todo el proyecto. La idea que subyace a la ingeniería inversa es que, descubriendo cada detalle, se puede entender el conjunto—y luego copiarlo o repararlo. El objetivo declarado de la "medicina de red" es "*controlar estos sistemas, es decir, hacer que una célula pase de un estado enfermo a un estado saludable*".[22]

Este objetivo es plausible en el caso de un dispositivo fabricado cuya finalidad se entiende claramente—un coche, un avión o un ordenador. En estos casos, cada pieza suele tener una única función y el "por qué" de su existencia suele ser manifiesto. Pero la ingeniería inversa en biología es mucho más complicada. Las piezas son más numerosas en muchos órdenes de magnitud, y muchas de ellas siguen sin ser identificadas. Además, cada pieza puede cumplir múltiples funciones e interactuar con muchas otras que también cumplen múltiples funciones y cuyos "por qués" son desconocidos. La respuesta general al por qué de cualquier pieza o conexión es probablemente "porque es más eficiente en tiempo, espacio y energía". Las consideraciones en cuanto a la eficiencia empiezan a aparecer en los modelos actuales de la medicina en red.[23]

La medicina en red tendrá que incluir los aspectos exclusivamente humanos de nuestro diseño—los que se rigen por nuestra obligada e intensa sociabilidad. Jimmy, después de todo, representa un experimento natural de ingeniería inversa. Sus cuerpos mamilares quedaron inhabilitados y, con ellos, su capacidad de conectar con otros humanos. Lo que quedó fueron sus capacidades para la práctica sagrada: la música, la oración y el contacto con la naturaleza. Ningún modelo útil de diseño humano puede omitir estas capacidades porque afectan todo nuestro comportamiento hasta el nivel de una sola célula. Ahora, consideremos lo que las células lograron durante los primeros tres mil millones de años.

1. Fundamentos del diseño eficiente
Los primeros tres mil millones de años

El pasado no está muerto. Ni siquiera es pasado.
—William Faulkner

Dentro de cualquier sistema cerrado, toda la información incorporada en su estructura debe perderse finalmente en el movimiento molecular aleatorio. Esta es la segunda ley de la termodinámica. Pero la Tierra, que recibe energía del sol, tiene el potencial de acumular información y plasmarla en estructuras que se copian a sí mismas. Esas estructuras adquieren la capacidad de acumular aún más información, plasmada en más estructuras nuevas que también pueden copiarse... y así crecen inexorablemente más complejas.[1, 2] Esto es la vida. En la cúspide de la complejidad energética de la vida, se sitúa—precariamente—el *Homo sapiens.*

Para iniciar la vida se requerían ciertas condiciones: temperaturas que permitieran enlaces químicos estables entre elementos pequeños y abundantes como el hidrógeno, el carbono, el oxígeno, el nitrógeno y el fósforo—y mucho tiempo. Una vez que la vida eventualmente inició, para finalmente producir al *H. sapiens* se necesitaron casi cuatro mil millones de años.[3]

¿Por qué ha tardado tanto? El problema del huevo y la gallina—en realidad, ¡una infinidad de gallinas y huevos! Considere lo siguiente: la primera célula necesitaba una membrana para secuestrar sus reactivos químicos. Pero la construcción de la membrana, una bicapa de lípidos y proteínas, requería los productos de esos reactivos. La célula necesitaba importar pequeñas moléculas, como azúcares para el combustible y aminoácidos para fabricar proteínas. Sin embargo, la importación de esas moléculas requería transportadores en la membrana para trasladarlas desde el exterior al citoplasma, y esos transportadores son proteínas. La célula necesitaba una central eléctrica que quemara los azúcares para obtener energía y sintetizar las proteínas, pero ese proceso también requería proteínas.

Sin embargo, después de mucho ensayo y error al azar, durante dos mil millones de años, para acumular y plasmar la información de muchos eventos improbables, hubo células diminutas, de unos 3 micrómetros de diámetro. Estos *procariotas* estaban evueltos por una membrana hidrofóbica, tan gruesa como una sola proteína, que podía secuestrar moléculas e iones. Las proteínas transportadoras para importar combustible atravesaban la membrana, al igual que una central eléctrica a nanoescala para oxidar el combustible y accionar una turbina que sintetizaba una pequeña molécula portadora de energía, el *trifosfato de adenosina* (ATP) (véase la Figura 1.1). Esta molécula servía de moneda común para impulsar las reacciones químicas de la célula en sus direcciones necesarias. Además, existía el ADN para codificar las instrucciones de ensamblaje de todas estas proteínas y servir de plantilla para la replicación.

¿Cómo se relacionan los procaryotes con el diseño *humano*? Durante los primeros 2.000 millones de años de vida en la Tierra, su planta energética y sus diversas vías sintéticas alcanzaron una eficacia casi óptima. En consecuencia, se utili-

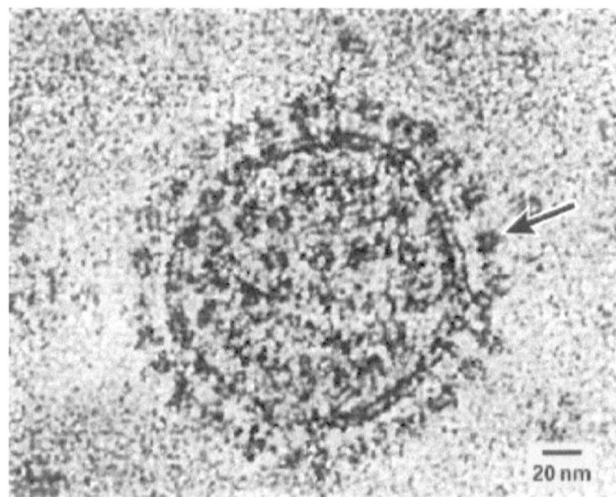

Figura 1.1

Partículas de ATP sintasa en la membrana de una célula procariota. Cada partícula (flecha) es una turbina a nanoescala accionada por un gradiente de protones que produce moléculas de ATP. Las partículas, cada una de ellas de unos 10 nanómetros, están empaquetadas a una densidad máxima, lo que permite unas 10.000 unidades de sintasa por micrómetro cuadrado.

Fuente: Micrografía electrónica extraída de la Conferencia Nobel de J. E. Walker (1997), ATP synthesis by rotary catalysis. Reimpreso de "Cryoelectron Microscopy of *Escherichia coli F*; Adenosine Triphosphatase Decorated with Monochronal Antibodies to Individual Subunits of the Complex", por E. P. Gogol, R. Aggeler, M. Sagerman y R. A. Capaldi, 1989, *Biochemistry*, 28, 4717-4724, con permiso. ©1989 Sociedad Americana de Química.

zaron para construir células más grandes y complicadas—*eucariotas*—que durante otros mil millones de años volvieron a alcanzar una eficacia casi óptima y se utilizaron entonces para construir animales multicelulares eficientes. Hoy en día, el 75% de las proteínas humanas son homólogas cercanas de las proteínas procariotas. Así pues, aunque los procariotas y los unicelulares pertenecen a nuestro pasado, sus moléculas siguen estando—en nuestro presente. Este capítulo explica la profunda eficacia molecular y celular que es central para nuestra especie.

La célula como ordenador químico

Una célula viva es un ordenador analógico en el que toda la información es procesada por la química.[4] Lo analógico es lo más eficiente porque todos los procesos están graduados y, por tanto, pueden ajustarse para evitar el desperdicio. Esa eficiencia es la que permite la química: la cantidad y concentración justa de cada reactivo para producir productos que servirán justo como nuevos reactivos para hacer los siguientes productos. La eficiencia depende de un acoplamiento suave de miles de reacciones que ocurren todas juntas para los procariotas en un solo compartimento, definitivamente un desafío computacional. ¿Cómo se pueden llevar a cabo tantas reacciones en paralelo sin interferir mutuamente?

A lo largo de esta corta distancia, los reactivos se mezclan rápidamente por medio de movimientos moleculares aleatorios—*el ruido térmico*. El movimiento aleatorio es una propiedad física de toda la materia: las partículas a escala nanométrica se mueven con una energía cinética fundamental, tal y como describió Einstein.[5] Su agitación continua y sin coste alguno envía a cada molécula suelta a una caminata aleatoria (*random walk*), y la suma de las caminatas aleatorios constituye la difusión, una dispersión de las moléculas.[6] La *difusión* térmica acelera así la velocidad a la que los reactantes se encuentran con sus catalizadores y reactivos específicos y, por tanto, llevan a cabo su química.

El truco consistía en desarrollar catalizadores específicos para promover cada reacción por separado. Cuando las moléculas adecuadas se unen a su catalizador particular, reaccionan. Sin el catalizador, también reaccionan, pero a un ritmo tan lento que resulta insignificante. Así que los procariotas desarrollaron varios miles de catalizadores proteicos específicos—enzimas—para acelerar todas las reacciones esenciales. Mientras cada reactivo pudiera encontrar su catalizador particular, las demás moléculas y catalizadores no importaban. El pequeño tamaño de los procariotas, de unos pocos micrómetros de diámetro, era una ventaja porque cada reactivo podía alcanzar una concentración relativamente alta con sólo unas pocas moléculas, lo que permitía altas tasas de encuentro con su catalizador.

El ruido térmico desempeña un segundo papel clave en la computación celular: proporciona a las proteínas una importante fuente de energía gratuita. Cada molécula de proteína del citoplasma es bombardeada por moléculas vecinas (en su mayoría agua) a la astronómica velocidad de 10^{16} colisiones por milisegundo.[7] El bombardeo térmico, más allá de la simple mezcla, ayuda directamente a la química porque las proteínas están diseñadas para trabajar con el ruido, en lugar de contra él.

Una proteína adopta varias conformaciones determinadas por su secuencia de aminoácidos—con conformaciones funcionales separadas de las no funcionales por importantes barreras energéticas. Estas barreras se superan cuando una molécula de proteína intercambia energía térmica con el citoplasma. La potencia, expresada a este nivel como constante de Boltzmann × temperatura absoluta (kBT), es considerable—aproximadamente 10^7 kBT por milisegundo—y suficiente para agitar la proteína al azar a través de muchas de sus posibles conformaciones.[8, 9, 10] Las colisiones térmicas llevan ocasionalmente a la proteína a su conformación activa, y pronto, las colisiones térmicas la devuelven. Para resolver el impasse y estabilizar brevemente la proteína en su conformación activa se requiere alguna influencia específica, como el pulso de energía que se obtiene cuando una proteína hidroliza una molécula portadora de energía, como el ATP.[11, 12, 13]

La potencia proporcionada por la hidrólisis del ATP (~20 kBT en 1 milisegundo) es un millón de veces menor que la suma de los intercambios térmicos de todas las colisiones aleatorias en el mismo intervalo de tiempo,[14] pero es suficiente para inclinar el equilibrio de la proteína de "casi seguramente no activa" a "casi seguramente activa". Un impulso mayor sería un desperdicio, por lo que el impulso del ATP es casi óptimo. Esta consideración explica probablemente por qué en los primeros tiempos de la evolución se adoptó este incremento energético concreto. Ahora, cuando la planta de energía celular quema glucosa como combustible, lo que produce es ATP.

En resumen, los costes computacionales de una célula se apoyan en una plataforma profunda: un diseño que permite a las proteínas cosechar una reserva inagotable de ruido térmico para pasar de un estado a otro, fijándose en los estados útiles al extraer incrementos relativamente pequeños de energía metabólica. El ruido térmico no puede utilizarse en un proceso cíclico para acumular información porque impulsa todos los procesos de ida y vuelta con la misma probabilidad. Sin embargo, incorporado en el diseño de las proteínas para superar las barreras energéticas sin coste metabólico, les permite operar con un coste metabólico mucho menor que si tuvieran que seguir siempre un gradiente energético, es decir, la fuerza local. El ruido térmico debería figurar, junto con la luna y las estrellas, entre las mejores cosas de la vida que son gratuitas— aunque en la letra de aquella canción no funcionaría.

Ampliación de la fuente de alimentación y aumento de la complejidad

El pequeño tamaño del procariota era inicialmente ventajoso por la difusión química sin coste y las altas concentraciones de reactivos. Sin embargo, se asemejaba a los primeros microprocesadores—el Z80 de 1976—brillantes pero con recursos limitados. La verdad profunda era que los procariotas *no podían permitirse* el lujo de ampliarse.[15] Habían codificado todos los genes que su planta de energía podía soportar, así que cuando se necesitaban nuevos genes para adaptarse a nuevas condiciones, las células se veían obligadas a desprenderse de sus genes no esenciales. La ruta hacia el aumento de la complejidad estaba bloqueada.

Lo que limitaba a los procariotas física y computacionalmente era la ubicación de su planta de energía en la membrana celular. Si una célula crecía, su membrana aumentaría como el cuadrado de su diámetro, pero su volumen aumentaría como el cubo. Por lo tanto, el volumen en expansión pronto superaría la capacidad energética de la célula; por tanto, hasta que una célula no pudiera aumentar su planta de producción de energía, no podría ampliarse, no podría aumentar su complejidad.

Entonces se produjo un acontecimiento tan improbable que nunca se más se repitió. Una bacteria invadió a otra y se instaló en su citoplasma. La célula anfitriona le proporcionó nutrientes y la invitada fabricó suficiente ATP para mantener su propio sistema de información.Pero mientras el huésped y el anfitrión permanecieron independientes, el anfitrión no obtuvo ninguna ventaja porque el huésped utilizó toda su energía para reproducirse. Sin embargo, poco a poco, el huésped transfirió la mayor parte de sus genes al genoma del huésped, conservando únicamente los genes clave necesarios para la oxidación de sustratos. Una vez que el huésped se convirtió en una planta de energía pura sin nada que mantener, este podía multiplicarse sin límite y aumentar la capacidad energética del anfitrión—hasta cinco órdenes de magnitud (100.000 veces).

El huésped, que había cedido su pasaporte—la mayor parte de su genoma—a la célula huésped, era ahora un residente obligatorio: la *mitocondria* (véase la Figura 1.2). La células alimentadas por mitocondrias podían adoptar ahora una variedad ilimitada de formas. Fue un gran acontecimiento biológico para el planeta—nada comparable después para los animales hasta el *H. sapiens.*

Para empezar, estas células de gran potencia, ahora eucariotas, aumentaron su volumen y su capacidad de información. Las células, antes limitadas a 3 micrometros de diámetro, podían ahora crecer hasta 3 milímetros, un salto de mil millones de veces en volumen (véase la Figura 1.3). Casi inmediatamente, los eucariotas añadieron 3.000 nuevas familias de genes junto con un sistema más complejo y costoso de empalme de genes. El material genético añadido por duplicación de genes o por un virus ya no necesitaba ser borrado. Las células empezaron a acumular secuencias extrañas que podrían servir para algún futuro desafío—del mismo modo que guardamos trozos de cable y tornillos viejos en una caja de herramientas.

Los eucariotas pudieron permitirse membranas especializadas para segregar diversas funciones en compartimentos. Por ejemplo, utilizaron una membrana para separar la transcripción de genes (ADN a ARN) y *el empalme de genes* en el núcleo de la *traducción* (ARN a proteína) en el citoplasma—una mejora esencial para el nuevo sistema de empalme de ge-

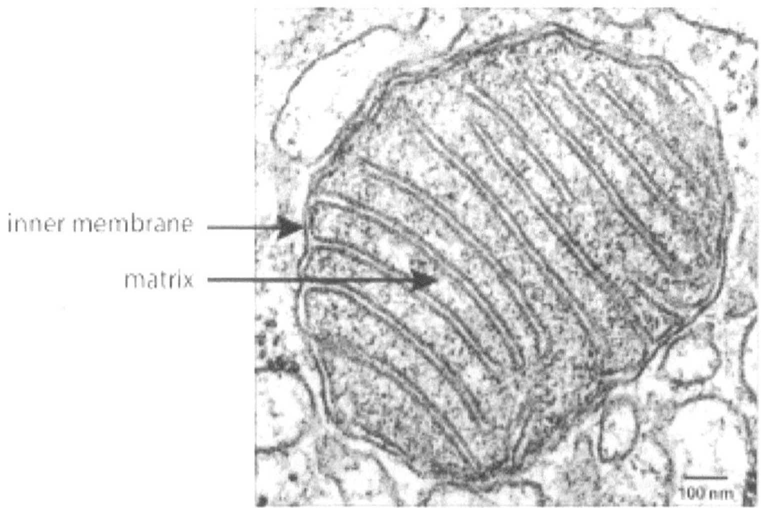

Figura 1.2
La mitocondria. La membrana interna alberga las proteínas de la cadena de transporte de electrones y de la ATP sintasa en su máxima densidad de empaquetamiento. Para aumentar el número de estas unidades de energía con el fin de satisfacer las demandas locales intracelulares de energía, la membrana se pliega para aumentar su superficie. La matriz mitocondrial contiene las enzimas del ciclo bioquímico que corta la glucosa y los ácidos grasos en fragmentos adecuados para la oxidación. La matriz forma una capa de 20 a 30 nanómetros debajo de la membrana interna. Esta capa establece una relación constante entre las enzimas metabólicas y la cadena de oxidación y minimiza la distancia de difusión de los metabolitos. Micrografía electrónica de una sección ultrafina (~90 nanómetros).
Fuente: Reimpreso de *Molecular Biology of the Cell* (4ª ed.), por B. Alberts, A. Johnson, J. Lewis, M. Raff, K. Roberts y P. Walter, 2002. Nueva York: Garland Science. http://www.ncbi.nlm.nih .gov/books/NBK26894.

nes. Las bacterias ya habían ideado para recoger información del exterior de la célula y transmitirla a través de la membrana al citoplasma. Pero los eucariotas añadieron formas nuevas y versátiles, incluyendo, por ejemplo, una gran familia de proteínas sensoras con el nombre técnico de *receptor acoplado*

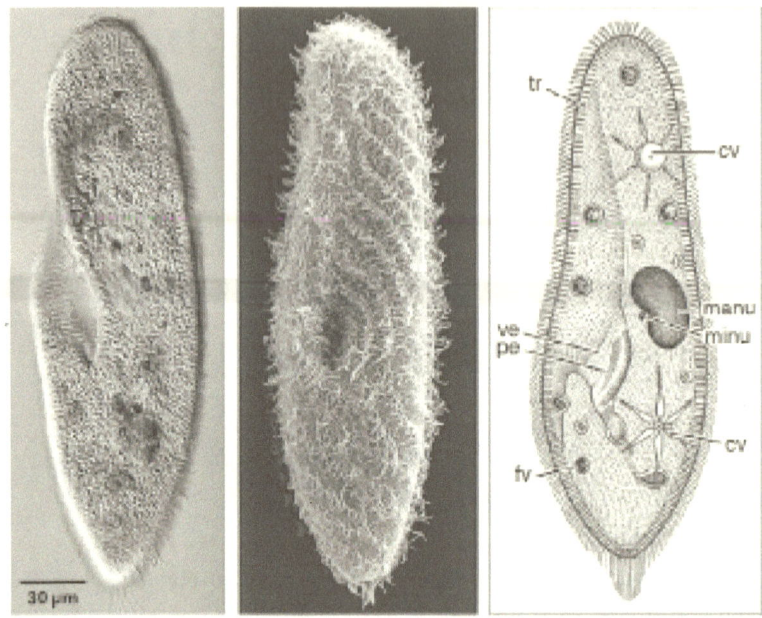

Figura 1.3

Un eucariota que muestra muchas estructuras internas. Izquierda: Micrografía óptica de Paramecium caudatum. Las estructuras internas están etiquetadas en el diagrama de la derecha. **Centro:** Micrografía electrónica de barrido que muestra las filas de cilios del animal. **Derecha:** cv, vacuola contráctil; fv, vacuola alimentaria; manu, macronúcleo; minu, micronúcleo; ve, vestíbulo; pe, peristoma; tr, tricocisto. Obsérvese la escala de E. coli para comparar.

Fuente: Modificado y reimpreso de "Electron Microscopy of *Paramecium* (Ciliata)", en *Methods in Cell Biology*: Vol. 96, *Electron Microscopy of Model Systems* (capítulo 7, pp. 143-173), por K. Hausmann y R. D. Allen, 2010, con permiso de Elsevier.

a la proteína G.[16] Las células, después de haber esperado dos mil millones de años por estas oportunidades, utilizaron los siguientes 1.500 millones de años para explotarlas.

Las células eucariotas individuales acabaron alcanzando dos límites para captar nuevos recursos e información. En primer lugar, crecieron demasiado para comunicarse internamente sólo por difusión química, ya que ésta es lenta en largas distancias.

Los eucariotas, como el *Paramecium*, desarrollaron un sistema para enviar un pulso eléctrico rápido a lo largo de la membrana celular. Sin embargo, este único canal de comunicación sólo podía enviar un bit (detener/ir). Para enviar más información por vía eléctrica se necesitarían más canales de comunicación. En segundo lugar, las células eran todavía demasiado pequeñas para explorar sus amplios alrededores. Para un paramecio, el agua del estanque es muy viscosa y remar a través de ella es como si el *H. sapiens* acariciara la melaza.[17] Ambos problemas se resolvieron cuando las células se reunieron como organismos multicelulares (véase el capítulo 2).

Luego, el ritmo de la evolución se aceleró: de dos mil millones de años para perfeccionar los procariotas, pasaron sólo mil millones de años para perfeccionar los protozoos eucariotas e iniciar la multicelularidad. A continuación, sólo se necesitaron 500 millones de años para formar nuestro progenitor clave, un gusano marino con simetría bilateral y cerebro. A continuación, sólo se necesitaron 300 millones de años para producir un mamífero, 0,06 mil millones de años para producir un primate, 0,005 mil millones de años para producir el género *Homo* y, finalmente, sólo 0,0002 mil millones de años para producir el *H. sapiens*. Al parecer, una vez que las células resolvieron las dificultades fundamentales de captar mucha energía y utilizarla eficazmente para el cálculo intracelular,[18] el paso a la inteligencia humana fue relativamente rápido.

En el resto de este capítulo se estudiará qué es lo que fundamentalmente permite a una célula computar con una eficiencia casi óptima. Sin embargo, las ideas de "optimización" y "perfección" despiertan profundas sospechas en biología, por lo que nos detenemos ahora a explicarlo.

Todo es para mejor

El Dr. Pangloss, el pomposo consejero de la novela Cándido de Voltaire, respondía alegremente a todos los desastres. Cuando Cándido era esclavizado o su novia violada—no importaba lo que sucediera—Pangloss miraba al brillante horizonte y pronunciaba, *Todo es para mejor en éste, el mejor de todos los mundos posibles*. Actualmente puede sonar un poco divertido, pero en 1759 este personaje era una flecha satírica lanzada por Voltaire hacia el pecho de Gottfried Leibniz, un gran filósofo y matemático (cálculo) de la generación precedente. El tratado *Théodicée* de Leibniz razonaba lo siguiente: Dios es perfecto y omnisciente; Él hizo este mundo en lugar de cualquier otro. Por tanto, si sufrimos lo que parece ser un horror y un mal, debe ser por algún bien oculto o último.

Pero mientras Leibniz escribía la metafísica, Sir Isaac Newton escribía la verdadera física real: $F = ma$ y $F = Gm_1m_2/r^2$. Voltaire, comprendiendo la diferencia, sabía que los tiempos estaban cambiando y percibía la inminencia de lo que Watt pronto haría.

La sátira de Voltaire fue tan potente que hoy, 250 años después, cualquier afirmación de que una estructura o un proceso biológico es "óptimo"—el mejor posible—corre el riesgo de ser automáticamente ridiculizada como "panglossiana".[19] Sin embargo, esta burla elude una cuestión importante. Supongamos que calculamos para un caso dado lo que, según la física y la química, sería realmente lo mejor posible. A continuación, podemos preguntarnos en qué medida el valor medido se aproxima al óptimo calculado. Con frecuencia, el valor real se aproxima al mejor que la física permitiría y, por tanto, es innegablemente óptimo. Se observan ejemplos de cuasi optimización en todas las escalas, desde las moléculas hasta el comportamiento.[20] Además, cuando alguna característica parece no ser óptima, a menudo refleja un conflicto entre restricciones que compiten entre sí. En estos casos, la *compensación* resulta ser óptima—el mejor equilibrio posible—y la característica puede considerarse "optimizada" para este equilibrio. De hecho, la optimidad y la optimización son tan comunes que una aparente desviación hace que se busque un error en la predicción calculada o un error en la medición. O un error por considerar el problema de forma demasiado limitada.[21]

Deberíamos poder suponer que la selección natural, actuando durante largos periodos, conduciría a la optimización—porque una especie mejor adaptada a su nicho sería más eficiente que sus competidores y, por tanto, tendría más probabilidades de dejar descendencia. La mejora tendería a continuar hasta alcanzar algún límite, y como la presión selectiva para optimizar comenzó con la vida misma, muchas características se optimizarían pronto y luego se mantendrían. Es concebible que un rasgo pueda seguir siendo subóptimo si está atrapado en un profundo valle del "paisaje adaptativo"—donde cualquier cambio lo empeoraría antes de poder mejorarlo. Sin embargo, comenzando con las macromoléculas básicas de la vida y trabajando hacia arriba, los ejemplos claros de suboptimidad son escasos, si es que existen.[22]

El hecho de que las estructuras y los procesos celulares sean óptimos—o no—importa para el diseño humano. Porque si la selección natural llevó a los mecanismos de las células individuales a acercarse a sus límites físicos, entonces podría haber hecho lo mismo con todos los procesos reguladores de las formas multicelulares. La eficiencia sería entonces una restricción que guiaría todo el diseño y una vía importante para entenderlo. Por otra parte, la práctica médica actual implica muchos retoques a nivel molecular, con la intención de "reparar" los circuitos moleculares (véase el capítulo 6).

Así que si nos enteramos de que el *H. sapiens* está diseñado casi a la perfección, nuestra manipulación podría ser más circunspecta.

La optimización del código genético

El código genético utiliza una cadena lineal de *nucleótidos* dispuestos a lo largo de una columna vertebral de carbohidratos para especificar una cadena lineal de aminoácidos que se ensamblan para formar una proteína. Es un código de tripletes, en el que tres nucleótidos extraídos de un conjunto de cuatro tipos especifican un aminoácido extraído de un conjunto de 20 tipos. Esto permite 64 tripletes diferentes (*codones*). Se requiere un codón para significar "inicio" y otros tres codones para "parar". Así que hay 60 codones disponibles para los 20 aminoácidos—más que suficientes para especificar un número astronómico de proteínas diferentes. Un código de dobletes podría especificar sólo 16 aminoácidos diferentes—lo que reduciría enormemente la diversidad y la funcionalidad de las proteínas.

En resumen, para el grado necesario de diversidad de proteínas, el código de tripletes es numéricamente el más compacto de todos los códigos posibles. La disposición unidimensional de los nucleótidos también es físicamente compacta. La hebra lineal del ADN se estabiliza con una hebra complementaria para formar la famosa doble hélice—que Watson y Crick reconocieron inmediatamente como un mecanismo altamente eficiente para la copia.

La formulación matemática general de un código de tripletes se instala de forma específica, de manera que el triplete que especifica cada aminoácido es el mismo en todas las especies. Por ejemplo, el triplete compuesto por tres *adeninas* (AAA) especifica invariablemente la *fenilalanina.* Este código particular, uno de los muchos códigos de tripletes posibles, fue adoptado hace casi cuatro mil millones de años y triunfó tempranamente como el código universal para todos los organismos. La "elección" inicial podría haber sido accidental—ya que cualquier codón podría codificar cualquier aminoácido. Pero si la elección fuera simplemente una cuestión de "llegar primero", ¿qué explicaría la casi universalidad y persistencia de este código?

Al parecer, el código genético se originó por la interacción de tres fuerzas contrapuestas: la necesidad de contar con diversos aminoácidos, la tolerancia a los errores y el mínimo coste de recursos.[23] Resulta que esta asignación particular de codones, el código universal de tripletes, minimiza el impacto del error genético en la función de las proteínas. Cuando un codón contiene un nucleótido no codificado y, por tanto, especifica el aminoácido equivocado, esta asignación particular minimiza el efecto global sobre la función de la proteína. Además, el triplete universal especifica "códigos paralelos" adicionales que incluyen secuencias de unión para proteínas reguladoras, señales para el "empalme", etc. El código universal transmite estos códigos paralelos de forma más eficiente que la gran mayoría de los otros códigos de tripletes posibles.[24] Aparentemente, el código universal de tripletes fue establecido tempranamente por la selección natural como el mejor de todos los códigos posibles.[25] ¿Pero qué hay de sus productos, las proteínas?

La optimización de las proteínas para la estabilidad tridimensional

Los aminoácidos especificados por el código del ADN se unen cuando el grupo *amino (-NH2)* de uno reacciona con el *grupo ácido [-COOH]* de otro para formar un enlace peptídico estable. Una proteína se compone de entre 50 y 1.500 aminoácidos, pero en promedio rondan los 300. Una cadena de esta longitud formada por 20 tipos de aminoácidos podría asumir 20^{300} secuencias diferentes, más que el número de átomos del universo. Sin embargo, de esta casi infinidad de cadenas posibles, sólo unas pocas podrían alcanzar lo que una proteína requiere para ser útil, una conformación tridimensional estable.[26]

La estabilidad es posible porque los grupos ácidos de las cadenas laterales de los péptidos pierden su protón (H+) y se cargan negativamente ($-C\text{-}OO^-$), y los grupos aminos de las cadenas laterales ganan un protón y se cargan positivamente (-NH3+). Estas cargas interactúan con las moléculas de agua para formar enlaces de hidrógeno, y con otros iones para formar puentes salinos. Las regiones cargadas de una proteína son hidrofílicas (atraídas por las moléculas de agua), y sus regiones no cargadas son hidrofóbicas (repelidas por el agua). En consecuencia, una cadena de proteínas que incorpora cientos de cargas se contorsiona en bucles y pliegues. Al equilibrar las distintas atracciones y repulsiones, la proteína alcanza finalmente una conformación tridimensional estable—normalmente de unos 6 nanómetros.[27] El equilibrio nunca puede ser perfecto, sino que se trata de un compromiso en el que una conformación es más estable energéticamente que otra. Esta es la teoría.

En la práctica, la proteína lineal, liberada gradualmente de su plantilla de ensamblaje en el citoplasma, es golpeada por moléculas y partículas que se mueven salvajemente en todas las direcciones—el ruido térmico. A cada golpe, la nueva proteína se estremece, se dobla y se pliega—hasta que encuentra una conformación estable. En algunos casos, para evitar el mal plegado, las proteínas chaperonas especiales se unen a las regiones hidrofóbicas y guían a la proteína por un camino establecido hasta su conformación final más estable. Las chaperonas son diversas: algunas se especializan como "*holdases*" y otras como "*foldases*", implicando un compromiso de recursos celulares que refleja la dificultad e importancia del plegado óptimo.[28]

Las proteínas tienen un rango de tamaño óptimo. No pueden ser mucho más pequeñas que 50 aminoácidos porque las ricas conformaciones tridimensionales serían menos probables. Las cadenas más cortas se utilizan generalmente para la señalización porque pueden unirse a una proteína *receptora* más grande con múltiples funciones. Por ejemplo, la hormona insulina, que consta de 51 aminoácidos, se une a un *receptor de insulina* 10 veces mayor, que tiene sitios de unión para varias moléculas de insulina, además de otros sitios para la señalización y el control de la salida. Las proteínas de más de 350 aminoácidos tienden a formar múltiples dominios que se pliegan independientemente, lo que permite una optimización independiente. El diseño molecular a este nivel se rige por la física básica: una proteína de cierto tamaño, alimentada por el ruido térmico y guiada por chaperonas, ajusta su forma para alcanzar su conformación más estable.

La conformación estable, establecida por la secuencia de aminoácidos, se ajusta a condiciones particulares—las del medio intracelular. Si se acidifica el citoplasma por debajo de un pH 7, los protones volverán a sus grupos COO^-. Si se alcaliniza el citoplasma por encima de un pH 7, los grupos NH3+ amino perderán un protón y volverán a ser NH2. Cualquiera de las dos direcciones alterará el equilibrio de cargas y el patrón de hidrofobicidad—y cambiará la conformación de la proteína.

La concentración salina intracelular también afecta la conformación de las proteínas al proteger las cargas entre sí, lo que influye en la tendencia a formar bucles y espirales. En consecuencia, una célula debe dedicar muchas proteínas a ajustar su medio intracelular bombeando varios iones hacia dentro o hacia fuera a través de la membrana celular. Este bombeo contra un gradiente de concentración y/o voltaje es la más exigente energéticamente de las actividades de una célula; sin embargo, la inversión es esencial para optimizar el medio.

La temperatura, que es una medida de la energía cinética media, también afecta a la estabilidad de las proteínas, ya que una temperatura mayor ocasionaría un impacto cinético mayor que podría hacer colapsar su delicada estructura. Por ello, las proteínas evolucionan para ser estables a la temperatura característica de su mundo particular. Las proteínas evolucionadas para temperaturas más frías pueden omitir los puntales y refuerzos adicionales que necesitan sus homólogas más cálidas.[29] Pero cuando lo frío se une a lo cálido, como cuando un insecto bebe tu sangre, la estabilidad de la proteína del insecto se ve amenazada y requiere la movilización de chaperonas especiales de "choque térmico".[30] Y cuando los microbios invaden tu cuerpo, tu cerebro envía órdenes de aumentar la temperatura para reducir la funcionalidad de sus proteínas más débiles. Sabiendo esto, uno podría reconsiderar la idea convencional de reducir "terapéuticamente" la fiebre durante la infección.[31]

Optimización de las conformaciones proteícas para la catálisis: Enzimas

La conformación de una proteína se selecciona por su estabilidad—pero la estabilidad tiene un propósito. Una enzima, por ejemplo, lleva un bolsillo para recibir la molécula reaccionante y presionarla hacia un sitio activo que acelera la reacción. La enzima debe sujetar el reactivo con la suficiente firmeza como para resistir el ruido térmico, pero con la suficiente soltura como para liberar el producto a tiempo para dejar espacio al siguiente reactivo. La relación de sujeción/liberación (*constante de unión*) se optimiza para la concentración prevista de reactivo y la necesidad de liberar el producto. En resumen, la conformación de la enzima debe adaptarse tanto a la forma de la molécula reactiva como a la del producto, además del contexto más amplio—sus funciones en el metabolismo celular y, por tanto, sus concentraciones típicas. (Véase la Figura 1.4.)

Cuando un reactivo está presente en una concentración alta y la tarea de la enzima es reducirlo rápidamente, la conformación de la enzima está optimizada para un cierre suelto/escisión instantánea/liberación rápida. Aun así, se necesita tiempo para que la molécula de reactivo se difunda en el bolsillo y para que el producto se difunda y sea reemplazado por reactivo fresco. Por lo tanto, la tasa de recambio de esta enzima depende de la tasa de difusión—que viene determinada por la constante de difusión molecular en el medio acuoso.

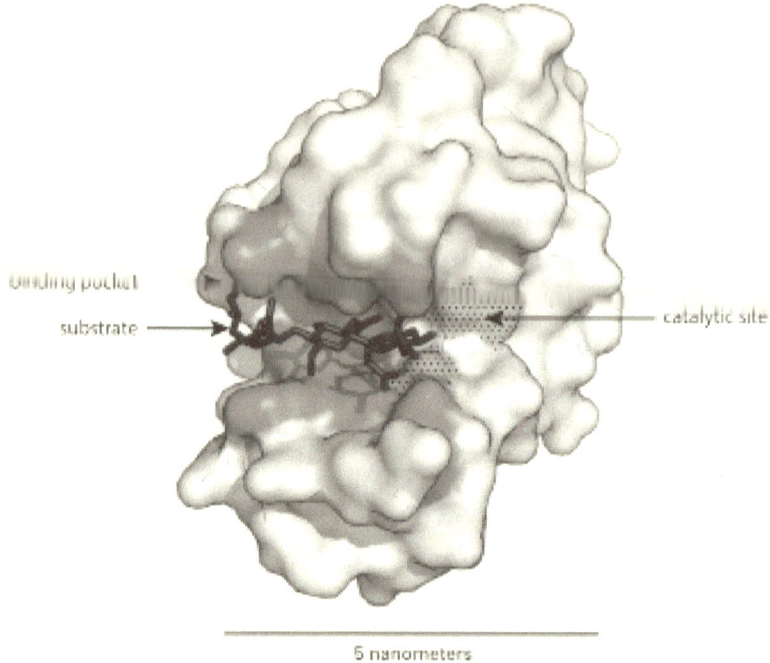

Figura 1.4

Conformación tridimensional de una enzima. Un bolsillo (sombreado) une y orienta el sustrato (flecha), y el sitio catalítico (punteado) reduce la energía de activación para escindir un enlace péptido-glicano. Esta enzima, la *lisozima*, disuelve los componentes de las paredes celulares bacterianas y, por tanto, sirve de antibiótico.

Fuente: https://en.wikipedia.org/wiki/Enzyme#/media/File: Enzyme_structure.svg.

En resumen, la constante de unión de la enzima, optimizada para la velocidad, permite que esta reacción alcance la mayor velocidad posible permitida por la física.

Este diseño de difusión limitada es bastante común. Por ejemplo, la mitocondria, como cualquier otra central eléctrica que quema carbono, produce dióxido de carbono. Para eliminar el CO_2 de los tejidos, una parte se hidrata para formar

H+ CO_3^- para entrar en la sangre y luego se deshidrata a CO_2 para liberarlo en los pulmones. La reacción es catalizada por la *anhidrasa carbónica*, que es la enzima que tiene el mayor recambio—hasta 1.000 reacciones por milisegundo. Ningún otro ajuste evolutivo puede aumentar esta velocidad porque el H_2CO_3 no puede difundirse más rápido.

Otro ejemplo se refiere a la molécula *acetilcolina*, que se libera de un nervio motor en los vertebrados como un pulso localizado de varios miles de moléculas para estimular una célula muscular. Las moléculas deben ser destruidas rápidamente para permitir la recuperación en la preparación del siguiente pulso, y su destrucción requiere la catálisis de la *acetilcolinesterasa*, que escinde las moléculas para acetato y colina. Esta enzima cataliza unas 25 reacciones por milisegundo, sustancialmente más lentas que la anhidrasa carbónica, en gran parte porque la molécula reactiva y los productos, al ser más grandes que el H_2CO_3 y el CO_2, se difunden más lentamente. Así pues, para sus tareas específicas, ambas enzimas son inmejorables—son lo mejor que permite la física.

La mayoría de las enzimas funcionan por debajo del límite de difusión, por lo que para la velocidad máxima no son óptimas. Pero están optimizadas para otras necesidades. Por ejemplo, una enzima diseñada para operar a una concentración previsiblemente baja de reactivo necesita una mayor afinidad de para mantenerse unida más firmemente a su molécula de reactivo, la cuál rara vez se encuentra libre, y así resistir la agitación térmica; como consecuencia, ésta libera el producto más lentamente. Las conformaciones de las proteínas están diseñadas para equilibrar la velocidad con la afinidad de unión. Cada enzima está optimizada para la velocidad que necesita, pero como la velocidad siempre es energéticamente cara, las enzimas más lentas cumplen su cometido al mejor precio.

Normalmente, las reacciones químicas están "encadenadas", de manera que cada producto forma el sustrato para la siguiente reacción. Algunas de estas cadenas vuelven al punto de partida, formando así un ciclo. Si estas enzimas estuvieran diseñadas para girar rápidamente, habría una tendencia a agotar algunos de los productos intermedios y detener el ciclo. En este caso, el diseño óptimo coincide con las constantes de unión de todas las reacciones encadenadas y también reduce la saturación de las enzimas expresándolas a niveles más altos en comparación con sus sustratos. Fabricar tanta proteína puede parecer un despilfarro, pero es simplemente el coste de optimizar la estabilidad del proceso global.[32]

Optimización de las proteínas para la señalización: El alostérico

Algunas proteínas no están especializadas en la catálisis, sino en la señalización. En este caso, una región de la proteína lleva un sitio de unión para una molécula específica (*ligando*), y cuando ese sitio está ocupado, la proteína obtiene información: "ligando presente". La proteína puede transmitir esta información porque la unión del ligando cambia su conformación a un nuevo estado que la hace químicamente activa, ya sea como enzima o como activador de otras proteínas o cascadas de proteínas. Así, la información obtenida de la unión del ligando se transmite rápidamente (en microsegundos o milisegundos) a otras vías químicas de la célula. La señal, que representa un bit (presencia del ligando), se amplifica porque un evento de unión puede desencadenar cientos o miles de eventos más adelante.

Esta propiedad de las proteínas, la capacidad de transmitir una señal cambiando de conformación, se denomina *alosterismo*. Evolucionó en los procariotas para enviar señales a través de la membrana celular. Por ejemplo, una proteína incrustada en la membrana de la célula podría unir una molécula de azúcar en el exterior, por ejemplo la lactosa, y enviar una señal a las vías del interior para fabricar proteínas que importen la lactosa y la metabolicen. La energía necesaria para que una proteína cambie de conformación y transmita la señal a través de la membrana es de unos 20 $k_B T$. Esto es similar a la energía transferida por una molécula de ATP—la energía irreducible de la célula.

Por consiguiente, una proteína que señala un bit de información de manera alostérica opera cerca del menor coste posible.[33]

Los eucariotas han optimizado la química con pequeños compartimentos y enzimas especializadas

Una célula crea compartimentos especializados que confinan las moléculas clave en volúmenes específicos, estableciendo altas concentraciones con menos moléculas. Los efectos son espectaculares porque el volumen se reduce al cubo del diámetro. Por ejemplo, una molécula neurotransmisora, como la acetilcolina, bombeada a una vesícula unida a la membrana de 30 nanómetros de diámetro puede alcanzar una concentración de 100 milimolar con sólo unos pocos miles de moléculas. Además, un compartimento tan pequeño puede vaciarse rápidamente por difusión—en 0,1 milisegundos—10 veces más rápido que una reacción química típica. La vesícula abre un poro y las moléculas concentradas se precipitan en forma de pulso cuya concentración coincide con la afinidad de unión de una proteína diseñada para detectarla. Esta vesícula submicroscópica, que tiene muchas características adicionales optimizadas, constituye la base de la señalización química rápida entre neuronas.

Porque un compartimento celular puede regular sus propias condiciones internas, como la concentración de sustrato y el pH, sus enzimas pueden optimizarse independientemente de las de otros compartimentos. Esto permite variaciones sutiles en el tema básico de una enzima. Las células suelen expresar varias *isoformas* de la misma enzima, algunas codificadas como variantes de empalme del mismo gen y otras codificadas por un gen diferente. Al principio, esto resultaba desconcertante porque parecía redundante y, por tanto, un derroche. Pero, por el contrario, cada isoforma, ajustada a una necesidad particular en su compartimento concreto, permite que cada isoforma se acerque más a su rendimiento óptimo.

Este principio, *especializar para optimizar*,[34] constituye un pilar de todo diseño de ingeniería.[35] En comparación con un Ford Modelo T, un BMW moderno utiliza piezas mucho más especializadas, cada una ajustada en forma y composición para su tarea. Este principio explica por qué es ventajoso que una célula eucariota exprese tantas proteínas distintas, aproximadamente 10.000, y también por qué fue fundamental añadir más compartimentos. De haber demasiadas proteínas en una sopa desestructurada, los compañeros correspondientes tardarían en encontrarse. Así que los compartimentos, que sirven como cámaras de reacción personalizadas, permitieron aumentar la diversidad de proteínas especializadas.[36]

El principio de *especialización* también explica por qué la ampliación de la central eléctrica era tan importante—para soportar todos los genes, proteínas y membranas adicionales. Pero, ¿qué ocurre con la propia central eléctrica? Hemos establecido que las células optimizan las proteínas individuales; sin embargo, ¿es esto también cierto para las nanomáquinas ensambladas a partir de docenas de proteínas individuales? ¿Son también las mejores posibles en cuanto a eficacia, velocidad y seguridad medioambiental? Consideremos de nuevo la mitocondria, que contiene 1.500 especies de proteínas que cooperan para quemar azúcar, y grasa y capturar la energía para impulsar una mayor complejidad.

Optimización de una central eléctrica a nanoescala

Quema una cucharada de glucosa en el aire. Cada molécula de glucosa se combinará con el oxígeno para producir seis moléculas de CO_2 y seis moléculas de H_2O, además de una cantidad fija de energía. La energía de la combustión es todo calor—agitación molecular aleatoria—que calienta la cuchara y el aire circundante, pero no realiza ningún *trabajo*. Para ello, la energía debe acoplarse a algún tipo de máquina que pueda aumentar la información incorporada. Una central eléctrica eficiente maximiza este flujo dirigido de energía y minimiza las pérdidas por calor.

El motor de Watt quemaba madera, químicamente equivalente a la glucosa, para producir vapor y forzar un pistón. Era lamentablemente ineficaz—algo que preocupaba en aquella época porque los bosques de Europa y América ya estaban siendo diezmados en busca de combustible.[37] Sin embargo, hoy en día, tras varios siglos de mejoras, los mejores motores de combustión interna sólo dedican entre el 10% y el 20% de su energía al trabajo y pierden entre el 80% y el 90% en calor. La mitocondria supera a los motores industriales en este aspecto entre el doble y el triple, pero sólo alcanza un 50% de eficiencia. Los de tendencia negativa pueden citar esto como una prueba contra la optimalidad, pero yo lo tomo como un triunfo panglossiano. Esta disputa no es filosófica—sino que puede resolverse considerando la química.

Los combustibles—fragmentos de glucosa y pequeños ácidos grasos—se importan a través de la membrana mitocondrial interna hasta la cavidad central, una cámara de reacción llena de líquido de unos 0,1 micrómetros cúbicos. Allí, las moléculas se trituran enzimáticamente y se inyectan como fragmentos de carbono en un ciclo bioquímico que genera pulsos de una pequeña molécula, *NADH,* que transfiere dos electrones energéticos a la primera nanomáquina. Se trata de una cadena de unas 15 proteínas unidas entre sí y dispuestas en dos dimensiones dentro de la membrana mitocondrial. Estas proteínas unen iones metálicos, como el hierro (Fe^{++}) y el cobre (Cu^{++}), dispuestos en una serie con afinidad progresivamente más fuerte por los electrones.

Un electrón energético, transferido al sitio de menor afinidad, desciende por la cadena hacia el sitio de mayor afinidad a través de un *túnel cuántico.*[38] En cada paso, la nanomáquina utiliza parte de la energía del electrón para mover protones (H^+) a través de la membrana, hacia fuera de la cavidad central. La última proteína de esta *cadena de transporte de electrones* une una molécula de oxígeno que, con un ligero impulso del electrón casi gastado, se une a dos átomos de hidrógeno para formar H_2O. Los fragmentos de carbono, desprovistos de sus protones, permanecen como CO_2. Así, la glucosa se ha quemado por completo y la energía se ha almacenado como una diferencia en la concentración de protones a través de la membrana mitocondrial.

Este gradiente quimioeléctrico de protones, que asciende a 200 milivoltios (dentro de lo negativo), representa la energía potencial—como el agua detrás de una presa. La presión impulsa a los protones a través de la segunda nanomembrana de la mitocondria, la turbina heredada de los procariotas que comprende docenas de proteínas. Los protones que entran en una cámara molecular incrustada en la membrana son impulsados a través de ésta hacia las grietas de un delgado tallo molecular, haciéndolo girar a 9.000 rpm. El rotor impulsa cambios de conformación dentro de la cabeza terminal, un complejo de 20 a 30 proteínas que sobresalen en la cavidad central (véase la Figura 1.5). En cada rotación parcial (120°), la cabeza estacionaria comprime dos pequeñas moléculas hasta que se fusionan para formar ATP.[39] Esta nanoturbina recibió un nombre cautivantemente simple, ATP *sintasa*, antes de que se conociera toda su complejidad.

Se ha medido la eficacia de la ATP sintasa.[40] El rotor, al girar un tercio de vuelta para formar un ATP, realiza 90 piconewton nanómetros de trabajo. El ATP así formado proporciona 80 piconewton nanómetros. Por tanto, la eficacia es de casi el 90%. Los experimentos que demostraron la eficacia óptima de la ATP sintasa se realizaron en realidad en la versión bacteriana, por lo que esta nanoturbina ya se había perfeccionado en los procariotas.

Si la ATP sintasa se desacoplara de los pasos anteriores de la cadena de transporte de electrones, toda la energía de la oxidación controlada y escalonada se perdería en forma de calor. El proceso elaborado por dos mil millones de años de selección natural se reduciría al equivalente termodinámico de quemar glucosa en una cuchara. Cuando a finales de los

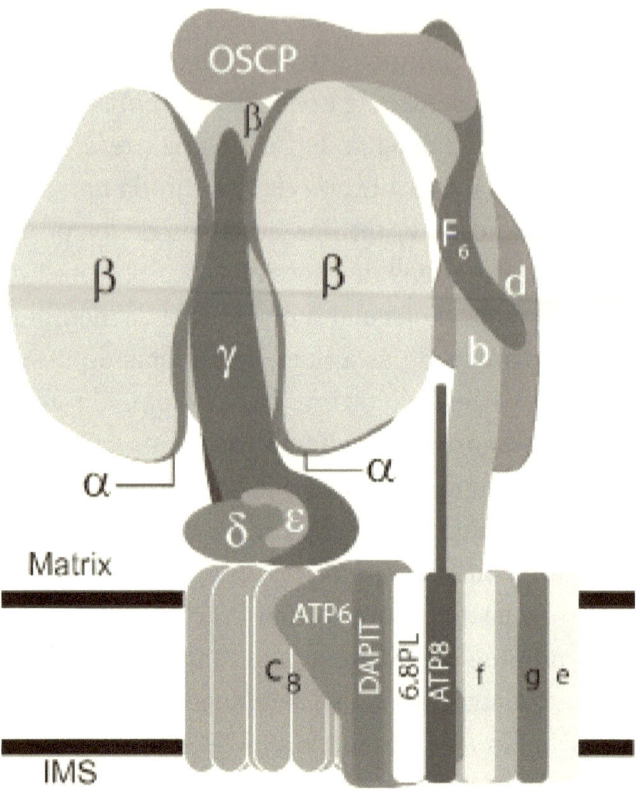

Figura 1.5

La molécula de ATP sintasa comprende unas 30 subunidades proteícas que forman una nanoturbina. Los protones, impulsados por un gradiente de concentración/tensión, atraviesan la interfaz entre el anillo c8 y el ATP6, girando así el tallo central unido (subunidades γ, δ, y ε) para hacer girar la turbina a 9.000 rpm. Cada revolución imparte energía a tres sitios catalíticos en el dominio superior (que comprende las subunidades $\alpha 3 \beta 3 \gamma \delta \varepsilon$) sintetizando así tres moléculas de ATP. La sintasa apareció por primera vez en la membrana celular de procariotas, una de las cuales se transformó posteriormente en la mitocondria (la versión de mamífero esta representada aquí). IMS, espacio intermembrana.

Fuente: "Assembly of the Membrane Domain of ATP Synthase in Human Mitochondria", por J. He, H. C. Ford, J. Carroll, C. Douglas, E. Gonzales, S. Ding, I. M. Fearnley y J. E. Walker, 2018, *Proceedings of the National Academy of Sciences of the United States of America*, 20, no 115, 2988-2993.

años 30 se descubrió una sustancia química (*dinitrofenol*) que desacoplaba la oxidación de la fosforilación, se reconoció inmediatamente como una ayuda potencial para la pérdida de peso. Coma todo el azúcar que desee; entonces tome esta pequeña píldora y manténgase delgado. Pero la energía desacoplada de la producción de ATP se libera en forma de calor. La gente murió de insolación, y un buen número tuvo que sucumbir antes de que se reconociera el problema y se retirara el medicamento. Al parecer, el dinitrofenol está disponible en Internet y sigue causando víctimas mortales.[41]

Aunque el desacoplamiento total de la oxidación de la fosforilación sería fatal, existen varios mecanismos de regulación mitocondrial diseñados para variar la fuerza de acoplamiento (véase el capítulo 2). Éstos ayudan a un animal en latitudes septentrionales a mantenerse caliente, reduciendo la eficiencia global de la producción de ATP mitocondrial. Las poblaciones humanas difieren en la fuerza de acoplamiento dependiendo de su distancia al ecuador (véase el capítulo 3).[42]

No podemos decir si el ATP es la mejor de todas las moléculas posibles para transferir energía. Sin embargo, es una de las pocas moléculas de este tipo[43] y sirve a todas las células, desde las procariotas en adelante. Y podemos estar seguros de que la ATP sintasa, con una eficacia de casi el 90%, es la mejor nanoturbina posible. Una molécula alternativa para la captura/transferencia de energía tendría que ser (i) físicamente pequeña—para difundirse rápidamente en el citoplasma—(ii) energéticamente pequeña, lo suficiente para alimentar de forma fiable la química celular; y (iii) producirse de forma eficiente a un ritmo suficiente para alimentar la célula a su ritmo. En resumen, un donante de energía alternativo necesitaría todas las propiedades del ATP y, dado que éstas se acercan a la optimización física, la alternativa no podría ser mucho mejor.

El diseño mitocondrial optimiza la velocidad, la eficiencia, la seguridad ambiental y la robustez

Aunque los electrones fluyen rápidamente a lo largo de un hilo metálico, su paso a través de las moléculas orgánicas es mucho más lento y requiere una estrecha separación entre los sucesivos aceptores de electrones.[44] Un electrón atraviesa una proteína y pasa entre las proteínas adyacentes en decenas de microsegundos—si la separación entre los aceptores es lo suficientemente estrecha, de 0,7 a 1,4 nanómetros (véase la Figura 1.6). Una separación mayor aumenta bruscamente el retardo medio de conducción a milisegundos y limitaría los pasos catalíticos de la oxidación—retrasando mortalmente la producción de energía (véase el capítulo 3). Un hueco más pequeño permitiría que los electrones fluyeran a través de "cortocircuitos" que evitarían los pasos de la captura de energía, lo que sería ineficiente y también potencialmente letal debido al calor y a la liberación de moléculas tóxicas reactivas. Así, la cadena de transporte de electrones optimiza la velocidad frente a la eficiencia energética y la seguridad medioambiental.

La eficacia de la captación de energía por la cadena de transporte de electrones depende de una separación subnanométrica precisa de las cadenas de proteínas. Sin embargo, ¿cómo puede lograrse tal precisión de forma estable bajo un constante golpeteo térmico? Se consigue cierta protección al incluir los complejos proteícos dentro de una membrana flexible. La viscosidad del agua también ayuda, impidiendo que incluso el golpe térmico más brusco mueva una proteína hasta

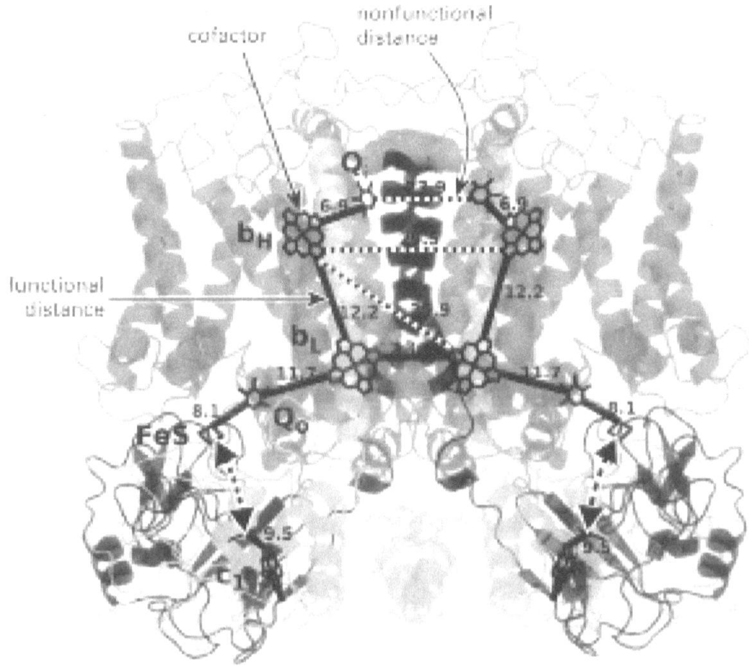

Figura 1.6

Los cofactores que aceptan electrones en la cadena de transporte de electrones están espaciados a distancias no superiores a 1,4 nanómetros (14 angstroms) para optimizar las velocidades de tunelización. Las distancias cortas entre cofactores (polígonos agrupados) son funcionales (líneas gruesas); las distancias más largas no son funcionales (líneas punteadas). Las distancias se indican en angstroms (1 angstrom = 0,1 nanómetro).

Fuente: Reimpreso de "An Electronic Bus Bar Lies in the Core of Cytochrome bc1", por M. Świerczek, E. Cieluch, M. Sarewicz, A. Borek, C. C. Moser, P. L. Dutton y A. Osyczka, 2010, *Science*, 329, 451-454, con permiso de la American Association for the Advancement of Science.

0,1 nanómetros.[45] Aún así, la eficacia de la combustión traducida en el gradiente de protones no supera el 50%. ¿Por qué? La cadena de transporte de electrones necesita minimizar el escape de electrones energéticos que podrían dividir una molécula de O_2. La división liberaría dos átomos altamente reactivos (O^-) que podrían dañar otros componentes del citoplasma, incluido el ADN. La razón por la que incluimos “antioxidantes” en nuestra dieta es precisamente para absorber esas especies reactivas de oxígeno, y se puede especular que un diseño de transporte de electrones seguro reduciría la eficiencia energética. *Diablo Light & Power Corp* puede alegrar a sus accionistas al no “desperdiciar” energía para capturar sus subproductos tóxicos, pero una célula viva no tiene esta opción.

Por otra parte, las neuronas hacen un buen uso de las especies reactivas del oxígeno como señales obligadas para la plasticidad sináptica dependiente de la actividad.[46] Por consiguiente, al elegir una dieta, podríamos hacer bien en seguir nuestros receptores del gusto, que han evolucionado durante mucho tiempo, en lugar de hacer caso a la información en el Internet. Al parecer, *necesitamos* un cierto nivel de oxidantes para una función cerebral óptima. Además, aquí tenemos otro ejemplo en el que la selección natural parece arrancar algo bueno de lo potencialmente malo.

Se podría imaginar que un camino concreto sería el óptimo para que los electrones pasen por la cadena de transporte de electrones. Sin embargo, eso haría que la cadena fuera más susceptible a mutaciones puntuales que cambiarían letalmente la estructura de una proteína de esa cadena. Así que la disposición óptima para el flujo de electrones resulta más confusa: los electrones se abren camino en dos dimensiones a lo largo de caminos alternativos para llegar finalmente a la base—O_2. La característica optimizada en este caso es la robustez frente a las alteraciones mecánicas y genéticas.[47]

Aunque la cadena de transporte de electrones y la ATP

sintasa están optimizadas individualmente, también deben coincidir sus densidades de distribución en la membrana mitocondrial. La eficiencia requiere los protones suficientes para impulsar todas las turbinas de la sintasa, pero no más. Por lo tanto, ambos componentes se expresan en la proporción óptima y se empaquetan con la máxima densidad en la membrana. En consecuencia, las mitocondrias de los tejidos que requieren altas tasas metabólicas no pueden aumentar la densidad de la membrana de estas unidades oxidativas; en su lugar, amplían la superficie de la membrana interna mediante el plegado y también aumentan el volumen de las enzimas de la matriz para igualarlas (véase la Figura 1.2).[48]

Conclusión: Un manifiesto Neo-Panglosiano

En resumen, el código de tripletes del ADN es el más compacto de todos los códigos posibles para especificar 20 aminoácidos. Además, el código de tripletes *concreto* que utilizan casi todos los organismos de la Tierra refleja la inevitabilidad de las mutaciones puntuales y ofrece la mejor protección posible contra sus efectos nocivos. También ofrece la mejor codificación paralela posible de las secuencias de nucleótidos esenciales, además de las de las proteínas. Aparentemente, este código de tripletes es el mejor de todos los códigos de tripletes posibles. La optimización reside en que el código ha anticipado profundamente varias regularidades estadísticas en un mundo particular. Las instrucciones pueden entenderse como un rico conjunto de predicciones—que las condiciones de funcionamiento para las que especifica las proteínas serán relevantes mañana y pasado mañana.

Las proteínas alcanzan conformaciones tridimensionales

optimizadas para la estabilidad y la funcionalidad. El aporte de energía para seleccionar la conformación funcional es de unos 20 $k_B T$, y muchas proteínas que alcanzan este estado se acercan a la optimización de estas características. Por ejemplo, algunas enzimas alcanzan el límite de difusión en velocidad, pero otras funcionan más lentamente por diseño. Para su función particular, cada enzima opera a la mejor de las velocidades posibles. Las proteínas especializadas en la señalización alostérica también operan cerca de 20 $k_B T$ y, por tanto, son óptimamente eficientes. Los componentes celulares también se optimizan para ser resistentes a las mutaciones puntuales y a la toxicidad. Y varias nanomáquinas, como la ATP sintasa, ensambladas a partir de docenas de proteínas, se acercan al 100% de eficiencia.

Ahora podemos aceptar la afirmación panglossiana de que las macromoléculas individuales de una célula y sus conjuntos se aproximan a lo mejor posible. Además, una célula optimiza aún más su eficiencia global al coordinar sus funciones en escalas de tiempo más largas. Así, una célula sincroniza su gran conjunto de reacciones *catabólicas* (para obtener energía) en una parte del día y un conjunto comparativamente grande de reacciones anabólicas (para la reparación y el crecimiento) en la otra parte. Los procariotas optimizaron este ciclo diario invirtiendo en circuitos de proteínas que mantienen el tiempo, un reloj diurno. En un entorno rítmico, las células con reloj superan a las que no lo tienen.[49]

Todo es para bien en un mundo particular

Por supuesto, debemos rechazar la amplia afirmación panglossiana de que este mundo es el mejor posible. Una célula optimiza sus estructuras y procesos para un mundo *concreto*, el que habita. A nivel del mar, sus proteínas de unión al oxígeno están optimizadas para una presión de una atmósfera y una concentración de oxígeno del 20%. En un mundo diferente—más profundo o más alto—las proteínas tendrían que reajustarse. Una vez que un organismo se ha adaptado a las energías, los tempos y las regularidades estadísticas de su mundo particular, entonces, efectivamente, todo es para bien. Pero el azar acaba empujando al organismo a invadir un nuevo mundo—para el que no está preparado—lo que exige una nueva búsqueda ciega de la supervivencia y la optimización de ese mundo.

Una vez que originó la vida, las células individuales necesitaron tres mil millones de años para alcanzar sus límites. Ese intervalo fue necesario para que los procariotas, paso a paso, perfeccionaran el código de tripletes, sus enzimas individuales, sus vías metabólicas y su central eléctrica. Después, los eucariotas necesitaron tiempo para perfeccionar las mitocondrias y otros orgánulos clave, como los de ingestión (*endocitosis*) y secreción (*exocitosis*), y una hélice eficiente, el *cilio*. Los cilios podían hacer remar a un paramecio a 1,5 milímetros por segundo. Pero esa lenta velocidad dejaba la mayor parte del universo acuoso sin explorar y sin explotar.

Las células individuales no podían crecer mucho más allá del *Paramecium* debido a la física: la difusión en el citoplasma se ralentiza con la distancia al cuadrado. Pero las células pequeñas, al reunirse en forma de balsas, podían ir a la deriva en las corrientes oceánicas mucho más rápido de lo que podían remar—y de forma gratuita. De este modo, las células ganaron al adherirse y luego al especializarse y cooperar en beneficio mutuo. Una vez que las células comenzaron a reunirse como formas multicelulares, alrededor de 0,6 mil millones de años antes del presente, se complejizaron rápidamente. En 0,5 mil millones de años antes del presente había un pequeño gusano marino, con simetría bilateral y con un cerebro.[50]

Este gusano representó una bifurcación en la carretera evolutiva. Un camino condujo a los *artrópodos* con exoesqueletos y múltiples formas cuya complejidad culminaba con los insectos sociales—abejas y hormigas. Otro camino llevó hasta los *vertebrados* con esqueletos internos y formas cuya complejidad culminó con el mamífero social *Homo sapiens.*

Sir Isaac Newton escribió que había visto más lejos al subirse a los hombros de los gigantes. Newton nunca sospechó que en realidad estaba parado, como todos nosotros, sobre los hombros de gusanos extintos. Este es el capítulo 2.

2. A los hombros de los gusanos

Los gusanos han desempeñado un papel más importante en la historia del mundo de lo que la mayoría de las personas suponen a primera vista.
—Charles Darwin

Las células eucariotas individuales han aumentado su información incorporada ampliando su planta energética y subsequentemente su genoma. Mejoraron la eficiencia de la codificación genética mediante el empalme, mejoraron la eficiencia de la comunicación transcelular e intracelular ampliando la señalización alostérica, y así sucesivamente. Pero finalmente llegaron a un límite conocido: una mayor complejidad requeriría más combustible. Eso significaba buscar activamente en un rango más amplio; sin embargo, el límite de tamaño de una sola célula era insuficiente para superar la restricción física clave, la viscosidad del agua. Las células resolvieron este enigma reuniéndose como animales multicelulares. Por supuesto, no había vuelta atrás: una vez que un animal está construido para forrajear, *debe* forrajear. Este trato—obtener información pero estar condenado a esforzarse por ello—prefiguró otro trato posterior, el de la salida del Edén.

La multicelularidad también resolvió claramente el límite unicelular de la diversidad proteíca. Ahora, cada célula podría fabricar un conjunto limitado de proteínas relacionadas, esenciales para su propósito particular. Por ejemplo, una célula sintetizaba proteínas fotorreceptoras y las colocaba en los pliegues de la membrana para formar una copa óptica, que respaldaba con gránulos de pigmento que también sintetizaba—Se formaba un ojo en una célula. La célula también incluía un cilio móvil, creando así una unidad sensoriomotora completa. Otra célula del mismo animal combinaba las propiedades epiteliales con la capacidad de contraerse y secretar—además de tener un cilio móvil (véase la Figura 2.1).[1]

Las células multifuncionales son ingeniosas. Sin embargo, son ineficaces porque violan un principio básico de la ingeniería: *para cada tarea se utiliza una pieza separada*. Así que, en poco tiempo, los animales adquirieron la capacidad de diferenciar tipos celulares separados para cada función: músculo, sensor, nervio, respuesta inmunitaria, etc. Además, los animales consiguieron disponer los precursores de todos los tipos celulares en los lugares necesarios, producir el número óptimo de cada tipo y coordinar sus funciones complementarias. Pero, ¿cómo podía una célula con un conjunto completo de genes dividirse en dos células con el mismo conjunto de genes—y así sucesivamente, y lograr su expresión especializada y coordinada? Este es el reto de la gestión de la información.

Del huevo a la gallina

El óvulo fecundado que acaba especificando a una persona contiene sólo unos 1,6 GB de información, aproximadamente el 1% de la memoria de un iPhone 7. ¿Cómo puede esa pequeña cantidad de información codificada por tripletes de bases en 23 hebras lineales de ADN especificar a una persona que encarna mucha más información? El truco fue dedicar una

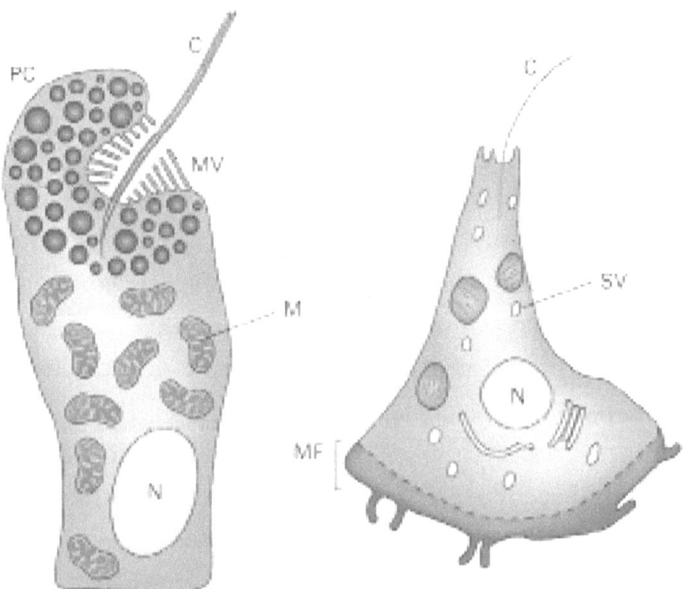

Figura 2.1

Las células de los primeros organismos multicelulares suelen ser multifuncionales. Izquierda: El ojo unicelular de un cnidario tiene un cilio móvil (C), una membrana microvilar fotorreceptora (MV) y una copa de pigmento (PC). La célula está alimentada por las mitocondrias (M); el núcleo (N). **Derecha:** Célula muscular epitelial contráctil en un cnidario con fibras musculares (MF), cilio (C) y vesículas secretoras (SV).
Fuente: Reproducido con permiso de "The Evolution of Cell Types in Animals: Emerging Principles from Molecular Studies", por D. Arendt, 2008, *Nature Reviews. Genetics, 9*, 868-882

buena parte del genoma a codificar proteínas que controlan la transcripción de grupos enteros de otros genes que están funcionalmente relacionados. Los *factores de transcripción* que se expresan en las primeras etapas del desarrollo dirigen la disposición básica del cuerpo: dónde ubicar los sensores para la comida y el peligro, los componentes para la locomoción, la apertura del cuerpo para la comida, etc. Una vez realizada la disposición, estos factores de transcripción desencadenan el siguiente conjunto de factores de transcripción que hacen que se diferencien subconjuntos de células.[2]

Por ejemplo, el factor de transcripción encargado de provocar la diferenciación de las células musculares lleva una secuencia de aminoácidos que se une a varias regiones del ADN que codifican cada componente muscular concreto: actina, miosina, troponina, canal de calcio, etc. Y al igual que este "interruptor maestro", *MyoD*, activa todos los genes necesarios para la diferenciación final de una célula muscular, existen interruptores maestros relacionados que especifican otros tipos de células: *NeuroD* para especificar las neuronas, y las *proteínas E* para especificar los linfocitos para la respuesta inmunitaria.[3]

Más allá de estos amplios interruptores, otros factores de transcripción especifican subtipos de células. Por ejemplo, ciertas células musculares necesitan contraerse rápidamente y otras lentamente; el músculo del cuerpo se contrae ante una señal neural, pero el músculo del corazón se contrae espontáneamente. Estos tipos de músculos, que a su vez tienen subtipos, utilizan diferentes proteínas contráctiles, diferentes combustibles, diferentes tipos de canales iónicos de membrana, etc. Así pues, MyoD es un comienzo, pero una función eficiente siempre requiere una mayor especificación para adecuar las propiedades de una célula a sus tareas particulares.

Las células musculares rápidas convierten la glucosa en ATP sin oxígeno. Por lo tanto, pasan por alto la planta de energía mitocondrial para producir ATP de forma rápida pero ineficaz. Las células musculares lentas convierten la glucosa y los ácidos grasos en ATP a través de la oxidación mitocondrial—de forma más lenta, pero 15 veces más eficiente. El músculo rápido puede correr una carrera de 100 metros pero no una milla porque el combustible se agota; el músculo lento perdería la carrera corta pero ganaría la milla porque sus mitocondrias pueden mantener un suministro constante de ATP. El músculo cardíaco, lento por diseño, es eficiente e incesante.

Un animal necesita tantos tipos de células diferentes para funcionar eficazmente que no podría utilizar un factor de transcripción diferente para especificar cada tipo. Por lo tanto, cuando un interruptor maestro ha realizado su tarea principal, selecciona un conjunto de factores de transcripción de nivel inferior para especificar un subconjunto de células, y luego otras combinaciones de factores de transcripción para completar el proceso. Algunos factores de transcripción pueden gobernar el desarrollo de un órgano complejo. *Pax6*, por ejemplo, gobierna el desarrollo de todo el ojo, seguido de otros factores de transcripción que regulan la diferenciación de las neuronas de la retina en más de 100 tipos, además de las células gliales y los melanocitos.[4, 5] En resumen, el modesto almacén de información del óvulo controla una cascada de factores que controlan paso a paso el autoensamblaje del animal.

El proceso de desarrollo genera nueva información a medida que se desarrolla. Esto es lo que distingue lo vivo de lo muerto, lo orgánico de lo inorgánico, el arte de la ingeniería. Un cristal mineral crece a partir de una solución de sal disuelta adhiriéndose átomo a átomo a la cara de un cristal idéntico anterior. El material se acumula, pero no la información. Pero un organismo crece asimilando materiales que alimentan y encarnan más información. Y, aunque los primeros animales multicelulares parezcan primitivos en retrospectiva, su despliegue y automantenimiento mediante la adición de nuevas células y la eliminación de las dañadas requirió una compleja señalización desde el principio.

En consecuencia, tempranamente evolucionaron siete familias de moléculas de señalización intercelular.[6] Algunas de estas proteínas de señalización se secretan para llegar a otras células por difusión; otras se presentan en la superficie de la membrana para llegar a otras células por contacto directo. De cualquier manera, transmiten información mediante la unión a moléculas receptoras de proteínas en la membrana de la célula objetivo que señalan de forma alostérica al citoplasma. Las señales citoplasmáticas siguen entonces diversas rutas, pero todas ellas conducen al mismo lugar: el ADN de la célula, donde actúan como factores de transcripción (véase la Figura 2.2). Estas moléculas ya se expresaban en algunos de los primeros animales pluricelulares, como los cnidarios—medusas y anémonas. Al parecer, estas moléculas son necesarias para construir incluso el animal multicelular más sencillo.

Los cnidarios desarrollaron una forma polarizada con una idoneidad limitada para la complejización posterior. La *Hydra*, por ejemplo, adhiere un extremo a un sustrato mediante células epiteliales músculo-secretoras multifuncionales que lo deslizan sobre una capa de mucosa. El otro extremo lleva tentáculos con células especializadas en disparar dardos venenosos atados a finos hilos. La *Hydra* paraliza a su presa, luego la enrolla y utiliza los tentáculos para introducirla en la cavidad oral. Para desplazarse más rápido de lo que puede planear, la *Hydra* separa su pie y luego da una voltereta con sus tentáculos—como un gimnasta haciendo volteretas (véase la Figura 2.3). Ballet, sin duda, pero inadecuado para el tránsito rápido necesario para una búsqueda de alimento más amplia.

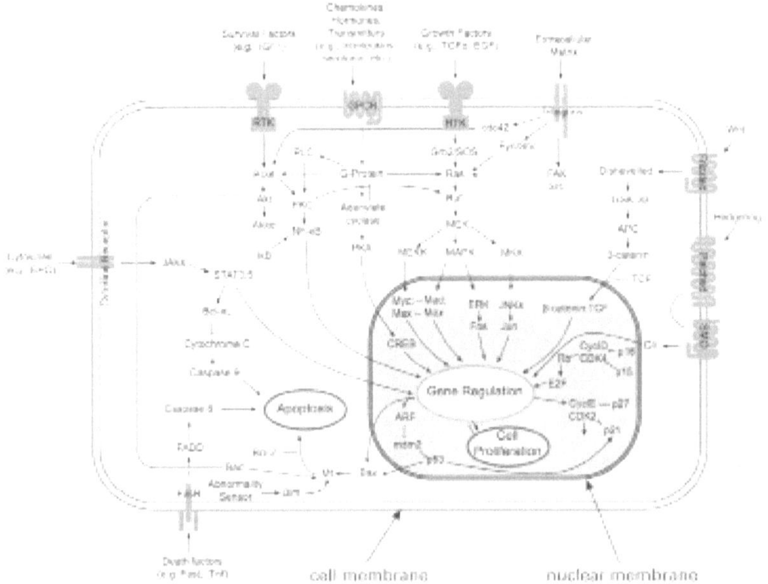

Figura 2.2
Siete familias de factores de señalización transportan información a través de la membrana celular. Todas las señales acaban convergiendo a través de los factores de transcripción para regular el genoma durante el desarrollo y más allá. Estos factores ya estaban presentes en los cnidarios, un grupo primitivo con el que los bilaterios comparten un ancestro común.
Fuentes: "Animal Phylogeny and Its Evolutionary Implications", por C. W. Dunn, G. Giribet, G. D. Edgecombe y A. Hejnol, 2014, *Annual Review of Ecology, Evolution, and Systematics*, *45*, 371-395. Reimpreso de https://upload.wikimedia.org/wikipedia/commons/b/b0/Signal_transduction_pathways.svg. Por cybertory-Este archivo se obtuvo de: Signal transduction v1.png, CC BY-SA 3.0, https://commons.wikimedia.org/w/index.php?curid=12081090.

Además, ambos extremos de la *Hydra* están gobernados por conjuntos localizados de neuronas, un "cerebro del pie" y un "cerebro de la boca", que se interconectan a través de una red de unas 1.000 neuronas dispersas que, de alguna manera, deciden qué extremo debe dirigir.[7] Las neuronas de *Hydra*

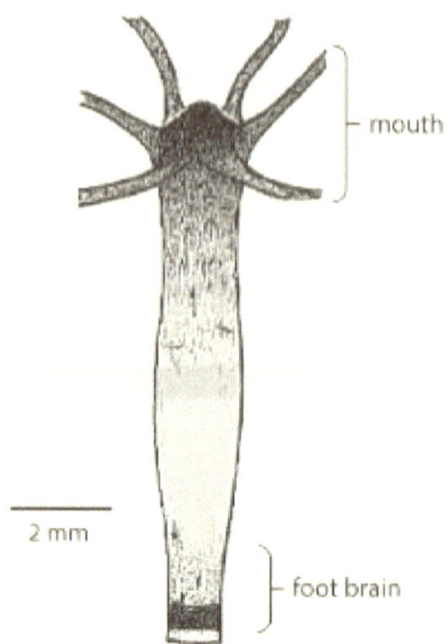

Figura 2.3
El cnidario, Hydra, tiene un pie y una boca polarizados. Cada extremo está atendido por una concentración de neuronas ("cerebro del pie" y "cerebro de la boca") que se interconectan a través de una red de unas 1.000 neuronas distribuidas. Cada punto oscuro es una neurona teñida con un anticuerpo contra el neuropéptido RF-amida. Este péptido promueve el sueño en insectos y vertebrados.
Fuente: Reproducido con permiso de "The Origin and Evolution of Cell Types", por D. Arendt, J. M. Musser, C. V. H. Baker, A. Bergman, C. Cepko, D. H. Erwin, ... G. P. Wagner, 2016, *Nature Reviews. Genetics, 17*, 745-757.

utilizan muchos de los transmisores neuronales más habituales, como la, el glutamato, el GABA y la dopamina, lo que indica que las vías enzimáticas para sintetizar esas sustancias químicas, además de los orgánulos para almacenarlas y secretarlas, ya estaban en su sitio. La *Hydra* también expresa una gran cantidad de neuropéptidos, pequeñas moléculas que generalmente se encargan de reprogramar un circuito neuronal especializado de una tarea a otra. Entre los neuropéptidos de *Hydra*, por ejemplo, se encuentra la RFamida, una molécula que promueve casi universalmente el sueño.[8] Así, la *Hydra* tenía neuronas, además de un conjunto sustancial de neuroquímicos para operar sus circuitos. Pero a largo plazo, un cerebro resultó ser más evolutivo que los dos de *Hydra*.

El triunfo de los bilaterios

Mientras estudiaba para un anterior texto, con frecuencia leía que los humanos comparten con las moscas de la fruta un "ancestro común" que existió aproximadamente 500 millones de años antes del presente. Muchas similitudes entre nosotros y la mosca se remontan a ese ancestro—denominado *urbilaterio*, progenitor de todos los animales de simetría bilateral. El urbilaterio había heredado de su ancestro compartido con los cnidarios[9] las numerosas moléculas de señalización, neurotransmisores, neuropéptidos, mecanismos neurosecretorios, etc. antes mencionados. Además, su característica principal, la simetría bilateral, resolvió ciertos problemas clave de diseño. En consecuencia, el urbilaterio generó dos ramas inmensamente diversas, los artrópodos y los vertebrados, antes de desaparecer.

Al final me pregunté cómo éramos entonces. El urbilaterio no dejó ningún fósil. Por lo tanto, aunque su existencia es mucho más probable que la de un unicornio, carecemos de un retrato. Entre los primeros parientes de los que existe un retrato se encuentra una especie que aún persiste, el gusano marino *Platynereis dumerilii*. *Platynereis* es de "evolución lenta", a juzgar por su genoma; por lo tanto, parece ofrecer una visión de la organización celular y molecular de los urbilaterios.[10] Exuberantemente bilateral, *Platynereis* parece un personaje escapado de Plaza Sésamo (véase la Figura 2.4). En-

Figura 2.4
Platynereis dumerilii. Este gusano marino es el que más se parece a nuestro primer ancestro con simetría bilateral.
Fuente: Cortesía de Nicholas Dray.

tonces, ¿qué compartimos con él, además de una cara bonita?

Nos han legado un marco profundamente adaptable. La simetría bilateral invita prácticamente a añadir apéndices *emparejados*—piernas, aletas y alas.[11, 12] Los sensores emparejados del urbilaterio eran especialmente valiosos para calcular la profundidad, la dirección y el equilibrio. El urbilaterio, al situar el cerebro en la cabeza, acortó los cables de entrada y, al extender el cordón nervioso, situó los circuitos motores cerca de sus efectores. El urbilaterio utilizó todas las moléculas de señalización heredadas de su ancestro compartido con los cnidarios para organizar el sistema nervioso para un cableado eficiente, como placas sensoriales y motoras. Y dentro de cada región, otros factores de transcripción heredados especificaron una miríada de tipos de neuronas (véase la Figura 2.5). En consecuencia, las identidades moleculares de

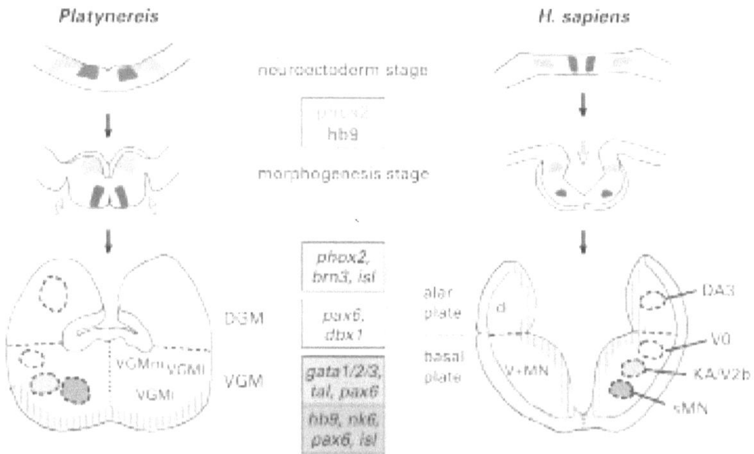

Figura 2.5

Los mismos factores de transcripción controlan la morfogénesis y el patrón mediolateral en *Platynereis* y *H. sapiens*. Diferentes estrategias de plegado sitúan la neuropila basal dentro de la médula en *Platynereis* pero fuera del tubo en el ser humano. El término placa en embriología significa un conjunto de células embrionarias que se desarrollan en un conjunto específico de estructuras adultas. La placa alar produce neuronas sensoriales y circuitos sensoriales, mientras que la placa basal produce neuronas motoras y circuitos motores. Las abreviaturas en el recuadro (hb9, phox 2b, etc.) enumeran ocho factores de transcripción que controlan el desarrollo en estos estadios en ambas especies y que, por tanto, parecen heredarse del urbilaterio. DGM: masa ganglionar dorsal; dl: interneuronas dorsales; KA: Kolmer-Agduhr; MN: motoneuronas; sMN: motoneuronas somáticas; V: interneuronas ventrales; VGM: masa ganglionar ventral.
Fuente: Modificado y reimpreso de "Whole-Organism Cellular Gene-Expression Atlas Reveals Conserved Cell Types in the Ventral Nerve Cord of *Platynereis dumerilii*", por H. M. Vergara, P. Y. Bertucci, P. Hantz, M. A. Tosches, K. Achim, P. Vopalensky y D. Arendt, 2017, *Proceedings of the National Academy of Sciences of the United States of America, 14*, 5878-5885.

nuestras neuronas, además de su disposición física en nuestro cerebro, se parecen mucho a las de este gusano primitivo.[13]

Más allá de nuestra disposición física—cuerpo y cerebro—y más allá de nuestros fundamentos celulares y moleculares optimizados (planta eléctrica, enzimas, vías metabólicas y factores de transcripción), también se nos legó un diseño global de "sistemas" para gobernar todo el organismo. El diseño es principalmente de alimentación. Es decir, predice lo que necesitará el animal y le suministra los productos de antemano, evitando así los errores o, al menos, minimizándolos. Este diseño regulador predictivo—alostasis—comienza con un reloj que gobierna un cerebro.

Reloj y cerebro

En las células individuales habían evolucionado varios factores de transcripción para producir proteínas cuyas interacciones oscilan con un ritmo aproximado de 24 horas. Este oscilador se acopló entonces a una proteína que detectaba la luz y, *voilà*, un reloj—había la noche y había la mañana. Este reloj anticipaba el ciclo diario de la intensidad ultravioleta, lo que permitía a las células replicar su ADN por la noche y reducirlo antes del amanecer para prevenir daños genéticos—una estrategia más eficaz que la reparación. El reloj fue quizás el primer "sistema de alerta temprana" biológico, un ejemplo de regulación predictiva unicelular.

El urbilaterio marino basó todo su sistema de regulación en relojes con períodos diferentes. Cuando un reloj predecía la marea alta, *Platynereis* podía buscar comida con seguridad; cuando otro reloj predecía la luna llena, los gusanos podían reunirse para reproducirse. Los relojes también regulaban el metabolismo para adaptarse a esos comportamientos. Así, cuando uno anunciaba que se preparaba para buscar comida, los músculos empezaban a sintetizar enzimas metabólicas; el intestino empezaban a sintetizar enzimas digestivas y proteínas transportadoras; el hígado y las células grasas comenzaron a sintetizar enzimas para el almacenamiento de metabolitos. Y cuando un reloj anunció que se *preparaba para reproducirse*, las gónadas comenzaron a madurar un suministro de gametos.

Platynereis colocó su reloj en la parte delantera de su cerebro, junto a las células neuroendocrinas que emiten hormonas metabólicas y reproductivas a todos sus tejidos a través de la circulación. Cerca del reloj y del grupo neuroendocrino, *Platynereis* colocó circuitos neuronales para que fueran dirigidos por ambos, para iniciar los estados de comportamiento apropiados, como el sueño y la vigilia, además de comportamientos específicos, como la búsqueda de comida y la reproducción.[14] El *H. sapiens* los ha mantenido allí mismo (véase la Figura 2.6).

Nuestro reloj cerebral heredado acopla de forma predictiva innumerables aspectos de la regulación. La búsqueda de alimentos, por ejemplo, requiere un estado de alerta mental y un aumento de combustible para el músculo esquelético y cardíaco. Por lo tanto, varias horas antes de que el reloj nos despierte, activa el hígado para aumentar la glucosa en sangre y las células grasas para liberar triglicéridos. También hace que el páncreas renueve su suministro de insulina, además de otras hormonas que facilitan la captación y utilización de la glucosa; además, recluta nuevos receptores de insulina y transportadores de glucosa en la membrana muscular.[15] Anticipando un ritmo cardíaco más rápido, el reloj hace que los miocitos cardíacos cambien los canales de sodio lentos por los rápidos. Y anticipando el aumento general del metabolismo y la actividad física, el reloj desencadena un aumento de la presión arterial a través de mecanismos neuronales y endocrinos

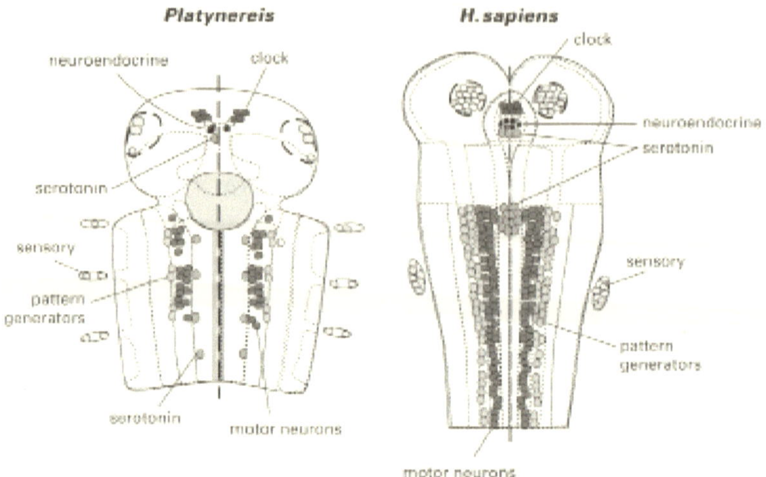

Figura 2.6

El cerebro de los primeros bilaterios, ejemplificado por *Platynereis*, desarrolló diseños eficientes que *H. sapiens* conservó. Las neuronas del reloj circadiano adaptan el metabolismo al comportamiento; las neuronas endocrinas adyacentes son baratas pero lentas; las señales eléctricas son rápidas pero costosas, por lo que la disposición del cerebro minimiza el cableado eléctrico. Por ejemplo, distribuye las neuronas motoras bilateralmente por el eje largo, acompañadas de sus circuitos de entrada (generadores de patrones) y de las neuronas sensoriales. El cerebro urbilatino también utilizaba transmisores para regular la excitación (serotonina) y el aprendizaje de recompensas (dopamina, no mostrada).
Fuente: Modificado y reimpreso de "The Evolution of Nervous System Centralization", por D. Arendt, A. S. Denes, G. Jékely y K. Tessmar-Raible, 2008, *Philosophical Transactions of the Royal Society of London. Series B, Biological Sciences, 363*, 1523-1528.

(véase el capítulo 4).

Más tarde, cuando el reloj reduce la actividad física para prepararse para el sueño, provoca una reducción de los niveles de glucosa y ácidos grasos en la sangre. Pero el cerebro requiere un suministro constante de glucosa, que durante 8 horas no obtendrá de los alimentos. Por lo tanto, cuando el reloj programa el sueño, además de las hormonas para suprimir el apetito y la alimentación, también programa las hormonas para liberar glucosa en la sangre desde las reservas de glucógeno del hígado. Para rellenar estos almacenes, el reloj programa a las células grasas para que liberen triglicéridos, que el hígado convierte en glucógeno para anticiparse al siguiente despertar. Antes de que nos despertemos, el reloj programa al hígado para que active sus genes lipogénicos y produzca lípidos frescos para reponer las células grasas.[16]

El sueño proporciona la fase óptima para todo tipo de reparación, reposición y crecimiento porque la energía que necesitan esos procesos anabólicos no entra en conflicto con las necesidades catabólicas del ejercicio. Por ejemplo, durante el período activo, las células musculares cardíacas disminuyen su síntesis de proteínas para ahorrar combustible para la contracción, pero una vez que comienza el sueño, pueden aumentar la autofagia—digiriendo sus propias proteínas dañadas para reciclar los aminoácidos en sus reemplazos.[17] El reloj programa actividades similares para el músculo esquelético, los huesos y el sistema inmunológico—y también para el propio cerebro. Los cambios diarios entre el catabolismo y el anabolismo se producen en todos los tejidos y son sorprendentemente amplios. Por ejemplo, el músculo esquelético cicla más de 800 proteínas diferentes según el reloj.

Este fantástico "minuet" de los metabolitos podría evitarse en parte si el cerebro se limitara a almacenar suficiente combustible—glucógeno y lípidos—para pasar la noche. Sin embargo, la rigurosa especialización del cerebro para el cálculo y no para el almacenamiento de víveres parece haber dado sus frutos. Además, es probable que esto fuera cierto desde el principio, ya que los humanos comparten con *Platynereis* y

Drosophila muchas de las mismas hormonas metabólicas—como la insulina—y órganos especializados similares para almacenar glucógeno y lípidos, además de una segregación similar de las actividades en vigilia y sueño, y estrategias similares para el control metabólico. Todas estas señales utilizadas para la regulación predictiva fueron heredadas del urbilaterio.

Un reloj en cada célula

El reloj central del cerebro optimiza la programación de varios comportamientos que involucran al animal en su totalidad. Pero un reloj central se encuentra con el mismo problema que cualquier sistema de control industrial descendente: cada cliente quiere sus productos en menos tiempo del que se tarda en fabricarlos. Una alternativa es mantener un costoso almacén central que guarde copias extra de cada tuerca y tornillo; la otra es anticiparse a las necesidades locales y preparar lo justo, justo a tiempo. Toyota adoptó esta estrategia para su cadena de montaje en los años 50, pero los urbilateros se les adelantaron en 500 millones de años.

Si alguna proteína requiere 2 horas para su síntesis y distribución, como el transportador de potasio para las membranas de las células renales, un reloj en esa misma célula inicia su producción 2 horas antes del amanecer.[18] Del mismo modo, un reloj en el miocito cardíaco inicia la producción de los canales rápidos de sodio, y un reloj en una célula muscular esquelética inicia la producción de proteínas metabólicas y estructurales. Por lo tanto, todos están listos justo a tiempo para el despertar, el momento mágico en el que las necesidades energéticas de la síntesis de proteínas ceden sin problemas a las necesidades energéticas del bombeo de iones y la contracción muscular.[19]

Los relojes locales deben sincronizarse para satisfacer las necesidades de los demás. Esto ocurre en parte a través del reloj cerebral, pero también a través de los patrones de comportamiento habituales del animal. Cuando hacemos ejercicio, luego comemos y luego dormimos la siesta, tanto el reloj cerebral como los relojes celulares del hígado, la grasa, el músculo y el páncreas aprenden a anticiparse a este patrón y a realizar los ajustes adecuados, lo suficiente y a tiempo.

En resumen, el control primario sobre el medio interno es de tipo "*feed forward*" (o "antero-alimentación"). Un reloj central pronostica las necesidades y oportunidades generales; entonces los relojes locales se sincronizan con la señal general—como el ajuste del reloj de pulsera al silbido del mediodía—y gobiernan los detalles especializados de la química intracelular. ¿Pero qué pasa si las necesidades cambian en una escala de tiempo más corta? ¿Pueden todos los "contenedores de piezas" moleculares permitirse el lujo de esperar a la reposición programada, o algunos deben ser rellenados continuamente?

El papel de la regulación por retroalimentación

El metabolismo celular es todo química: las reacciones se rigen por la acción de la masa. En consecuencia, si se permite que la proporción entre el sustrato y el producto disminuya, una reacción puede invertirse y desarrollarse en sentido contrario al previsto. Como esto podría ser fatal, pronto surgieron mecanismos para controlar las concentraciones clave en una escala de tiempo rápida (segundos) y mantener las proporciones esenciales lo suficientemente altas como para evitar este tipo de inversión o desequilibrio. La forma más segura es fabricar más de lo necesario y vertir cualquier exceso. Esto implica un desperdicio intrínseco, pero si una proporción es crítica, el diseño debe alcanzarla, sin importar el coste. Este es el caso del ATP en el músculo cardíaco.[20]

Una célula cardíaca puede almacenar combustible para la planta de energía mitocondrial en forma de glucógeno o lípidos. Pero no puede almacenar la molécula que distribuye la energía, el ATP, porque se renueva tan rápidamente que el suministro de una célula es inferior al 0,007% de su producción diaria. Un almacenamiento significativo requeriría una concentración intracelular de ATP que elevaría fatalmente la presión osmótica de la célula. Además, aunque un coche puede funcionar con medio depósito de combustible o menos, una célula viva, por razones fundamentales, no puede.

La reacción crítica que distribuye la energía química es reversible: ATP + H2O <=> ADP + fosfato + energía. Para proceder en la dirección de avance, el ATP debe estar aproximadamente 10 veces más concentrado que el ADP. Si una célula permite que el ATP disminuya y el ADP aumente, su proporción se reduce, con lo que se ralentiza la reacción hacia delante y se acelera la reacción inversa. En una célula muscular cardíaca, donde cada latido consume el 2% del ATP, el suministro a un ritmo modesto de 100 latidos por minuto, si no se repone, caería a cero en 30 segundos. Pero mucho antes, la relación ATP/ADP disminuiría y la función del corazón se deterioraría.

En ocasiones, el músculo cardíaco debe multiplicar por más de 10 su consumo de ATP en cuestión de segundos. Las amplias predicciones de un reloj circadiano son demasiado lentas para regular la síntesis en esta escala de tiempo. En su lugar, los sensores deben medir el nivel de ATP y rellenarlo continuamente. El miocito cardíaco contiene unas 6.500 mitocondrias dispersas a lo largo de su longitud; por lo tanto, sería fatalmente lento detectar una media en toda la célula y emitir una señal uniforme de "recarga". En su lugar, este problema de control crucial se resuelve mediante un mecanismo de retroalimentación distribuido y de corrección de errores integrado en cada mitocondria. Con esta regulación local, la media espacio-temporal de 6.500 centrales independientes proporciona una regulación impresionantemente precisa (véase la Figura 2.7).

La mitocondria utiliza el gradiente de protones procedente de la combustión oxidativa de la cadena de transporte de electrones para impulsar todas sus turbinas de ATP sintasa a pleno rendimiento (véase la Figura 1.5). Cuando el ATP alcanza una concentración preestablecida, un sensor señala que el depósito está lleno y hace que la turbina deje escapar protones a través de la membrana por un canal especial sin producir ATP. La síntesis se interrumpe por completo durante unas decenas de segundos, lo que hace que la cadena de transporte de electrones entre en un estado de respiración inútil. Durante ese parpadeo, se desperdicia energía para trabajar, pero ese es el coste de mantener constantemente un depósito lleno. Además, la energía "desperdiciada" contribuye a calentar la sangre y el cuerpo (véase el capítulo 3).

Los parpadeos para la síntesis de ATP son menos frecuentes cuando aumenta la demanda y más frecuentes cuando ésta disminuye. De este modo, cada mitocondria mantiene un nivel constante de ATP y una relación constante de ATP/ADP en un amplio rango de demanda (véase la Figura 2.7). Además, si la demanda cambia de forma estable a lo largo del tiempo, la proteína reguladora (Bcl-xL) acoplada a la ATP sintasa reajusta el punto de consigna, es decir, el nivel en el que se inician los parpadeos.[21] La propia Bcl-xL está sujeta a

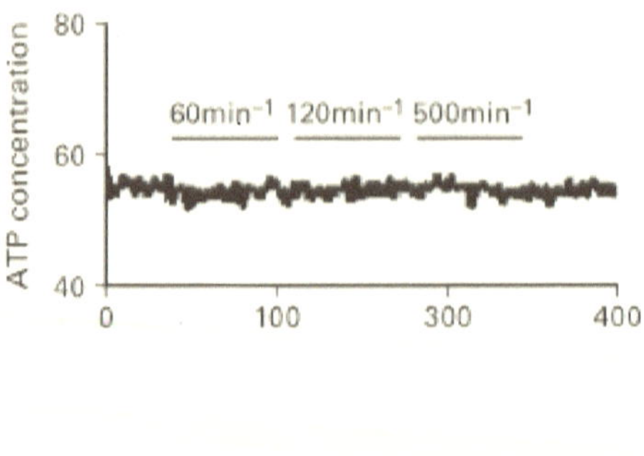

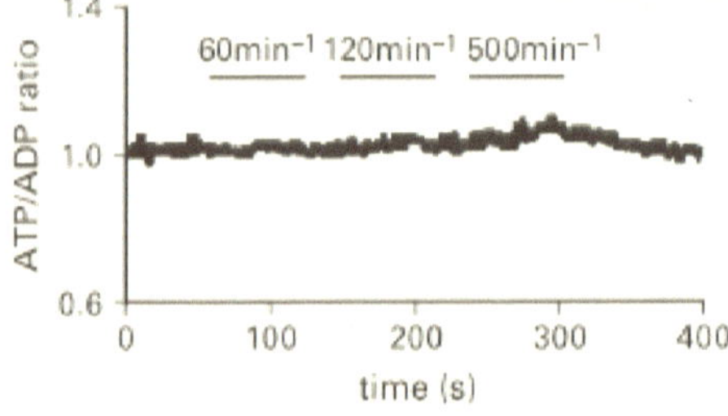

Figura 2.7
La célula muscular cardíaca mantiene un nivel constante de ATP y una relación ATP/ADP estable a pesar de los grandes cambios en la demanda. Aquí, las tasas de contracción de 60, 120 y 500 por minuto (ratón) no afectan a los niveles. No se sabe con certeza que tan estable se mantiene el nivel en las células individuales, ya que en estos gráficos se ha calculado la media de 37 células (arriba) y 8 células (abajo).
Fuente: Modificado y reimpreso de "Mitochondrial Flashes Regulate ATP Homeostasis in the Heart", por X. Wang, X. Zhang, D. Wu, Z. Huang, T. Hou, C. Jian, ... H. Cheng, 2017, eLife, 6, e23908.

regulación, y esto permite un control predictivo por parte de mecanismos más allá de la mitocondria individual, como el mencionado reloj del miocito cardíaco.

Este mecanismo de autorregulación del ATP se asemeja al regulador de velocidad de las primeras máquinas de vapor que mantenían una presión preestablecida y derramaban el exceso de vapor. Este diseño minimiza los subimpulsos fatales al evitar los retrasos de la señalización global. También minimiza los excesos de velocidad al responder rápidamente a las señales de error más pequeñas. Pero hay un coste: la energía se desperdicia en respiración inútil, es decir, la combustión sin producción de energía. Esto revela un principio clave de la regulación: cuando un eslabón crítico de la cadena carece de capacidad de reserva, el "desperdicio" es una parte esencial del diseño. La autorregulación del ATP mitocondrial surgió tempranamente con las primeras células eucariotas, un ejemplo por excelencia de homeostasis; es decir, de regulación por retroalimentación ("*feed-back*"), a nivel molecular.[22]

Predicción y corrección de errores a nivel celular

Se han expresado dudas sobre si el "punto de ajuste" en la teoría del control fisiológico debe considerarse literalmente o como una metáfora.[23] El presente caso, en el que la producción de ATP se controla a un nivel específico mediante una fuga de protones regulada en la ATP sintasa mitocondrial, proporciona un ejemplo físico definitivo de un punto de ajuste. Además, el ejemplo ofrece una visión teórica: el control predictivo es eficiente como estrategia inicial. Pero cuando las predicciones pueden ser falseadas por condiciones que cambian rápidamente, se necesita un sistema adicional para realizar correcciones rápidas y precisas. Esta es una función clave de los mecanismos homeostáticos: tras el fracaso de las predicciones, deben hacer frente a las realidades sobre el terreno.

El músculo cardíaco debe seguir latiendo. Pero otros tipos de células tienen opciones. Si el combustible se agota, pueden continuar con un proceso energéticamente exigente o reducir su velocidad. Por ejemplo, las células epiteliales en fase de crecimiento requieren altos niveles de síntesis de proteínas y, por tanto, una cantidad considerable de energía. Sin embargo, el crecimiento no es una emergencia, por lo que la decisión de crecer o descansar depende de un sensor del estado energético general de la célula, la AMPK (proteína quinasa activada por monofosfato de adenosina). Esta enzima controla los niveles de ATP no sólo de la mitocondria individual (como Bcl-xL), sino de toda la célula. Así, la AMPK sirve de interruptor maestro para activar simultáneamente las vías celulares que producen más energía y desactivar las que la consumen.[24]

El interruptor de la AMPK puede modular simultáneamente las mitocondrias, que producen ATP de forma eficiente pero lenta, y la glucólisis citoplasmática, que produce ATP de forma ineficiente pero rápida. Al integrar los dos procesos, la AMPK puede evitar lagunas en la producción de energía. Mientras que la regulación cardíaca mantiene el ATP estable, desperdiciando algo de combustible, la regulación epitelial opera en modo de pago, con el objetivo de producir justo el ATP necesario pero no demasiado. Este tipo de control de retroalimentación es complicado porque un retraso puede hacer que el sistema oscile—y lo hace-, pero las células epiteliales son tolerantes.[25] La AMPK, además de su papel en el control de retroalimentación, también está modulada por los relojes circadianos y, por lo tanto, también sirve como interruptor maestro para el control predictivo.

En resumen, el objetivo de la regulación no es principalmente "defender" todos los parámetros, sino más bien ajustarlos continuamente para obtener un rendimiento eficiente. Un reloj predice las necesidades individuales de una célula, además de sus interacciones con otras células a lo largo del día, y guía al metabolismo para satisfacerlas en el momento oportuno: Esto es la alostasis. Cuando las necesidades cambian en una escala de tiempo más rápida, las predicciones del reloj pueden errar y requerir una rápida corrección mediante la retroalimentación. Esto es homeostasis. Los interruptores maestros evolucionaron para integrar las predicciones y la retroalimentación para lograr un control eficiente y robusto. Sin embargo, a nivel celular, las diferencias entre la alostasis y la homeostasis son muy claras: una predice y la otra corrige.

Los gusanos aprenden

El urbilaterio dio lugar a una miríada de nuevas formas, entre ellas un grupo de gusanos cilíndricos, los nemátodos. Una especie de nemátodo, *Caenorhabditis elegans*, resultó especialmente favorable para los estudios de laboratorio, aprovechando la elucidación de su genética, sus circuitos neuronales y su comportamiento. Además, el evangelio de *C. elegans* fue difundido por un emocionante predicador, Sydney Brenner, de modo que 50 años después, los biólogos saben mucho sobre su diseño y comportamiento.[26]

El *C. elegans*, de 2 milímetros de largo y compuesto de exactamente 959 células, está construido para un movimiento sinuoso: sus curvas se adaptan a la fina estructura de su entorno de tierra para optimizar el progreso hacia adelante. Dado que el gusano tiende a moverse hacia delante—primero la boca-, la cabeza sería el lugar óptimo para sus principales sensores del gusto, el tacto y la temperatura. La cabeza es también el lugar óptimo para el cerebro—para mantener los cables de entrada cortos—, al tiempo que se extiende el cordón nervioso por toda la longitud del gusano para minimizar la cantidad de cables, mediante una colocación óptima. Casi el 40% de las células de *C. elegans* son neuronas o neuroglía de apoyo, lo que indica que el cerebro tuvo una gran importancia desde el principio. Además de los neurotransmisores heredados de su ancestro compartido con los cnidarios, el cerebro del *C. elegans* expresa más de 100 neuromoduladores peptídicos.[27]

Este gusano aprende en pocos ensayos la ubicación de los alimentos abundantes (bacterias) y los lugares de temperatura y acidez óptimas—o sus opuestos que debe evitar—y los recuerda durante horas y días, el tiempo suficiente para cumplir su breve ciclo vital. El mecanismo neuronal de aprendizaje de *C. elegans* sigue la regla matemáticamente óptima de recompensa-error de predicción.[28] Además, la señal interna del cerebro del gusano para repetir un comportamiento útil es la dopamina. Esta regla y esta señal química han sido utilizadas por todos los animales que le han seguido, incluidas las moscas y los seres humanos (véase el capítulo 3). Dado que los nemátodos, los insectos y los humanos comparten una ascendencia común, parece probable que el circuito de recompensa estuviera presente en los urbilaterios.

Principios de la regulación eficiente

Ahora podemos resumir algunos principios de regulación fisiológica que fueron heredados por el urbilaterio o establecidos con su llegada. Aunque esta hipotética criatura nunca fue estudiada directamente, varios puntos sugieren este origen temprano. En primer lugar, los mismos principios rigen a las moscas de la fruta y a los humanos, por lo que bien podrían haber sido heredados de este último ancestro compartido. En segundo lugar, las moscas y los humanos también comparten las moléculas efectoras y los circuitos moleculares que sirven a estos principios. Esto sugiere un origen compartido más que rutas independientes hacia los mismos principios. En tercer lugar, estas moléculas existen también en *Platynereis dumerilii*, un gusano que se cree que se asemeja al urbilaterio. Los principios son los siguientes:

I. *Utilizar un reloj para controlar todas las regularidades ambientales* (mareas, diurnas, mensuales, estacionales). Establecer un tiempo para cada propósito. Esto es eficiente a nivel celular porque permite expresar grandes conjuntos de proteínas que colaboran sin interferir con otros grandes conjuntos. Esto aumenta la capacidad de una célula para especializar sus proteínas y, por tanto, para ampliar su capacidad computacional total. También es eficiente a niveles superiores—tejidos, órganos, sistemas, cerebro y comportamiento—para que distintas funciones operen sin interferencias mutuas.

II. *Cuando los propósitos entran en conflicto, hay que ajustar las prioridades.* Para seguir este principio, una célula necesita un control maestro, como la AMPK, para evaluar el contexto y ajustar las prioridades. En los niveles superiores—sistemas y comportamiento—esta es la tarea principal del cerebro (véase la Figura 2.8).

III. *Adecuar las capacidades a las necesidades previstas.* Este principio—suficiente, justo a tiempo—evita el fracaso catastrófico de lo poco, demasiado tarde y la ineficacia de lo mucho, demasiado pronto. La adecuación eficiente se produce de forma continua (diseño analógico) y permanente (no sólo en caso de emergencia).

IV. *Corregir errores.* Cuando las condiciones cambian de forma imprevisible, los errores son inevitables. Por lo tanto, se necesitan sensores para detectar las desviaciones del óptimo previsto y desencadenar las correcciones. Esto es la homeostasis, un complemento esencial de la regulación predictiva.

V. *Intercambio de recursos entre módulos funcionales.* Este principio permite alcanzar un nivel de rendimiento determinado con un organismo más pequeño y barato. Esto se explicará e ilustrará a fondo en el capítulo 3.

VI. *Adaptarse con el menor coste.* Para una adaptación rápida y barata, basta con utilizar el rango dinámico normal del sistema. Cuando la demanda supere ese rango, pida prestado. Cuando la demanda siga siendo elevada, prediga una "nueva normalidad" y amplíe la capacidad del sistema. La expansión requiere sintetizar nuevas proteínas, alimentar una planta más grande, etc. Por lo tanto, para la eficiencia, la expansión es la última etapa de una respuesta adaptativa.

VII. *Regular los procesos lentos con señales químicas y los rápidos con señales neuronales.* Las hormonas son baratas porque se difunden ampliamente sin coste adicional en espacio o energía más allá de la red circulatoria existente utilizada para otros fines. Las señales neuronales son caras porque viajan por cables que ocupan espacio (axones) y utilizan costosas corrientes eléctricas.

VIII. *Regular al nivel más bajo posible porque es lo más rápido y barato.* Por ejemplo, regular por el reflejo espinal; luego, a medida que se requiere más contexto, por el control hipotalámico de ese reflejo; y finalmente por el control cortical del hipotálamo y la médula espinal (véanse las Figuras 2.8 y 6.3).

IX. *Diseñar para las emergencias.* Una emergencia es una necesidad urgente cuyo momento exacto es imprevisible. Por ejemplo, las células expuestas a temperaturas más altas de lo habitual pueden desestabilizarse. En previsión, mantienen un "botiquín" en forma de proteínas de choque térmico que normalmente ayudan al plegamiento de las proteínas (véase el capítulo 1). Los animales desarrollan un conjunto de señales de emergencia a nivel de sistemas y de comportamiento para invocar energía adicional, fuerza, atención y coraje. Al igual que las proteínas de choque térmico, estas reservas están ocultas a la vista. Es decir, recurren a las reservas existentes—respuesta inmunitaria, capacidad cardiovascular, reserva de calcio (hueso)—mientras aplazan las necesidades menos urgentes, como el mantenimiento. En el capítulo 6 se analizará lo que ocurre cuando las emergencias se convierten en la "nueva normalidad".

Estos principios reguladores se establecieron en los primeros animales bilaterales y persistieron durante los siguientes 600 millones de años (véase la Figura 2.8). Sus implicaciones para la biología y la medicina humanas se analizarán con más detalle en capítulos posteriores.

Conclusión

Sin duda, hemos ido más allá de los urbilateros. Por un lado, tenemos piernas mucho más largas y una postura erguida. Por otro, tenemos una visión mucho mejor: una óptica que transmite imágenes finas a una densa capa de fotorreceptores de gran eficacia, además de elaborados circuitos neuronales en la retina y luego en la corteza cerebral para procesar las imágenes. Podemos mirar con altanería a esas patas rechonchas y ojos saltones de nuestro tatarabuelo *Platynereis*. Incorporamos mucha más información.

Sin embargo, nuestras extremidades y nuestra visión descansan directamente sobre sus hombros. Los humildes urbilaterios nos legaron el 93% de nuestras proteínas. Durante los 500 millones de años de nuestra descendencia, las propias proteínas evolucionaron, por lo que no somos un 93% idénticos a *Platynereis*. Sin embargo, nuestros ancestros gusanos ya habían establecido un "catálogo de piezas" molecular casi tan diverso como el nuestro. Nos dejaron muchas cosas por hacer, pero muy pocas por inventar.

Nuestra herencia incluía la mayoría de los factores de transcripción clave necesarios para el desarrollo y la diferenciación celular. Recibimos, por ejemplo, el receptor del factor de crecimiento de fibroblastos que hace que nuestras extremidades se alarguen y sin el cual somos enanos. Recibimos el MyoD, que hace que las células musculares se diferencien y NeuroD que hace lo mismo con las neuronas. Recibimos Pax6 que gobierna el desarrollo de nuestros ojos, además del fotorreceptor ciliar que nos dio nuestros bastones y conos. Recibimos un cerebro bilateral gobernado por un reloj que a su vez gobierna un reloj en cada célula. Y recibimos los interruptores maestros que integran el control predictivo y de corrección de errores del metabolismo a nivel celular. En el siguiente nivel recibimos de los urbilaterios los transmisores y moduladores para operar los circuitos neuronales básicos.[29, 30] Y recibimos los circuitos propios, los que conducen y organizan nuestros impulsos centrales de vagar y habitar, de buscar comida y descansar, y de reproducirnos.[31, 32, 33, 34] Recibimos el sistema regulador que integra la detección del entorno interno y externo con los datos históricos para predecir la fisiología y el comportamiento óptimos—la alostasis—cuando la confianza en la corrección de errores homeostáticos podría ser fatal.

El impulso de planificación suele derivar de experiencias desagradables anteriores, ya sean propias—que son las más potentes—o de advertencias transmitidas por la familia, la escuela o los organismos gubernamentales. Las lecciones duras que no nos matan, como ir en una travesía por el desierto sin

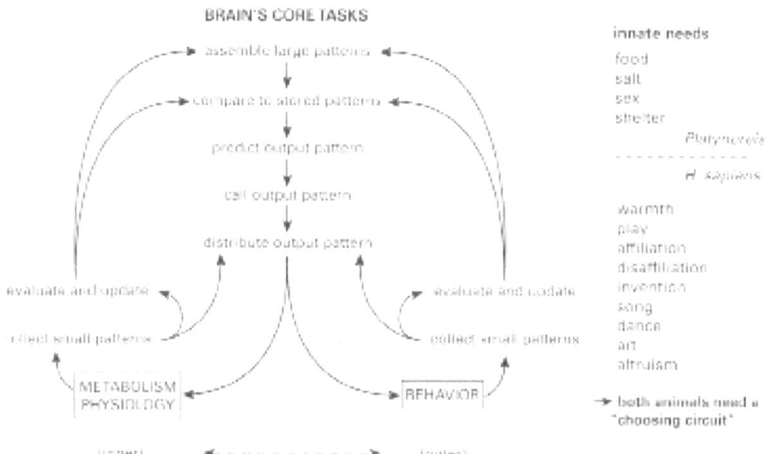

Figura 2.8
Organización neuronal de la regulación predictiva. Izquierda: Las tareas centrales, de abajo a arriba, indican el reto fundamental del cerebro: hacer coincidir las necesidades internas del metabolismo y la fisiología con las necesidades externas del comportamiento. Los pequeños patrones de entrada impulsan directamente los mecanismos de salida de bajo nivel para una respuesta rápida ("reflejos") y se procesan posteriormente para su ensamblaje en patrones más amplios que permiten tomar decisiones informadas (por ejemplo, enviar sangre del intestino al músculo, si el intestino está vacío; en caso contrario, mandar sangre desde el riñón). Los patrones más amplios se comparan con los almacenados para obtener un contexto histórico (¿qué ocurrió la última vez?) y así optimizar los patrones de salida reguladora. **Derecha:** Lista de necesidades innatas atendidas por la regulación predictiva en los primeros bilaterios, ejemplificada por *Platynereis*, y algunas necesidades innatas adicionales requeridas por la especie intensamente social *H. sapiens*. Ambas especies utilizan el mismo "circuito de elección" que aprende mediante el refuerzo de los errores de recompensa positiva y predicción.
Fuente: Modificado de *Principles of Neural Design*, de P. Sterling y S. Laughlin, 2015, Cambridge, MA: MIT Press.

suficiente agua, son memorablemente desagradables, y esto subraya el papel de la emoción en el aprendizaje y la memoria como clave para la regulación predictiva. Estas capacidades las recibimos del urbilaterio. No podemos saber exactamente cómo se "sienten" los gusanos cuando se sobrecalientan o se sobreacidifican, pero sin duda evitan repetir las experiencias.

A partir de ahí, pasamos a los hombros de innumerables generaciones de vertebrados: peces, anfibios y reptiles. Luego, los reptiles engendraron dos nuevas clases de animales modificados para una función rápida. Uno recuerda que nuestro ancestro compartido con los cnidarios legó mucho a ambas líneas, pero sólo los urbilaterios encontraron diseños que soportaron la diversificación morfológica. Lo mismo ocurrió con los dinosaurios: legaron a las aves velocidad y plumas, pero a los mamíferos les legaron velocidad y pezones. Esta fue la tercera época del diseño humano y el tema del capítulo 3.

3. Escapada del Parque Jurásico

Si la punta de tu nariz está ligeramente fría, te sientes entonces deliciosamente caliente. Un apartamento de dormir no debería nunca tener un fuego, que es una de las lujosas incomodidades de los ricos.
—Herman Melville

Los urbilaterios se diversificaron rápidamente. A medida que se hacían más complejos, incorporaban más información, cada especie llegó a al límite de los recursos que podía cosechar dentro de su nicho local. Afortunadamente, nuestros primeros ancestros vertebrados—los peces—podían propulsarse eficazmente hacia territorios distantes y menos disputados; además, gracias a sus circuitos innatos de vagar y habitar, tenían el *impulso* de moverse. Así que siguieron las ricas corrientes oceánicas y ascendieron por los estuarios salobres hasta los pantanos de agua dulce, donde dieron lugar a los anfibios. Estos últimos no tardaron en arrastrarse a tierra firme como reptiles para alimentarse de las primeras plantas ... y de entre sí mismos.

En la escalofriante novela de Michael Crichton, *Parque Jurásico*, unos pequeños y voraces reptiles jurásicos se escapan de un parque temático "seguro" y amenazan a la civilización. Pero Crichton lo entendió exactamente al revés, y la verdad es aún más aterradora. Los reptiles jurásicos originales, que se diversificaron hace 200 millones de años, añadieron dos características especiales que convirtieron a un pequeño reptil en un mamífero placentario de alto rendimiento. Estos pequeños mamíferos, liberados entre los vulnerables dinosaurios, iniciaron la tercera época del diseño humano. Con el tiempo, engendraron al *Homo sapiens*, y ahora somos "el mamífero por excelencia", y somos nosotros quienes amenazamos el planeta.

Una característica de estas criaturas fue la *endotermia*, la capacidad de mantener una temperatura central relativamente alta (véase la Figura 3.1). La otra fue la *lactancia*, la capacidad de producir alimento endógeno para las crías durante un periodo prolongado de crecimiento y aprendizaje. Ambas características fueron energéticamente costosas. Un ratón endotérmico, para mantener su temperatura central cerca de los 35°C, quema unas 30 veces más calorías que un lagarto **ectotérmico** de tamaño comparable.[1, 2] Y un ratón *lactante*, en el momento de máxima demanda, quema siete veces más calorías que su tasa basal.[3] El coste total es 200 veces más calorías que para una hembra de lagarto que simplemente pone sus huevos y se arrastra.

La endotermia y la lactancia van unidas porque un animal frío no podría captar suficiente energía para mantener la lactancia, y un neonato caliente no puede obtener su propia nutrición. Este es otro escenario evolutivo del huevo y la gallina que, de alguna manera, los mamíferos lograron. El crecimiento de un cerebro y un cuerpo adecuados para soportar las exigencias de la endotermia requiere cuidados y alimentación prolongados. Por supuesto, las aves son endotérmicas sin lactancia y también alimentan a sus crías de forma intensiva durante semanas o meses—pero no durante años—y sus cere-

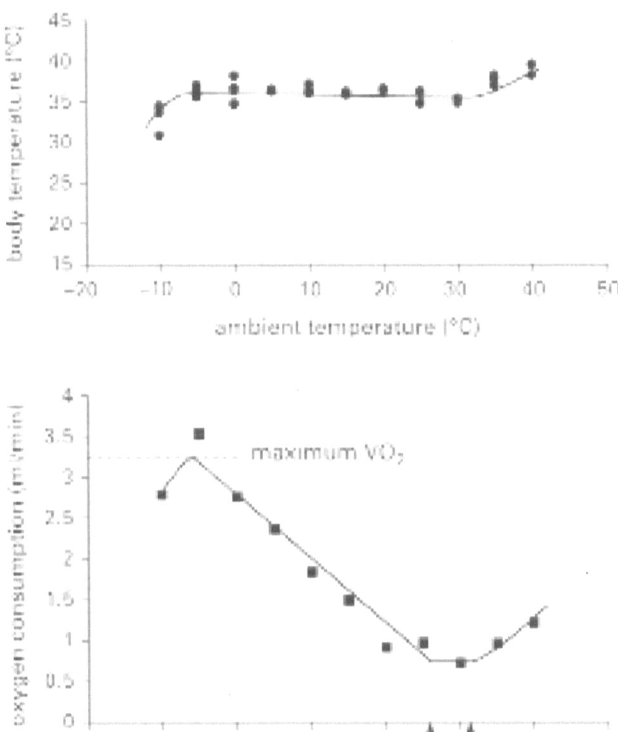

Figura 3.1

La endotermia y su coste metabólico. Arriba: El ratón mantiene su temperatura corporal cerca de los 35°C en un rango ambiental de unos 45°C. Los cuadrados representan la media de las mediciones en tres individuos. **Abajo:** La tasa metabólica en reposo (medida como consumo de oxígeno) es más baja en una estrecha zona termoneutral que los ratones prefieren (26-31°C). A medida que la temperatura ambiente desciende por debajo de un punto crítico (flecha de la izquierda), la tasa metabólica aumenta, en última instancia casi cinco veces. Y a medida que la temperatura ambiente supera un punto crítico (flecha derecha), la tasa metabólica aumenta para sostener el enfriamiento por evaporación.

Fuente: Modificado y reimpreso de "Measuring Energy Metabolism in the Mouse-Theoretical, Practical, and Analytical Considerations", por J. R. Speakman, 2013, *Frontiers in Physiology, 4*, 34.

bros no alcanzan las cotas de capacidad de cálculo que logran los mamíferos. En este capítulo se explica por qué la expansión de la capacidad de cálculo depende de forma tan crítica de estas características básicas de los mamíferos. También se explica cómo el cerebro las gestiona eficazmente estableciendo prioridades mediante el aprendizaje por recompensas.

Lo que consigue la endotermia

Una temperatura corporal estable permite un ajuste óptimo de la estructura de las proteínas a una temperatura determinada (véase el capítulo 1). Además, una temperatura más elevada perjudica a los invasores microbianos cuyas proteínas no están optimizadas para el calor.[4] Pero lo más importante es que el calor acelera la química celular, duplicando con creces las velocidades de reacción por cada aumento de 10°C. Así, la endotermia acelera el ritmo de la vida.

El músculo de los mamíferos se contrae cinco veces más rápido a 38°C que a 12°C (véase la Figura 3.2).[5] Por consiguiente, cuando un mamífero y un lagarto compiten a 12°, el mamífero tiene ventaja. El lagarto compensa parcialmente su lentitud química obteniendo su ATP muscular de la glucólisis, cuya secuencia de reacción es relativamente corta y, por tanto, menos sensible a la temperatura. Sin embargo, la glucólisis sólo produce dos ATP por molécula de glucosa. El mamífero obtiene el ATP para la contracción sostenida de la oxidación mitocondrial, que requiere una secuencia de reacción mucho más larga. Aunque rinde 16 veces más ATP por molécula de glucosa, las temperaturas más bajas acumularían retrasos y se volverían inviables para los reptiles. Así, los lagartos pueden moverse inicialmente con rapidez pero pronto se quedan sin

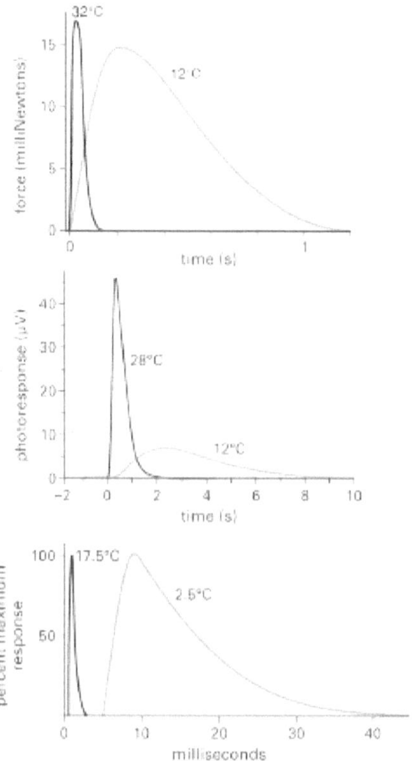

Figura 3.2

La endotermia acelera la química celular, lo que permite a los animales moverse rápido, ver rápido y pensar rápido: Arriba: Contracción del músculo sóleo del ratón a 12 y 32°C. **Centro:** Respuesta de los fotorreceptores de varilla de una rata a un destello de luz a 12 y 28°C. **Abajo:** Potencial sináptico en la sinapsis neuromuscular de la rana a 2,5 y 17,5°C. En todos los ejemplos, la velocidad se triplica aproximadamente por cada aumento de 10°.

Fuentes: Modificado de "Temperature Dependence of Mammalian Muscle Contractions and ATPase Activities", por R. B. Stein, T. Gordon y J. Shriver, 1982, Biophysical Journal, 40, 97-107; "Light Responses and Light Adaptation in Rat Retinal Rods at Different Temperatures", por S. Nymark, H. Heikkinen, C. Haldin, K. Donner y A. Koskelainen, 2005, *The Journal of Physiology, 567* (Pt. 3), 923-938; "The Effect of Temperature on the Synaptic Delay at the Neuromuscular Junction", por B. Katz y R. Miledi, 1965, *The Journal of Physiolog y, 181*, 656-670.

combustible.[6] Los mamíferos suelen capturar a los reptiles y no a la inversa, salvo cuando actúan con mucho sigilo.

Un animal que se mueve rápido también debe ver rápido. De hecho, mientras que un fotorreceptor de varilla de anfibio necesita 2 segundos para amplificar químicamente un fotón capturado, un fotorreceptor de mamífero lo hace en 0,2 segundos.[7] De esta ventaja de velocidad de 10 veces, aproximadamente la mitad se debe a la temperatura (véase la Figura 3.2).[8] Todas las etapas posteriores de la neuroquímica de la retina se aceleran aproximadamente tres veces por cada 10°C,[9,10] y lo mismo ocurre con la secuencia de reacción que libera el neurotransmisor en las sinapsis.[11] En consecuencia, el cerebro, cuya función depende de las sinapsis, debe funcionar casi ocho veces más rápido en los mamíferos. En resumen, la endotermia permite a los mamíferos *moverse* más rápido, ver más rápido y pensar más rápido, independientemente de la temperatura ambiente. En conjunto, estas aceleraciones dieron sus frutos, pero también requirieron enormes mejoras en todos los sistemas de apoyo metabólico.

La endotermia requiere y facilita la captación eficiente de nutrientes

La endotermia exige obviamente la búsqueda de más alimentos, pero también amplía enormemente las oportunidades de hacerlo. Mientras que al atardecer, un reptil se vuelve perezoso y probablemente se quede sin ideas, un mamífero simplemente sigue adelante. Puede buscar comida durante más tiempo del ciclo diurno y puede elegir periodos favorables—desde el atardecer hasta el amanecer—que reducen los riesgos de competencia y depredación. Además, un mamífero puede buscar comida a mayor altitud y en latitudes más altas que un reptil, ya que éste queda excluido debido a las bajas temperaturas.

Naturalmente, los alimentos captados con esfuerzo y riesgo deben ser procesados con eficacia. Como el intestino desplaza macromoléculas complejas a lo largo del tracto con un ritmo marcado por su red neuronal intrínseca, éstas deben descomponerse rápidamente o se pierden. En consecuencia, el cerebro prepara cada región del sistema digestivo, desde la boca hasta el intestino delgado, para lo que va a recibir. Esta fue la idea de Pavlov: un animal que predice la llegada de comida segrega enzimas digestivas *antes* de que ésta llegue. Además, su cerebro utiliza señales visuales y olfativas para clasificar el alimento y desencadenar las secreciones adecuadas: si es almidón, secreta amilasa; si es grasa, secreta lipasas; si es proteína, secreta proteinasas más ácido. Y cuando la recompensa alimentaria resulta ser menor de lo previsto, la respuesta secretora disminuye.[12]

Los resultados de esta digestión—azúcares pequeños, aminoácidos y ácidos grasos- deben transferirse rápidamente del intestino a la sangre. En el caso de los azúcares y los aminoácidos, esto se lleva a cabo mediante proteínas transportadoras específicas situadas en la parte luminal de la célula epitelial del intestino, que se unen a una única molécula de nutriente y la trasladan al interior de la célula utilizando la energía de un ATP. A continuación, los transportadores y otros mecanismos de la superficie basal de la célula trasladan las moléculas fuera de la célula hacia la sangre. Para dar cabida a toda la diversidad de azúcares y aminoácidos se requiere una considerable diversidad de transportadores—cada uno en inmenso número—para maximizar la captación de todos los nutrientes antes de que sean arrastrados por el peristaltismo. Esto debe lograrse con una longitud de intestino que pueda caber dentro del abdomen, compartiendo espacio con otros órganos.

En consecuencia, el empaquetamiento de las proteínas transportadoras se maximiza en toda la gama de escalas espaciales. En la escala más fina, las proteínas, de unos 6 nanómetros, se empaquetan con la máxima densidad en la superficie luminal de la membrana de la célula epitelial. Para aumentar el área de la membrana, la célula forma protuberancias tubulares irreductiblemente finas (*microvellosidades*), cada una de ellas de unos 90 nanómetros de sección transversal y 1.000 nanómetros de longitud. Las microvellosidades se empaquetan de forma hexagonal para maximizar su densidad (véase la Figura 3.3), ampliando así la superficie luminal de la célula en aproximadamente 20 veces. Para aumentar aún más el área de la membrana, la pared intestinal forma *macrovellosidades* a escala de milímetros y, finalmente, aumenta la longitud a escala de metros (3 metros en el ser humano) enrollando el intestino dentro de la cavidad abdominal. Estas medidas amplían la superficie de absorción entre 60 y 120 veces en comparación con una superficie lisa.[13]

Cada tipo de transportador, al compartir el espacio disponible con otros tipos, se expresa en función de las necesidades. En consecuencia, cuando un nutriente sustituye previsiblemente a otro en la dieta, el transportador innecesario disminuye su expresión y el necesario aumenta. En general, hay espacio para aproximadamente el doble de moléculas transportadoras de las que se necesitan previsiblemente, un factor de seguridad que puede acomodar variaciones modestas en la demanda. Si la demanda de energía aumenta aún más, las microvellosidades pueden duplicar su longitud y el intestino puede crecer un poco más.[14] Pero no *mucho* más

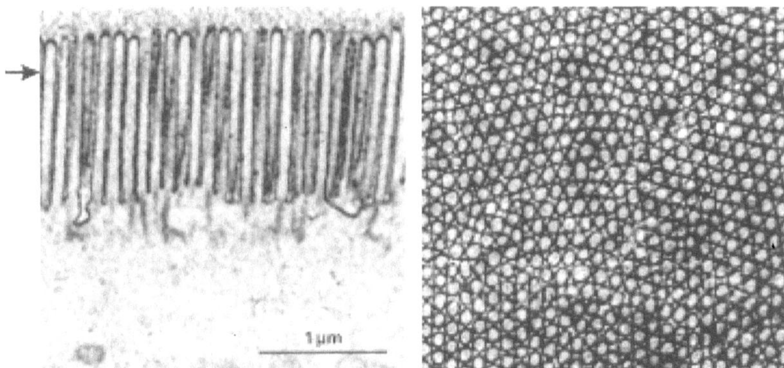

Figura 3.3
Embalaje óptimo de las microvellosidades para una absorción eficaz. Izquierda: Sección vertical de las microvellosidades humanas. **Derecha:** Sección transversal a través de las vellosidades que muestra su empaquetamiento óptimo.
Fuentes: Izquierda, de "Surface Area of the Digestive Tract-Revisited", de H. F. Helander y L. Fändriks, 2014, *Scandinavian Journal of Gastroenterology, 49*, 681-689, reimpreso con permiso del editor Taylor & Francis Ltd.; derecha, https://www.dreamstime.com/brush-border -microvilli-transmission-electron-microscope-t.

porque el espacio dentro del abdomen ya está ocupado. En última instancia, el espacio para los transportadores limita la capacidad de reabastecimiento y explica, por ejemplo, por qué los corredores del Tour de Francia pueden aumentar su consumo energético aproximadamente cinco veces por encima de los niveles basales, pero no más.[15]

Un ambalaje menos eficiente en cualquiera de estas escalas espaciales requeriría una estructura adicional para lograr la misma captación de nutrientes y, en última instancia requieren una cavidad abdominal más grande. Por lo tanto, el diseño general de un mamífero incluye un intestino que proporciona la mejor captura posible de nutrientes para una determinada asignación de espacio abdominal. Además, al ajustar estrechamente la capacidad de captación de nutrientes a las necesidades energéticas previstas del animal, la digestión proporciona el combustible justo, pero no demasiado. En una sección posterior se explicará que la capacidad máxima de un mamífero para absorber combustible coincide con la capacidad de sus sistemas respiratorio y circulatorio para quemarlo.

La endotermia explota el calor de "desperdicio"

El coste del transporte de nutrientes del intestino a la sangre es tan elevado que el intestino es uno de los órganos más caros desde el punto de vista metabólico. El hígado, situado directamente después del intestino, es aún más caro porque sus transportadores deben captar estos nutrientes de la sangre, convertirlos en polímeros almacenables y, más tarde, cuando sea necesario, despolimerizarlos y transportarlos de nuevo a la sangre. El coste total de la digestión y la absorción de nutrientes en el intestino, más el almacenamiento de combustible en el hígado y su oportuna redistribución, supera un tercio de la tasa metabólica basal (véase la Figura 3.4).

En general, el ritmo más rápido de la endotermia mejora el rendimiento de todos los órganos, y cada órgano que emplea altas concentraciones de proteínas transportadoras es costoso. Esto incluye (además del intestino y el hígado) el riñón y el cerebro (véase la Figura 3.4). Todos los órganos costosos producen calor residual—debido a las ineficiencias irreductibles de la combustión y la fosforilación oxidativa—(véase el capítulo 2), y esto sostiene parcialmente la endotermia. Pero en diversas circunstancias el calor residual es excesivo o insuficiente, por lo que debe ser gestionado. Así, la endotermia requiere una serie de mecanismos de regulación.

Organ	Percent body mass	Metabolic rate (watts per Kg)	Organ metabolic rate (watts)	% Total metabolic rate
Brain	2.0	11.2	14.6	16.1
Heart	0.5	32.3	9.7	10.7
Kidney	0.5	23.3	7.0	7.7
Liver	2.2	12.2	17.1	18.9
Gastro-intestinal tract	1.7		13.4	14.8
Skeletal muscle	41.5	0.5	13.5	14.9
Lung	0.9	6.7	4.0	4.4
Skin	7.7	0.3	1.5	1.7

Figura 3.4
Las tasas metabólicas de los órganos internos de *H. sapiens* sugieren posibilidades de compensaciones dinámicas y a largo plazo. El hígado, el tracto gastrointestinal y el cerebro tienen una masa, una tasa metabólica específica y un porcentaje de la tasa metabólica total similares. Las tasas metabólicas específicas del corazón y el riñón son dos veces mayores, pero al ser más pequeños, su fracción de los costes totales es menor. Los músculos tienen una tasa específica baja pero una gran masa, por lo que en reposo consumen aproximadamente la misma energía que el cerebro. Datos de un hombre de 65 kg con una tasa metabólica basal total de 90,6 vatios.
Fuente: Modificado de "The Expensive-Tissue Hypothesis: The Brain and the Digestive System in Human and Primate Evolution", de L. C. Aiello y P. Wheeler, 1995, *Current Anthropology, 36*, 199-221.

La temperatura central está programada por el reloj a través del cerebro para que aumente suavemente (en los seres humanos) hasta 37,7°C a las 5 de la tarde y descienda suavemente hasta 36,5° a las 5 de la mañana. Un mecanismo modula directamente la eficacia de la ATP sintasa de las mitocondrias (véase el capítulo 1). Durante la vigilia, cuando el metabolismo necesita una química más rápida, los reguladores reducen la eficiencia del acoplamiento para favorecer la producción de calor. Durante el sueño, cuando se puede tolerar una química más lenta, los reguladores aumentan la eficiencia de acoplamiento para favorecer la producción de ATP.[16] La eficiencia de acoplamiento mitocondrial también varía con la estación y la latitud, favoreciendo la producción de ATP en los pueblos ecuatoriales y el calor en los pueblos polares.[17]

Los mamíferos también desarrollaron una fuente de calor de reserva: el *tejido adiposo marrón*, rico en mitocondrias, cuya cadena de transporte de electrones se acopla a la ATP sintasa, formando un "horno" que quema grasa para obtener calor.[18] Este tejido también se regula diurna y estacionalmente a través de los nervios simpáticos bajo el control de la misma región cerebral que estimula la alimentación.[19, 20] Esta región del cerebro, al predecir la necesidad de calor, coordina todos los procesos esenciales: estimula la alimentación para obtener combustible crudo; estimula la digestión para refinar el combustible, produciendo así calor "residual"; y estimula la grasa marrón, el horno que genera calor.

La teoría estándar de la homeostasis considera que la temperatura "normal" del cuerpo humano es aproximadamente "constante" a 37°C y que está "defendida" por un termostato central que detecta los errores y desencadena correcciones de retroalimentación. Sin embargo, la variación considerada aquí no representa un error, sino que está programada para ajustarse al ritmo metabólico diurno. Dado el triple efecto en las tasas de reacción por cada 10°C, una caída de 1,2° reduciría las tasas de reacción en un 36%. Esto permite conservar la energía durante el sueño, entre episodios de alimentación. Además, la reducción de la temperatura central, al favorecer la producción de ATP sobre el calentamiento, apoya todas las actividades anabólicas programadas para que ocurran durante el sueño. Por lo tanto, la temperatura central no es constante, sino que varía sustancialmente para mejorar la eficiencia general.

El ciclo diurno alberga una variación adicional programada a nivel central, el "ciclo básico de descanso-actividad", que también viola la regla fundamental de "constancia" de la homeostasis (véase la Figura 3.5).[21] En varios momentos del día, los cambios de atención, que se manifiestan en el ritmo cerebral del hipocampo, desencadenan la activación simpática del metabolismo de la grasa marrón y la vasoconstricción, lo que provoca un fuerte aumento de la temperatura cerebral y corporal. En la rata, aproximadamente 15 minutos más tarde, le sigue a esto un episodio de alimentación. El aumento de la temperatura parece estar diseñado para acelerar todas las respuestas durante la búsqueda de comida, incluida la cognición. La activación cardiovascular incluye un aumento de la presión sanguínea, que es evidente en los registros de la presión sanguínea humana (véase la Figura 6.1).

La endotermia requiere de diseños "verdes"

La energía que se gasta sólo para calentar y enfriar el cuerpo es energía que se pierde para la acumulación y el procesamiento de información por el cerebro. Además, si el calentamiento y la refrigeración se basaran simplemente en la combustión, los mamíferos necesitarían una central eléctrica más grande, órganos de apoyo más grandes y, por tanto, más forrajeo, lo que conlleva un mayor riesgo de depredación. Por lo tanto, la endotermia también emplea "diseños verdes" para estabilizar la temperatura central. Para el aislamiento pasivo, los mamíferos reutilizaron la *queratina*, una proteína utilizada por los reptiles para las garras, empaquetándola en largas y finas hebras para el pelo y la piel.[22] Los mamíferos también organizaron una "fontanería verde" para sus extremidades agrupando las arterias y las venas en un diseño a *contracorriente* que transfiere el calor de la sangre caliente que sale a la sangre fría que entra, reduciendo así la disipación de calor.[23]

La endotermia también se basa en un "comportamiento verde". Los sensores de la piel informan acerca de la temperatura externa y su tasa de cambio, mientras que los sensores del cerebro controlan la temperatura central y la tasa de producción de calor. El cerebro utiliza estos datos para calcular una temperatura ambiente neutra que minimice los costes metabólicos (véase la Figura 3.1, abajo). A continuación, induce al animal a encontrar, ocupar y *recordar* esa zona. Los gusanos y las moscas de la fruta también buscan y recuerdan una zona térmicamente óptima, por lo que los mamíferos probablemente han heredado el circuito básico de los urbilaterios (véase el capítulo 2). El comportamiento también puede generar calor mediante el ejercicio o los escalofríos, y puede disipar el calor mediante el comportamiento contrario—quedarse quieto en la sombra—y también mediante el enfriamiento por evaporación que acompaña al sudor, el jadeo o el revolcarse en el barro.

La termorregulación logra la eficiencia mediante el establecimiento de prioridades por parte del cerebro y su revisión flexible según las necesidades. Por ejemplo, un endotermo debe comer, pero la digestión produce calor residual. Por tanto, en un entorno cálido, el cerebro suprime el apetito y la alimentación. Además, si la temperatura ambiente aumenta después de haber consumido una comida abundante, el cerebro puede interrumpir la digestión provocando la regurgitación. La sensación de náuseas que precede al vómito sirve como *señal didáctica* para establecer un recuerdo desagradable que nos advierte, *no repetir* la misma situación.

Mientras los circuitos neuronales para la disipación del calor suprimen el apetito por la comida, activan otros siste-

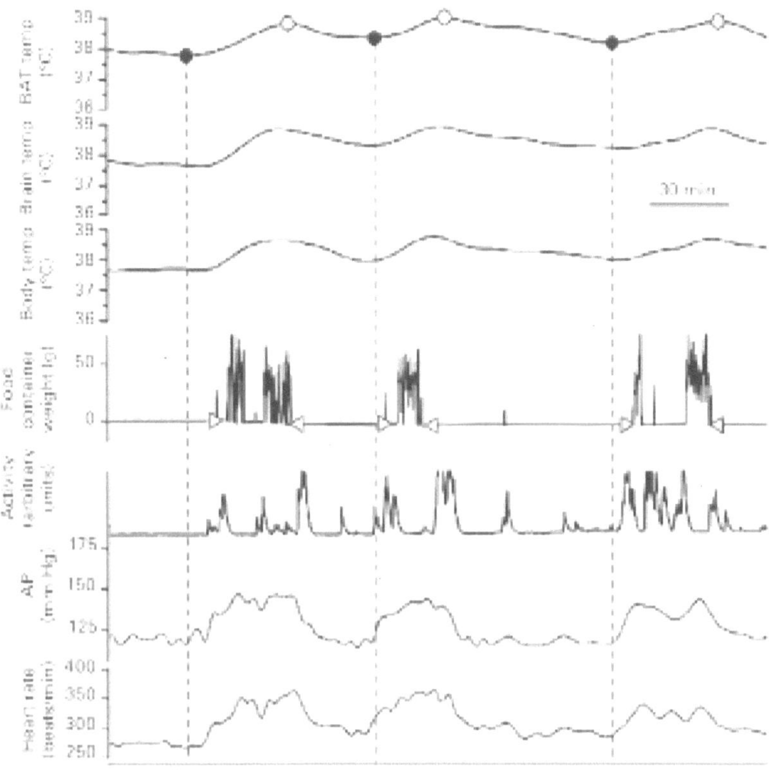

Figura 3.5

Los animales presentan un ciclo básico de descanso-actividad impulsado episódicamente por un mecanismo estocástico programado centralmente. En este caso, la señalización autonómica de una rata desencadena la termogénesis de la grasa marrón para aumentar la temperatura cerebral y corporal, así como la frecuencia cardíaca y la presión arterial. Las señales paralelas aumentan la actividad motora del esqueleto y, aproximadamente 15 minutos después, un ataque de alimentación. En esta grabación, la rata estaba a una temperatura neutra constante con libre acceso a la comida. Los círculos llenos y abiertos en el trazo superior indican el inicio y los picos de los aumentos de la temperatura de la grasa marrón; los triángulos en el trazo de la comida indican el inicio y el final de la alimentación.

Fuente: Modificado de "Brown Adipose Tissue Thermogenesis, the Basic Rest-Activity Cycle, Meal Initiation, and Bodily Homeostasis in Rats", por W. Blessing, M. Mohammed, y Y. Ootsuka, 2013, *Physiology & Behavior*, *121*, 61-69.

mas para preparar el enfriamiento por evaporación. Dado que la sudoración disipa inevitablemente la sal y el agua, el circuito termorregulador ordena a las sinapsis de la hipófisis posterior que segreguen la hormona vasopresina que indica al riñón debe conservar agua. El circuito termorregulador también ordena a las sinapsis autonómicas de la corteza suprarrenal que liberen la hormona *aldosterona*, que indica al riñón que conserve sal. El mismo circuito también silencia las sinapsis autonómicas de las células musculares cardíacas para que dejen de liberar la hormona *péptido natriurético auricular*, que indica al riñón que debe eliminar la sal y el agua. El circuito termorregulador también activa neuronas específicas que señalan la *sed*. Esta sensación, al ser desagradable, motiva la búsqueda de agua, mucho antes de que se detecte un error como el aumento de la osmolaridad de la sangre.[24]

Los distintos mecanismos de termorregulación suelen activarse por orden de menor coste de energía metabólica.[25] Los primeros pasos para conservar el calor son baratos: contraer un músculo en la base de cada pelo para desprender el pelaje, atrapando así el aire para aislarlo; también contraer los vasos sanguíneos cutáneos para retener el calor dentro del núcleo. Luego vienen los pasos más costosos: temblar para obtener calor de la actividad muscular y metabolizar la grasa marrón. El enfriamiento por evaporación también es costoso porque gasta recursos escasos, agua y sal.

En resumen, la regulación predictiva de la endotermia ofrece varias ventajas sobre la regulación por retroalimentación. En primer lugar, es más segura. Una vez que la temperatura central se aleja de su ventana aceptable, puede avanzar rápidamente hacia la hipo o hipertermia. Dado que cualquiera de los dos estados pone en peligro la vida, lo mejor es controlar la tendencia y realizar ajustes preventivos. En segundo lugar, la regulación predictiva es más eficaz. Al reducir la pérdida o la ganancia de calor, un animal reduce los costes metabólicos de la calefacción o la refrigeración. En tercer lugar, la regulación predictiva reduce la necesidad de amortiguar la temperatura central con un cuerpo más grande, y esto ahorra combustible. En cuarto lugar, la regulación predictiva utiliza la memoria: *Una vez más, salimos de excursión a las alturas al atardecer; hay que llevar chaqueta.* Sin ese aviso temprano, un mensaje de error en la montaña procedente del sensor térmico del cerebro ("¡chaqueta! ¡chaqueta! ...") podría presagiar simplemente una hipotermia fatal.

La regulación para la endotermia también ilustra los principales elementos de la alostasis:

i. Los valores no son constantes, sino que varían en función de las necesidades (la temperatura varía de forma diurna, con las pulsaciones estocásticas, con las infecciones y con el ejercicio).
ii. Las necesidades se priorizan en función de la urgencia y la oportunidad (refrigeración frente a alimentación), pero de forma flexible, para volver a priorizar según cambien las condiciones.
iii. El control se extiende más allá de la necesidad inmediata para coordinar las compensaciones de las necesidades futuras (enfriar ahora frente a conservar el agua y la sal para lo que pueda venir).
iv. Cada sistema atiende a *múltiples* necesidades (el riñón y sus hormonas reguladoras atienden al equilibrio líquido/osmótico, pero también a la termorregulación).
v. El control utiliza el comportamiento para conservar los recursos (buscar la sombra frente a sudar).

vi. El aprendizaje mejora la predicción (no comer en el calor; llevar una chaqueta a la montaña).
vii. La anticipación evita los errores (buscar agua frente a la subida de la osmolaridad).

Los sistemas respiratorio y cardiovascular están optimizados para soportar una alta tasa metabólica

El salto de 30 veces en la tasa metabólica de los mamíferos requirió la expansión y el perfeccionamiento de todos los sistemas que apoyan el metabolismo aeróbico. Aunque el oxígeno puede ser almacenado por una proteína de unión especial, como la mioglobina, utilizada por los animales buceadores (focas y ballenas), la mayoría de los mamíferos carecen de esa costosa inversión y necesitan un suministro continuo de oxígeno a cada mitocondria. Desde la entrada de aire hasta los sacos más finos del pulmón, donde los glóbulos rojos toman el oxígeno, y de ahí a los tejidos, donde lo liberan, no puede haber ningún cuello de botella. Tampoco, en aras de la eficiencia, debe haber un exceso de capacidad. Así que, al igual que el sistema de captación de combustible, los diseños óptimos de captación y distribución de oxígeno deben extenderse desde los niveles molecular y celular hasta los niveles de órganos y sistemas.

El oxígeno fluye bajo presión a través de un gran tubo de entrada (*tráquea*), de casi 2 centímetros de diámetro interior, hasta el pulmón, donde el tubo se ramifica repetidamente y se hace progresivamente más fino. Tras 23 rondas de ramificaciones, los tubos, ahora reducidos a unos 0,5 milímetros, terminan en forma de sacos membranosos ciegos (*alvéolos*)—350 millones de ellos por pulmón—con una superficie colectiva cercana a la de una pista de tenis. La sangre también fluye bajo presión a través de un gran tubo (arteria pulmonar), que sigue el mismo patrón de ramificación que la tráquea y finalmente termina en vasos tan finos que los glóbulos rojos fluyen en fila india. Estos capilares de paredes finas entran en contacto con las membranas alveolares de forma tan íntima que el oxígeno se difunde por un gradiente de concentración para entrar en el glóbulo rojo y unirse a la hemoglobina. La transferencia de oxígeno se produce en los 0,5 segundos de permanencia del glóbulo rojo en el pulmón.

Las redes traqueal y arterial comparten un problema de diseño. En cada bifurcación, los tubos hijos reducen sus diámetros y, por tanto, aumentan su resistencia al flujo, lo que plantea la pregunta de qué grado de estrechamiento minimizaría el coste de superar la resistencia. Existe una solución matemáticamente óptima, y ambos sistemas la siguen: reducir los diámetros en cada punto de ramificación en $\sqrt[3]{1/2}$ (véase la Figura 3.6). En consecuencia, el oxígeno y la sangre convergen al sitio final para el intercambio de gases con una eficiencia óptima. Dado que el aporte de oxígeno a los tejidos depende de la cantidad de hemoglobina oxigenada, el sistema podría distribuir los capilares de forma densa o bien aumentar la concentración de glóbulos rojos. El empaquetamiento denso de glóbulos rojos aumenta la resistencia al flujo, por lo que existe una concentración óptima (hematocrito)—alrededor del 40%—que minimiza el trabajo de transporte de oxígeno (véase la Figura 3.6). Así, la densidad capilar y el hematocrito se reparten a partes iguales en el suministro del oxígeno necesario.[26]

Varias características adicionales contribuyen al diseño eficiente de la interfaz aire/sangre. En el "lado del aire" es fundamental maximizar la superficie de las membranas alveolares dentro de un volumen limitado (la cavidad torácica)

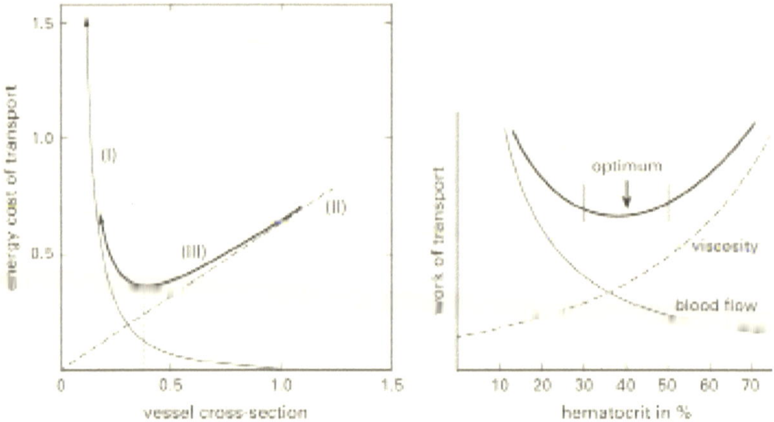

Figura 3.6
Izquierda: El coste energético de transportar la sangre a través de un vaso disminuye al aumentar la sección transversal (I), pero el coste de mantener una mayor masa del vaso aumenta (II). Ambos factores se combinan para minimizar el coste en una sección transversal óptima (III). Este gráfico predice que el tamaño del vaso debe reducirse en cada punto de ramificación en $\sqrt[3]{1/2}$. Fue publicado originalmente por W. R. Hess en 1913 y posteriormente reeditado con una explicación en inglés por E. R. Weibel en 2000. Weibel demostró que las mismas consideraciones se aplican al árbol bronquiolar. **Derecha:** El coste del transporte de la sangre a través de un vaso aumenta con el hematocrito, pero el flujo disminuye. Los dos factores se combinan para predecir un hematocrito óptimo de alrededor del 40%, que es normal para los seres humanos cerca del nivel del mar; las barras verticales encierran el rango. Si la demanda aumenta de forma previsible con el entrenamiento deportivo o con periodos prolongados en altitud, esta puede aumentar el hematocrito.
Fuente: Modificado de Symmorphosis: On Form and *Function in Shaping Life*, de E. R. Weibel, 2000, Cambridge, MA: Harvard University Press.

y minimizar su grosor. Para ello, los alvéolos se empaquetan como burbujas en una espuma con paredes irreductiblemente finas. La tensión superficial amenaza con colapsarlos y, para evitarlo, una fosfolipoproteína (surfactante), segregada por una célula especializada, ajusta dinámicamente la tensión superficial a medida que los alvéolos se inflan y se relajan. En el "lado de la sangre", el glóbulo rojo expulsa su núcleo celular (su maquinaria para la síntesis de proteínas) y sus mitocondrias, maximizando así su capacidad de empaquetar hemoglobina. El glóbulo rojo adopta una forma bicóncava para maximizar su superficie por volumen y minimizar el camino de difusión para que el oxígeno llegue a la hemoglobina.

Evidentemente, la selección natural ha optimizado el metabolismo energético en todas las escalas espaciales. En la escala de los nanómetros a los micrómetros: el plegado de las proteínas, el espacio dentro de la cadena de transporte de electrones, la estructura de la ATP sintasa, la densidad de empaquetamiento de la cadena de transporte de electrones y de la ATP sintasa en la membrana mitocondrial interna y la correspondencia entre el volumen de la matriz y la superficie de la membrana interna (véase el capítulo 1). Después, a medida que el metabolismo de los mamíferos fue aumentando, la selección natural optimizó la estructura a escalas mayores —de micrómetros a metros: la forma óptima para los glóbulos rojos y la densidad de empaquetamiento óptima, una ramificación óptima de los tubos para el aire y la sangre, una relación máxima de superficie alveolar/volumen pulmonar y una barrera tisular mínima para la difusión gaseosa. Muchas de estas optimizaciones dependen de moléculas de señalización y mecanismos de desarrollo heredados del urbilaterio.

Para seguir el ritmo de la respiración, también se mejoró el sistema circulatorio. Por ejemplo, el corazón de tres cámaras del reptil bombea a los tejidos una mezcla de sangre oxigenada y no oxigenada, lo que supone una ineficiencia manifiesta. El corazón de cuatro cámaras de los mamíferos separa las circulaciones pulmonar y sistémica para oxigenar completamente la sangre antes de gastar energía en bombearla. El corazón de los mamíferos también especializó ciertas células musculares para conducir rápidamente las señales eléctricas de la aurícula al ventrículo, lo que permitió multiplicar por 10 la velocidad de bombeo.[27] Además, el sistema arterial se especializó para funcionar a presiones más altas, lo que permitió un mayor flujo para un diámetro de vaso determinado.

Minimizar el volumen de sangre compartiéndolo oportunamente

El sistema vascular humano hace circular la sangre a un ritmo de 6 litros por minuto, lo cual en reposo parece ser suficiente. Pero durante la digestión o el ejercicio, nuestro tronco se calienta. Ahora, la piel, que en reposo sólo necesita 0,1 litros por minuto, necesita un litro completo por minuto para enfriarse. Y durante el ejercicio máximo, el músculo, que en reposo sólo necesitaba 1 litro por minuto de sangre oxigenada, ¡necesita 22 litros por minuto! ¿Qué puede proporcionar todo ese flujo adicional? No hay ningún depósito de reserva porque eso representaría un exceso de capacidad que, por razones económicas, la naturaleza aborrece.

Una solución parcial es hacer circular la sangre más rápidamente. El corazón aumenta su fuerza de contracción para expulsar su volumen fijo más rápidamente, lo que le permite aumentar el ritmo de los latidos. La frecuencia en los seres humanos puede pasar de unas 60 pulsaciones por minuto en reposo a más de 120 por minuto en el momento de máximo ejercicio, y un atleta de resistencia puede pasar de 40 pulsaciones por minuto en reposo a más de 160 por minuto en el momento de máximo ejercicio. En total, un ser humano puede multiplicar aproximadamente por cuatro el bombeo de sangre oxigenada por el corazón (gasto cardíaco) Pero sin embargo esto no es suficiente, por lo que el flujo extra para la piel y los músculos debe ser *prestado* por otros órganos. ¿Qué órganos pueden prestarlo, reduciendo temporalmente sus demandas? (Véase la Figura 3.7.)

Desde luego, el cerebro no. Aunque utiliza el 20% del flujo sanguíneo total, el cerebro no almacena ni combustible ni oxígeno. Por lo tanto, no puede prescindir de un solo mililitro de sangre. El intestino y el hígado utilizan juntos alrededor del 25% del total, por lo que podrían prestar una cantidad considerable, siempre que no estén ocupados con la digestión. El riñón utiliza casi el 20% del flujo sanguíneo en reposo, filtrando los 5 litros de sangre del cuerpo en unos 30 ciclos al día. Dado que las tareas del riñón se integran a lo largo de las horas, y sus células almacenan combustible (glucógeno), éste puede permitirse un préstamo importante. Cuando hay necesidad de enfriar, el riñón ya está conservando agua para usarla como sudor, por lo que ya está reduciendo el flujo sanguíneo.

Así que la piel puede agradecer principalmente al riñón el flujo extra de sangre caliente, pero eso no podría satisfacer al músculo durante el ejercicio máximo. El músculo debe tomar sangre también del intestino y del hígado. Estas cifras aclaran por qué no se debe intentar hacer ejercicio después de una comida cuando hace calor (véase la Figura 3.7).

Para planificar y ejecutar estas compensaciones complejas y dinámicas entre módulos funcionales se necesita el cerebro. Sólo el cerebro puede obtener la perspectiva completa del estado interno mediante la monitorización de la temperatura central, el estado metabólico de todos los órganos, la presión osmótica intravascular, el pH, la presión sanguínea, la frecuencia cardíaca, el tono vascular, la postura corporal, etc.

Sólo el cerebro puede obtener una perspectiva completa del estado externo mediante el seguimiento de las oportunidades y los peligros, el sol y la sombra, los depredadores y las presas, etc. Por último, sólo el cerebro puede calcular la jerarquía óptima de prioridades y elegir la respuesta adecuada. Por ejemplo, puede decidir permitir que la temperatura central aumente ligeramente por encima de lo normal cuando eso libere algo de sangre para satisfacer una necesidad urgente: escapar del peligro o de una oportunidad inusual, una presa jugosa.

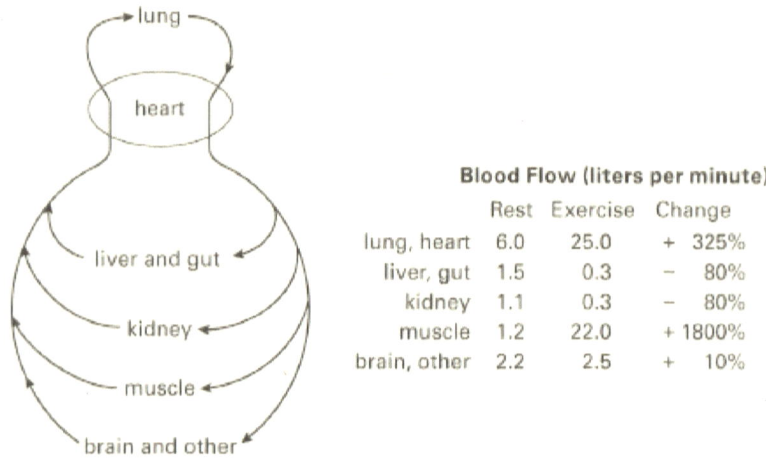

Blood Flow (liters per minute)

	Rest	Exercise	Change
lung, heart	6.0	25.0	+ 325%
liver, gut	1.5	0.3	− 80%
kidney	1.1	0.3	− 80%
muscle	1.2	22.0	+ 1800%
brain, other	2.2	2.5	+ 10%

Figura 3.7
Los órganos se acoplan de forma eficiente, adaptando las cargas a las capacidades y gestionando compensaciones eficientes. Durante el ejercicio, el gasto cardíaco puede multiplicarse por cuatro, pero el músculo esquelético necesita aumentar 20 veces. Para satisfacer esta necesidad, la sangre se toma prestada del intestino, el hígado y el riñón, reduciendo temporalmente su rendimiento pero beneficiándose finalmente de lo que el esfuerzo muscular logra.
Fuentes: Datos de Symmorphosis: On Form and Function in Shaping Life, de E. R. Weibel, 2000, Cambridge, MA: Harvard University Press. Reimpreso en *Principles of Neural Design*, de P. Sterling y S. Laughlin, 2015, Cambridge, MA: MIT Press.

El cerebro recalcula y revisa continuamente, siguiendo el principio: *de dar a cada órgano según su capacidad, y a cada uno según su necesidad.* Entonces el cerebro redistribuye la sangre extendiéndose en el espacio y el tiempo hasta los niveles más finos. Esto requiere una asociación crítica entre los nervios y las arterias, y para minimizar el espacio desperdiciado, se desarrollan juntos: los nervios crecen primero, y a medida que establecen un patrón, segregan el *factor de crecimiento endotelial vascular* que hace que el patrón vascular se reorganice en asociación con los nervios.[28] Las fibras nerviosas simpáticas entran en contacto con todos los vasos sanguíneos arteriales y liberan norepinefrina, además de los cotransmisores ATP y el péptido NPY, la combinación que provoca vasoconstricción. Las fibras parasimpáticas también inervan los vasos, liberando acetilcolina más otro péptido, el CGRP, que juntos causan vasodilatación.

Los circuitos químicos que controlan el flujo sanguíneo son complejos. Los transmisores neurales y los péptidos actúan directamente sobre las células del músculo liso que controlan el diámetro de los vasos y también sobre las células endoteliales que los recubren. Tanto las células musculares como las endoteliales expresan un arsenal de receptores diferentes: para la norepinefrina hay varios tipos de receptores alfa y beta; para el ATP hay cuatro tipos de receptores de canales iónicos y cuatro tipos de receptores acoplados a proteínas G; para la acetilcolina hay varios tipos de receptores de canales iónicos y acoplados a proteínas G.

Las células endoteliales responden a estas señales liberando *óxido nítrico*, que actúa sobre las células musculares lisas como vasodilatador, o un péptido, la *endotelina*, que actúa como vasoconstrictor. El óxido nítrico y la endotelina (tres isoformas y cuatro tipos de receptores) actúan también en las sinapsis autonómicas. El punto esencial: el cerebro puede acceder a un rico conjunto de controles para ajustar con precisión el flujo sanguíneo a cada vaso (véase la Figura 3.8).[29]

Las motoneuronas autónomas que controlan estas salidas se encuentran en la médula espinal, junto a las motoneuronas del músculo esquelético. Por lo tanto, los centros superiores que ordenan un cambio en la postura corporal—levantarse—también ordenan, con una ligera ventaja, un cambio en el flujo sanguíneo para apoyarlo (véase la Figura 3.8). Esta planificación redistribuye la sangre antes de la actividad muscular, evitando así errores como la hipotensión postural, una caída de la presión sanguínea en el cerebro. En resumen, la regulación de los recursos energéticos se realiza de forma eficaz, no a través de una constancia rígida, sino más bien a través de cambios dinámicos logrados por un diseño predictivo y de alimentación, es decir, por alostasis.

Pistolas o mantequilla

Cuando la salud se ve amenazada por una infección aguda, el animal debe defenderse con una respuesta inflamatoria vigorosa y múltiple con un alto coste metabólico. En consecuencia, los programas normales de crecimiento y reproducción se suspenden temporalmente en favor de un metabolismo alterado y un "comportamiento de enfermedad". Esto incluye una sensación de fatiga que reduce la búsqueda de comida y otras actividades costosas. El programa también incluye la anorexia que reduce la alimentación y los costes de la digestión.[30] En condiciones termoneutrales (Figura 3.1), el programa puede

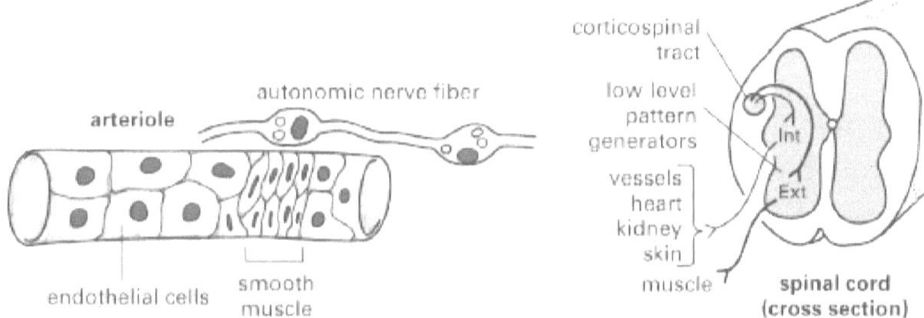

Figura 3.8
El cerebro coincide con el comportamiento vasomotor y esquelético. Izquierda: Los vasos sanguíneos están densamente inervados por fibras nerviosas autónomas. Los vasos contienen pequeñas vesículas que liberan varios neurotransmisores: norepinefrina (NE), ATP y acetilcolina (Ach), sobre las células musculares lisas y las células endoteliales vasculares. Las inflamaciones también contienen vesículas grandes y oscuras. Éstas liberan varios neuropéptidos que contribuyen a la constricción o dilatación. Por último, las células endoteliales proporcionan señales de retroalimentación a las hinchazones neuronales. **Derecha:** Los circuitos corticales superiores controlan los generadores de patrones para los circuitos espinales que generan patrones motores y dirigen las neuronas motoras para los efectores internos (Int), incluidos los vasos sanguíneos, y para los efectores externos (Ext), tales como los músculos esqueléticos.
Fuente: Derecho, reimpreso con modificaciones de *Principles of Neural Design*, de P. Sterling y S. Laughlin, 2015, Cambridge, MA: MIT Press.

incluir una temperatura central elevada a la que las proteínas microbianas están mal adaptadas (capítulo 1). Sin embargo, bajo temperaturas ambientales más frías, el programa puede reducir la temperatura central, frenando así el crecimiento microbiano a la vez que se reducen los costes metabólicos, ya que el sistema inmunitario tiene la defensa montada.[31] El programa de defensa incluye un componente circadiano que, al igual que las compensaciones cardiovasculares, está regulado por el cerebro.[32]

Otro principio de diseño eficiente: Adaptarse

Los diseños reguladores deben anticipar la demanda, pero también los grandes cambios en la misma. Un enfoque sería "sobreconstruir", es decir, proporcionar una capacidad fija con un alto factor de seguridad. Esto tiene sentido cuando un fallo sería catastrófico y explica, por ejemplo, por qué un ascensor de pasajeros se diseña con un cable mucho más grueso de lo que sería necesario para cualquier carga imaginable. El exceso de construcción se utiliza para órganos relativamente baratos, como el páncreas (factor de seguridad de 10). Pero para órganos grandes y caros, como el riñón, el intestino y el hígado, sería inaceptable tanta capacidad no utilizada. Los órganos caros se construyen para satisfacer las necesidades previstas con factores de seguridad pequeños, en torno a dos o menos, y cuando la demanda aumenta de forma estable, predicendo una mayor necesidad a largo plazo, se adaptan a ésta *agrandándose*.[33]

La adaptación es universal y conocida: los músculos se fortalecen con el ejercicio; la piel se engrosa con el uso; la capacidad cardiovascular se amplía con el entrenamiento, especialmente en altitud. Cuando la demanda disminuye, las adaptaciones se invierten: la capacidad de respuesta se reduce. Este principio se aplica a todos los sensores y efectores, y a todas las escalas, desde el comportamiento hasta los sistemas y las células, pasando por los receptores moleculares. La forma general ilustrada aquí (véase la Figura 3.9) se utilizará en capítulos posteriores para explicar lo que va mal—por ejemplo, en las adicciones, la hipertensión y la diabetes de tipo 2 (véase el capítulo 5)—y para explicar lo que va bien en la salud (véase el capítulo 6).

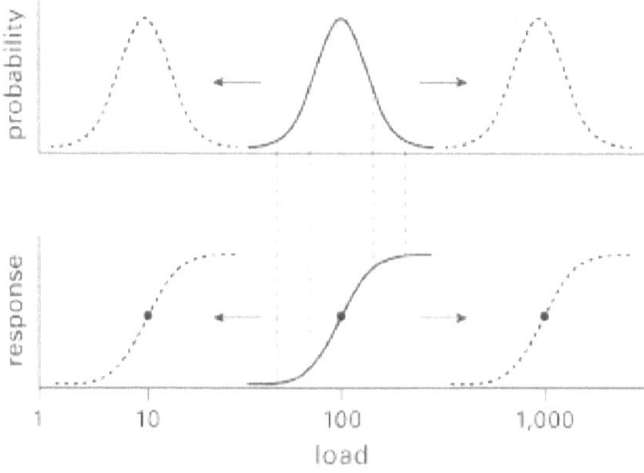

Figura 3.9
La capacidad de respuesta se adapta a los cambios en la carga prevista. Cada sistema se encuentra con una determinada distribución de cargas (arriba, en negrita). El efector responde (abajo, en negrita) ajustando su región más sensible (punto) a la carga más probable. Cuando la distribución de las cargas cambia (superior, punteada), el efector se anticipa desplazando su curva de respuesta (inferior, punteada) para adaptarse a la nueva distribución. Este diagrama se aplica a todos los procesos y estructuras en todas las escalas. Se citará repetidamente en el capítulo 6.
Fuente: Modificado de "How Retinal Circuits Optimize the Transfer of Visual Information", por P. Sterling, en L. Chalupa y J. S. Werner (Eds.), *The visual neurosciences* (pp. 234-259), 2004, Cambridge, MA: MIT Press; después de "A Simple Coding Procedure Enhances a Neuron's Information Capacity", por S. Laughlin, 1981, *Zeitschrift für Naturforschung C, 36*, nº 9-10, 910-912.

Lactancia

La bioquímica acelerada de un mamífero lo prepara para utilizar eficazmente un cerebro más grande. Sin embargo, para hacer crecer un cerebro más grande, debe hipotecarse. El ancestro reptil simplemente salía de una cáscara de huevo y serpenteaba para ponerse a salvo, captando después todos los nutrientes que necesitaba para crecer hasta la madurez reproductiva. Pero un mamífero necesita un apoyo nutricional completo para crecer -y aprender- durante un periodo prolongado. Los bebés humanos, durante su primer año, utilizan más del 60% de su suministro de energía para hacer crecer su cerebro y aprender, dejando relativamente poco más allá del metabolismo basal esencial para el crecimiento de su cuerpo. Así, los infantes mamíferos necesitan un gran préstamo calórico para crecer.

Este préstamo procede de una glándula extraordinaria cuya secreción compleja contiene suficientes calorías para mantener el metabolismo y el crecimiento (4% de grasa, 7% de azúcar en los humanos).[34, 35] La leche también contiene cientos de proteínas diferentes cuyos aminoácidos el bebé recicla para construir sus propias proteínas. También hay lípidos específicos para reciclar como componentes críticos para las nuevas membranas neuronales. Y hay cofactores esenciales para varias enzimas y un arsenal de factores de crecimiento, como el VEGF, para el crecimiento de los vasos sanguíneos y la eritropoyetina para el crecimiento de los glóbulos rojos. También, el EGF, el BDNF, el GDNF, el IGF[36] y sus proteínas de unión y proteasas asociadas. Además, numerosas hormonas como la calcitonina, la somatostatina, la adiponectina, la leptina, la resistina y la grelina para regular el apetito y el metabolismo energético.

La secreción inicial (calostro) contiene altos niveles de anticuerpos IgA para la protección inmunitaria, y las secreciones posteriores contienen IgG, además de oligosacáridos específicos "prebióticos" para estimular el microbioma intestinal. Las citoquinas, como el TGF-beta, y las quimiocinas, además de otras proteínas, estimulan las defensas contra las infecciones bacterianas y víricas. Esta lista es sólo parcial, y se siguen descubriendo nuevos componentes de la leche humana. La composición de este fluido mágico varía según las especies para adaptarse a las necesidades específicas de la tasa de crecimiento, los intervalos entre las tomas, etc. Y más allá de la química de la leche, está la neuroquímica de la lactancia—como la estimulación del lactante de la oxitocina materna, una hormona peptídica hipotalámica que libera leche y también estimula el vínculo materno.

El cerebro regula esta glándula periférica con una serie de señales hormonales y neuronales desde el inicio del embarazo hasta el final del destete. Hay que tener en cuenta que la lactancia trastorna por completo el metabolismo materno, exigiendo en los seres humanos un aumento prolongado del 30% al 40% de la tasa metabólica. Esto, como se puede imaginar, debe requerir un reajuste de todos los sistemas: digestivo, respiratorio, térmico, osmótico y de equilibrio de fluidos, asegurando al mismo tiempo que todos se engranen de manera eficiente. También altera el ritmo diurno, ya que el sueño se interrumpe periódicamente. La supervivencia neonatal requiere lo justo y necesario, con muy poco margen de error. Esto explica que el número de pezones coincida con el número previsto de crías amamantadas simultáneamente con un pequeño factor de seguridad: 10 para el ratón y dos para el ser humano.

Los mamíferos suelen amamantar durante el mismo periodo de gestación.[37] Un ratón, que nace desnudo e indefenso tras 20 días de gestación, amamanta durante un mes. La inversión de la madre, aunque calórica, es misericordiosamente breve. Sin embargo, un ser humano, nacido tras 9 meses de gestación, mama casi un litro al día durante 18 a 36 meses, es decir, de dos a tres veces más de lo previsto por la gestación.

Durante estos años, la lactancia proporciona el alimento perfecto, además de señales endocrinas críticas para el metabolismo y el crecimiento, innumerables contribuciones a la protección inmunitaria, además de neuroquímicos y sensaciones que fomentan los vínculos sociales. La lactancia proporciona un comienzo fantástico, pero para la dirección tomada por el diseño humano, es sólo la primera cuota de un préstamo que se expande inexorablemente y cuya gestión explica mucho sobre el ciclo vital humano (véase el capítulo 4).

Escoger un comportamiento

Hemos visto que para regular el organismo de forma eficaz, el cerebro predice lo que necesitarán todos los subsistemas. A continuación, ordena una respuesta integrada, haciendo coincidir la fisiología interna con un comportamiento adecuado. Pero cuando las demandas entran en conflicto entre sí, lo cual ocurre a menudo, ¿cómo se resuelven? ¿En un momento dado hay que buscar agua, comida, sexo o refugio? ¿Hay que amamantar a un bebé, luchar, huir o esconderse? A una escala más fina, durante la búsqueda de alimentos, ¿debe uno detenerse a recoger comida de baja calidad o continuar la búsqueda de algo más rico? Una vez que se inicia un comportamiento, ¿cuánto tiempo debe continuar antes de ceder a una necesidad diferente? Estas cuestiones vitales requieren algunos principios.

i. *Seleccionar los comportamientos según una jerarquía de necesidades*. Por ejemplo, los mamíferos almacenan una cantidad considerable de combustible (glucógeno y grasa), pero una cantidad limitada de agua. Por eso, en condiciones de aridez, el agua es más urgente que la comida. Además, un mamífero regula su temperatura fisiológicamente, pero sólo hasta un grado limitado (véase la Figura 3.1). Así que en condiciones extremas, el alivio térmico es más urgente que el agua o la comida. Está claro que la jerarquía debe cambiar de forma flexible según las condiciones. Así, los circuitos centrales heredados del urbilaterio establecen fuertes prioridades y las reajustan según las necesidades.

ii. *Motivar la búsqueda de una sustancia pronto agotada y no almacenable con un sentimiento desagradable creciente.* Un animal sediento trabaja con urgencia para obtener agua porque el disparo de un determinado conjunto de neuronas le hace "sentirse mal" (valencia negativa). Cuando esas neuronas se silencian, se deja de beber inmediatamente. La valencia negativa se alivia en cuestión de segundos, mucho antes de que el líquido haya sido absorbido por el intestino para alterar la osmolaridad de la sangre.[38] Además, los mecanismos fisiológicos que conservan el agua, como la liberación de vasopresina, se desactivan instantáneamente al ver el líquido esperado (véase la Figura 3.10). Por lo tanto, los mecanismos renales y vasculares que conservaban el agua vuelven a acelerarse inmediatamente, lo que permite al riñón reanudar rápidamente su función normal sin el retraso que requeriría la retroalimentación homeostática.

iii. *Motivar la búsqueda de sustancias almacenables con la predicción de una sensación agradable.* Un animal hambriento se esfuerza por conseguir comida porque comer "le hace sentir bien" (valencia positiva),[39] y aparentemente también para aliviar una valencia negativa.[40] La alimentación cesa, en parte siguiendo las múltiples señales del intestino, en parte cuando se ha reducido la valencia negativa, pero también al recibir una recompensa positiva superior a la prevista. El deseo de seguir alimentándose depende en gran medida de la calidad de la comida. Uno puede sentirse satisfecho con cierta cantidad de comida no muy interesante. Pero el apetito vuelve a aparecer cuando se trata de alimentos ricos. Siempre hay espacio para el postre. Otros comportamientos, como la termorregulación, también están regulados por un "empuja-tira", or "*push-pull*", es decir, por la interacción de señales positivas y negativas.[41]

iv. Al experimentar una valencia marcadamente negativa o marcadamente positiva, recordar las circunstancias de la misma. Se utiliza la memoria para seleccionar un comportamiento cuando la circunstancia, o algo parecido, se repite.

En última instancia, para elegir "una manzana, por favor" o "una naranja, gracias", el valor de recompensa previsto de cada una debe ser comparararado en algún lugar del cerebro. Si se predice que la "manzana" es la más gratificante, se elige esta. Luego viene la recompensa real, experimentada en forma de satisfacción.[42] Si el error de predicción de la recompensa es positivo, ciertas neuronas se disparan para dar un impulso de bienestar y si el error de predicción de la recompensa es negativo—el resultado fue peor de lo previsto— esas neuronas cesan su disparo tónico y reina la decepción. Como se señaló en el capítulo 2, el urbilaterio adoptó la dopamina como transmisor para señalar un error positivo, y eso se ha conservado. Así que es la liberación de dopamina en varias regiones cerebrales clave la que proporciona un pulso de "satisfacción".[43] Somos capaces de vivir sin pulsos gratificantes

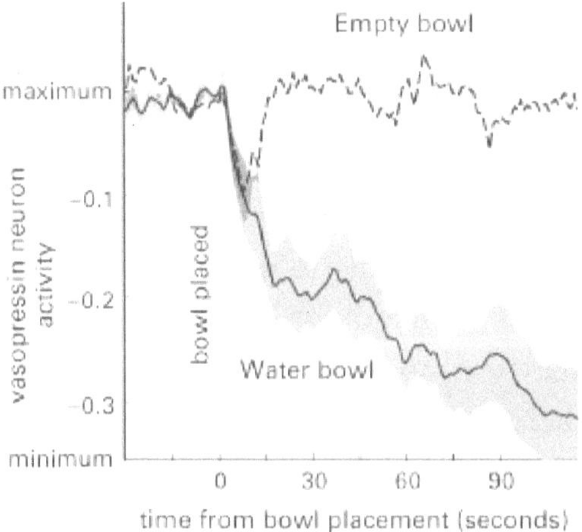

Figura 3.10
El ratón sediento, al anticipar el agua, apaga instantáneamente sus neuronas de vasopresina, que conservan el agua. Pero si el ratón ve que el cuenco está vacío, las neuronas secretoras de vasopresina vuelven a dispararse y continúan liberando la hormona que hace que el riñón conserve agua. Ambas respuestas son anticipatorias, evitando así los largos retrasos que serían necesarios para el control mediante la monitorización homeostática de la osmolalidad sanguínea. El sombreado representa el error estándar de la media.
Fuente: Reproducido con modificaciones de "Bidirectional Anticipation of Future Osmotic Challenges by Vasopressin Neurons", por Y. Mandelblat-Cerf, A. Kim, C. R. Burgess, S. Subrama- nian, B. A. Tannous, B. B. Lowell y M. L. Andermann, 2017, *Neuron, 93*, 57-65.

diarios de dopamina, pero es posible que no queramos hacerlo, un tema para el capítulo 5.

Conclusiones

Los mamíferos que surgieron en la era jurásica estaban equipados por la endotermia para buscar comida más extensamente en el espacio y el tiempo. Esto requería un cerebro *más grande* y, sobre todo, *más rápido*. La lactancia apoyó ambas cosas al aportar la nutrición y el tiempo para desarrollar, aún fuera del útero, un cerebro más grande. El gasto de un cerebro más grande y más rápido supuso un aumento en la competencia por los recursos, lo cual obligó continuamente a las células, tejidos, órganos y sistemas a alcanzar la máxima eficiencia.

Por ejemplo, el suministro de oxígeno. Un glóbulo rojo, cuyo tamaño está limitado por el diámetro de los capilares, contiene la mayor cantidad de hemoglobina y transporta la mayor cantidad de oxígeno posible por célula. La forma de un glóbulo rojo, que maximiza la superficie/volumen, permite el intercambio más rápido posible de gases. La concentración de glóbulos rojos (hematocrito), limitada por la labor de transportar, carga la mayor cantidad de oxígeno posible por mililitro de sangre. Los bronquios ramificados terminan como una espuma que, limitada por el volumen torácico, proporciona la mayor superficie posible para el intercambio de gases. La ramificación sigue una regla matemática que proporciona el mayor diámetro de tubo para un coste determinado de transporte de aire.

Las arterias pulmonares siguen la misma regla de ramificación que los bronquios y así consiguen el mayor flujo sanguíneo según un coste determinado. Por último, la red de capilares entra en contacto con la superficie alveolar con la densidad suficiente para absorber todo el oxígeno que se presenta a cada glóbulo rojo en su tiempo de permanencia de medio segundo dentro del pulmón. Por lo tanto, los sistemas de flujo de oxígeno y sangre funcionan con la máxima eficacia y sus capacidades de intercambio de gases coinciden estrechamente.

Debido a que las capacidades coinciden para la ventilación y la perfusión, siempre hay suficiente sangre para la cantidad de oxígeno que se debe absorber. Además, cuando este sistema acoplado alcanza el límite establecido por el gasto cardíaco máximo, el sistema de control predictivo del cerebro ajusta dinámicamente las prioridades y dirige la sangre oxigenada disponible hacia donde es más urgente. Estas compensaciones maximizan el rendimiento para una inversión determinada. Estos logros panglossianos se basan en estructuras optimizadas en escalas espaciales de nanómetros a metros y en funciones dinámicas optimizadas en una escala de tiempo de milisegundos a años, todo aquello coordinado por el cerebro.

Esta tercera época del diseño humano (mamíferos) amplió los logros de las dos primeras épocas (eucariota, urbilaterio multicelular), llevándolos a niveles superiores en el espacio y en el tiempo. En especial, esta época refinó y amplió el sistema central de control predictivo: el cerebro. Esto permitió al animal capturar más recursos y sacar más provecho de lo que capturaba. El cerebro de los mamíferos desarrolló una arquitectura funcional eficiente y fácilmente adaptable a cualquier entorno: para el subsuelo, un cerebro de topo; para el aire, un cerebro de murciélago; para el mar, un cerebro de ballena. La última época dio lugar a una nueva línea de mamíferos, los primates, que acabaron convirtiéndose en una única especie, el *Homo sapiens*, preparada para habitar todos estos entornos. Este es el capítulo 4.

4. Tras los pasos del *Neandertal*

"¿Quién eres tú?" conlleva la pregunta recíproca: "¿Quién soy yo entonces?".
—Peter Gow

El paso del urbilaterio al género *Homo* fue largo, unos 600 millones de años. Sin embargo el crucial encuentro, en el que el *H. sapiens* conoció y desplazó al *H. neanderthalensis*, fue breve. Ocurrió en el suroeste de Europa, hace unos 50.000 años y terminó en un instante—5.000 años. A partir de esto, *Sapiens* emergió, portando algunos genes *neandertales* como la única especie de homínido sobreviviente del planeta. Pero el *sapiens* ya había atravesado Eurasia y, cuando las dos especies se encontraron, varios grupos de *sapiens* ya habían llegado a Australia (véase la Figura 4.1).[1] Contrariamente a la percepción de que los primeros humanos vivían tranquilamente sobre la tierra, la megafauna—herbívoros, carnívoros y aves gigantes—desapareció durante el período de emergencia del *sapiens*.

El *neandertal* había permanecido durante medio millón de años en pequeños asentamientos, ocupando, como la mayoría de las especies de mamíferos, un nicho particular. Pero *sapiens* fue desde el principio una especie emigrante que recorrió todos los continentes e islas oceánicas habitables a un ritmo medio de unos 50 kilómetros por año. Esto

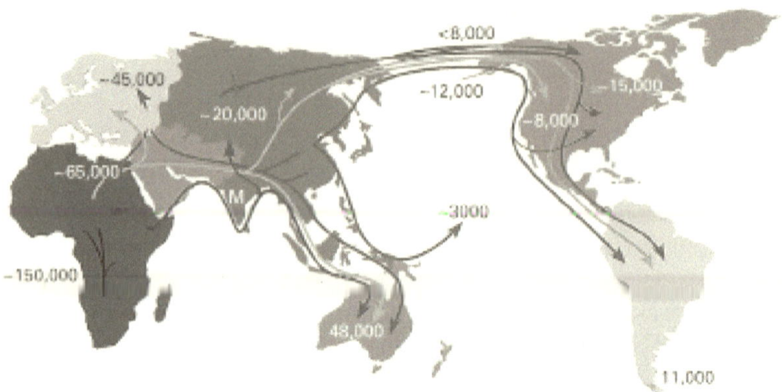

Figura 4.1

Primeras migraciones de *H. sapiens* **rastreadas mediante la secuenciación de genes mitocondriales.** Nuestra especie se originó en el África subsahariana unos 150.000 años antes del presente. A partir de hace unos 65.000 años, se produjeron múltiples emigraciones, con cinco cruces distintos del estrecho de Bering, tres cruces del istmo centroamericano a Sudamérica y tres cruces del archipiélago indonesio a Australia. Los estudios continuos de todo el genoma (en vez de solo las mitocondrias) añaden complejidad, pero apoyan la imagen principal de una migración temprana y continua (por ejemplo, "Ancient DNA and Human HREFistory", de M. Slatkin y F. Racimo, 2016, *Proceedings of the National Academy of Sciences of the United States of America, 113*, 6380-6387).

Fuente: Modificado de "Bioenergetics in human evolution and disease: Implications for the Origins of Biological Complexity and the Missing Genetic Variation of Common Diseases", de D. C. Wallace, 2013, *Philosophical Transactions of the Royal Society of London. Series B, Biological Sciences, 368*, 2012026.

sugiere un impulso interno para moverse—independientemente de las condiciones locales—, un impulso que llevaría a *sapiens*, al llegar a una playa de palmeras en Bali, a caminar, contemplar el vasto Pacífico y exclamar: "¡Vamos!". Ningún muro detuvo nunca a *sapiens*, ni le resonaría ninguna apelación a la "patria": el "hogar" para *sapiens* estaba siempre en otro lugar.[2]

Cabe preguntarse cómo consiguió el *sapiens* sustituir al *neandertal*.[3, 4, 5] Pero hay preguntas más amplias: ¿qué llevó a *sapiens* a habitar todos los nichos? Y, ¿qué le permitió tener éxito? Las respuestas tienen que ver con el diseño del cerebro. Los primeros mamíferos habían adoptado principios para un diseño neuronal eficiente: el mejor rendimiento para una inversión determinada. Sin embargo, su inversión en cerebros era pequeña, y eso era limitante. Así que aquí explicamos primero algunos principios de diseño neuronal y lo que determinó los costes. A continuación, consideramos cómo los primates ganaron, invirtiendo fuertemente en sistemas neuronales más caros. Por último, consideramos el giro especial de *sapiens* que, en última instancia, proporcionó una capacidad de computación ilimitada con un cerebro que era un 25% más pequeño que el de un *neandertal*, y dejó al *neandertal* muy atrás.

La paleoantropología de este capítulo es decididamente eurocéntrica. Es ahí donde se centró el campo durante el siglo pasado, por lo que hay más datos. Ahora, el enfoque se amplía rápidamente con nuevos métodos físicos y genéticos de datación, nuevas excavaciones en todos los continentes y nuevos estudios etnográficos. Así que la historia de las peregrinaciones y la diversidad cultural de *sapiens* crecerá en complejidad y riqueza. Mi esfuerzo aquí es conectar estos estudios con la comprensión actual del diseño neural.

Diseño neuronal

El cerebro, al igual que el intestino, es intrínsecamente caro, y los principales costes son los mismos: ATP para alimentar las proteínas transportadoras que mueven iones y pequeñas moléculas de nutrientes a través de las membranas celulares contra los gradientes de concentración y voltaje. Además, algunas regiones del cerebro, como el cerebelo y la corteza cerebral, al igual que el intestino, requieren una gran superficie pero deben ajustarse a un volumen limitado. Por ello, el cerebro emplea un truco de diseño ya conocido: se pliega (véase la Figura 4.2). Sin embargo, para que el cerebro procese información en lugar de nutrientes, existen retos específicos.

Figura 4.2
La sección longitudinal de un cerebro de mamífero (rata) ilustra cuatro principios de diseño cerebral. En primer lugar, *la señal con química*. Las neuronas del área postrema (1) recogen información química de la sangre y envían axones a los grupos neuroendocrinos del hipotálamo (2) cuyas salidas axonales al órgano pituitario (3) liberan sustancias químicas (hormonas peptídicas) en la sangre. **En segundo lugar**, *minimizar el cableado*. Esto se consigue agrupando las neuronas funcionalmente relacionadas para evitar los enredos que alargan los cables y situando los grupos interconectados cerca los unos de otros. Así, el tracto óptico (4) señala los cambios lentos en el nivel de luz para el núcleo supraquiasmático adyacente (5), que señala el ritmo diurno a los grupos neuroendocrinos adyacentes. **En tercer lugar**, *envía sólo lo necesario*. Por ejemplo, el tracto óptico del ratón contiene unos 50.000 axones, pero envía menos de 500 de los más finos al núcleo supraquiasmático. Asimismo, los generadores de patrones hipotalámicos (6) integran las respuestas autonómicas endocrinas y de comportamiento, pero envían sólo las conclusiones a los generadores de patrones de bajo nivel en el tronco cerebral y la médula espinal que ejecutan el comportamiento (véase la Figura 3.7). **En cuarto lugar**, *envían la información a las tasas más bajas posibles*. Las neuronas olfativas recogen información química del aire y envían picos al centro olfativo principal (22) a bajas velocidades a través de los axones más finos posibles (véase la Figura 4.3). La corteza cerebral de la rata no está plegada, pero el plegamiento aumenta con la extensión cortical (véase la Figura 4.10).
Fuente: De http://brainmaps.org/ajaxviewer.php?datid=62&sname=086&-vX=-47.5&vY=-22.0545 &vT=1. © The Regents of the University of California, Davis campus, 2014.

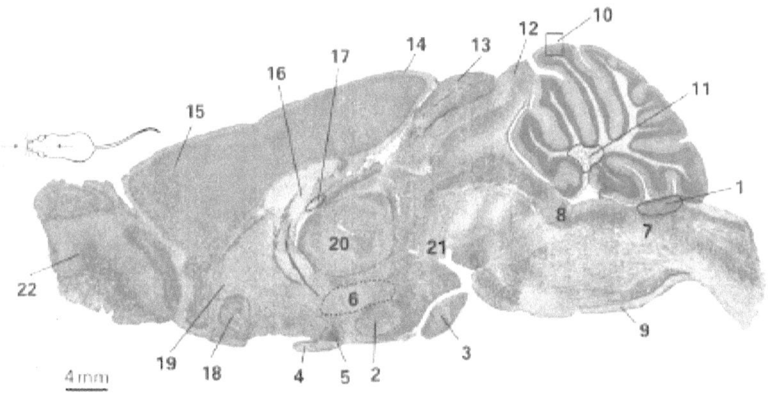

1. área postrema (control de la composición química sanguínea)
2. grupos neuroendocrinos hipotalamicos
3. hipófisis
4. tracto óptico
5. núcleo supraquiasmático (reloj)
6. generadores de patrones hiptalámicos
7. médula
8. ocus coeruleus
9. tracto corticoespinal (resúmenes de la corteza motora a los generadores de patrones de bajo nivel)
10. corteza cerebelosa (corrige los errores de intención)
11. grupos de salida cerebelosa (integran la salida cerebelosa)
12. colículo inferior (procesamiento auditivo temprano)
13. colículo superior (orienta la cabeza y los ojos hacia fuentes de información relevantes)
14. corteza visual primaria (alejada de los sitios de almacenamiento a largo plazo)
15. corteza frontal (cercana de los sitios de almacenamiento a largo plazo)
16. fórnix (resúmenes del hipocampo de los generadores de patrones hipotalámicos)
17. órgano subfornical (controla el sodio en sangre y las hormonas relacionadas)
18. amígdala (etiquetan patrones de alto nivel para su almacenamiento)
19. estriado (evalúa las predicciones de recompensa)
20. tálamo (procesa las señales para su transferencia económica a la corteza cerebral)
21. área tegmental ventral (neuronas dopaminérgicas ⟶ córtex frontal + estriado)
22. bulbo olfatorio

Consideremos la compacta región de la base del cerebro encargada de regular todas las necesidades básicas mencionadas en el capítulo 3—ritmo diurno, termorregulación, alimentación, hidratación, apareamiento, defensa y sueño. Los mamíferos heredaron este núcleo, el *hipotálamo*, de los urbilaterios, y compartimos su diseño central con el cerebro de los roedores que se muestra aquí (véase la Figura 4.2), a pesar de que nuestras líneas están separadas por casi 100 millones de años y nuestro cerebro es casi 1.000 veces más grande.

El hipotálamo es el "centro de control" ("*mission control*") de la alostasis. Recibe información de innumerables sensores acerca de los estados externos e internos, además de información proveniente de regiones superiores que atienden a la emoción, la cognición y la memoria.

Cada fuente proporciona un contexto particular para la regulación. El reloj puede anunciar la hora de acostarse, pero si la cena no ha llegado, el hambre tiene prioridad sobre el sueño. El peligro o una oportunidad sexual pueden prevalecer sobre ambos. Al evaluar la jerarquía cambiante de las necesidades, además de las oportunidades y los costes, las salidas del hipotálamo hacen coincidir el estado mental con el comportamiento: hambre/alimentación, sed/bebida, deseo sexual/coito. En consecuencia, envía salidas químicas—hormonas—a través de la sangre e impulsos eléctricos a través de los nervios a todos los órganos internos. Esta pequeña estructura, menos del 0,3% del cerebro humano, gestiona todas esas funciones siguiendo principios de diseño que ahorran espacio y energía.

Algunos principios

En primer lugar, *enviar señales con química—cuando es po-*

sible—porque requiere menos energía y espacio. Gran parte de la detección del entorno interno es química y se realiza mediante neuronas receptoras situadas en tres lugares especiales del cerebro que carecen de las barreras físicas habituales entre la sangre y el cerebro (*órganos circunventriculares*). Estas conexiones permiten un control continuo de las hormonas liberadas por las neuronas hipotalámicas, la hipófisis, las suprarrenales, el intestino, el hígado, el páncreas, el riñón, la grasa, los huesos y el sistema inmunitario. Algunas neuronas circunventriculares controlan la química de la sangre: pH, glucosa, oxígeno, CO_2, sodio, calcio, etc.[6]

La información recogida por la química debe ser enviada a larga distancia a los centros cerebrales. La velocidad a través de la distancia requiere señales eléctricas autopropagables (*potenciales de acción, picos*) con un enorme coste. Durante un pico, la corriente de sodio a través de un solo canal de membrana durante 1 milisegundo gasta 2.000 veces más energía almacenada que la utilizada por una señal hormonal.[7] En consecuencia, las neuronas deberían maximizar la información enviada por cada espiga, y así lo hacen.

Un pico en una secuencia puede transmitir teóricamente unos dos bits. Pero los picos muy espaciados tienden a transmitir el mismo mensaje, lo que hace que cada pico sea parcialmente *redundante* y, por tanto, reduce los bits por pico. Además, se pierde algo de información porque el ruido neural reduce la precisión de la sincronización de las espigas. Así, una secuencia de picos real puede transmitir hasta un 25% de su máximo teórico (*sin redundancia ni ruido*). Dado que la redundancia aumenta de forma desproporcionada con la frecuencia de espigas, una neurona debe utilizar la frecuencia de espigas más baja posible que se adapte a su propósito. Por lo tanto, otro principio es *enviar la información a la menor tasa aceptable*. Esto ahorra energía y también espacio, ya que las tasas de información más altas requieren axones desproporcionadamente más gruesos cuyos volúmenes aumentan con el diámetro al cuadrado (véase la Figura 4.3).[8]

El olfato, el primer sistema importante de los mamíferos para detectar distancias, lleva estos principios casi al límite. Las sustancias químicas olorosas procedentes de plantas, depredadores, parejas, etc., se difunden a través de la mucosa nasal para llegar lentamente a las neuronas receptoras de la nariz y la garganta, cuyo mecanismo de transducción química también es lento. Las moléculas odorantes son relativamente escasas, por lo que su tasa de información es bastante baja. Esto permite que los axones olfativos se encuentren entre los más delgados del cerebro (véase la Figura 4.3). Así, siguiendo rigurosamente estos dos principios de diseño, los sensores químicos olfativos son los sensores de distancia más baratos posibles.

En cambio, la célula ciliada auditiva, utilizada en la cóclea para detectar el sonido, evita la química porque es demasiado lenta. En su lugar, la célula amplifica una fuerza mecánica para abrir directamente un canal iónico. El resultado es una tasa de información tan alta que para enviarla de forma centralizada se necesitan hasta 15 axones muy gruesos con picos de velocidad muy elevados. El fotorreceptor del cono de la luz del día capta fotones a una velocidad tan alta que su tasa de información supera la que podría transmitirse directamente mediante espigas. Por ello, los circuitos de la retina procesan y comprimen la señal en dos etapas antes de transmitir los datos al cerebro a través de los axones ópticos. Parte de la información se transmite a gran velocidad a través de los axones gruesos, pero la mayor parte se transmite a menor velocidad a

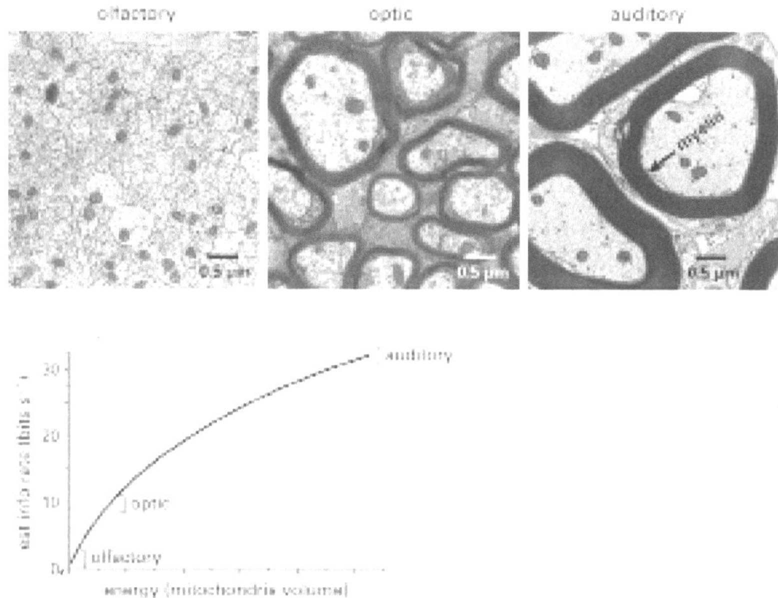

Figura 4.3

El cerebro ahorra espacio y energía enviando la información a la menor velocidad posible. Arriba: Cortes transversales a través de tres tipos de axones sensoriales a la misma ampliación. Los axones olfativos con las tasas medias de espigas más bajas se encuentran entre los más delgados del cerebro; los axones ópticos con tasas intermedias son más gruesos; y los axones auditivos con tasas medias altas se encuentran entre los más gruesos del cerebro. Estos axones más gruesos están envueltos en mielina (capa oscura) que aumenta la velocidad de conducción. El axón auditivo más grueso ocupa 100 veces más espacio y energía que un axón olfativo. **Más abajo:** Duplicar la velocidad de información es más que duplicar los costes en espacio y energía. Por lo tanto, siempre que sea posible, los diseños neuronales tratan de mantenerse en la región empinada de esta curva. *Fuente*: Reproducido con modificaciones de Principles of Neural Design, de P. Sterling y S. Laughlin, 2015, Cambridge, MA: MIT Press; después de "Why Do Axons Differ in Caliber?", por Janos A. Perge, Jeremy E. Niven, Enrico Mugnaini, Vijay Balasubramanian y Peter Sterling, 2012, *The Journal of Neuroscience, 32*, 626-638.

través de los axones más finos (véase la Figura 4.3).[9]

Otro principio de diseño neuronal es *minimizar el cableado*. Las neuronas sitúan sus dendritas receptivas cerca de las fuentes de entrada y sus axones de salida cerca de los objetivos. Por ejemplo, el grupo de neuronas del reloj del cerebro (*núcleo supraquiasmático, SCN*) se encuentra entre su entrada desde el tracto óptico y sus objetivos de salida, grupos de células neuroendocrinas que envían sus axones a la glándula pituitaria, que está al lado (véase la Figura 4.2). Por supuesto, no todas las agrupaciones pueden encajar exactamente entre sus entradas y salidas, pero el principio es permanecer lo más cerca posible, sujeto a las restricciones de empaquetamiento.

Para acortar aún más los cables, las neuronas se dividen según su función. Esta división permite que las entradas compartidas lleguen directamente, sin tener que pasar por la maleza. Por lo tanto, las neuronas funcionalmente relacionadas forman grupos separados dentro del hipotálamo. El ahorro que supone el cableado agrupado, también explica por qué el cerebro divide la materia gris (neuronas + dendritas + axones finos + sinapsis) de la materia blanca (tractos compactos de axones mielinizados). Esta regla establece que el uso del espacio por parte del cerebro—al igual que el del pulmón y el intestino—se rige de forma óptima por la ley física.[10]

Otro principio para un diseño eficiente es *aceptar y enviar información sólo cuando sea necesario*. Por ejemplo, el hipotálamo necesita señales luminosas de la retina para ajustar su reloj. Pero no necesita todas las señales luminosas que se requieren para una alta resolución espacial y temporal. Así, mientras que el nervio óptico del ratón transporta 50.000 axones de la retina de diversos diámetros, el SCN sólo acepta unas pocas (~500) de las neuronas de disparo más lento con los axones más finos, sólo lo que necesita para ajustar el reloj. Además, al depender de las señales químicas lentas y de las bajas tasas de información de los órganos internos, el hipotálamo puede procesar y enviar información a bajas tasas con axones que se encuentran entre los más delgados del cerebro y consumen la menor energía de cualquier región cerebral.[11]

Sin embargo, estos principios siguen sin responder a la pregunta: ¿cómo gestiona el diminuto hipotálamo tantos comportamientos diversos? Varios grupos de neuronas del hipotálamo integran distintos conjuntos de información sobre necesidades concretas, como la termorregulación, la hidratación, la alimentación y el sexo. Por ejemplo, el grupo de alimentación integra las señales de la sangre, el estómago, el intestino, el hígado, las células grasas y el hueso, además de los datos corticales relativos a las oportunidades de alimentación y seguridad. Cuando éstas se suman a la decisión de "comer", este grupo hipotalámico selecciona los programas autonómicos y conductuales almacenados, operados por generadores de patrones de bajo nivel en la médula y la columna vertebral (véase la Figura 4.2). Así, una decisión hipotalámica integrada es ejecutada por generadores de patrones que, extendiéndose longitudinalmente, ocupan un volumen 100 veces mayor que el del hipotálamo. En el capítulo 5 se expondrán ejemplos de interés médico.

Esta es la clave de la eficacia: integrar a un nivel alto y enviar un "resumen ejecutivo". Los tractos hipotalámicos descendentes lo hacen con unos pocos picos en fibras muy finas. Este principio se aplica a todos los tractos largos del cerebro, que, por lo tanto, comparten una estructura casi idéntica: la mayoría de los axones finos, más unos pocos más gruesos. Por consiguiente, los tractos óptico y corticoespinal, que transmiten los resúmenes ejecutivos de los cálculos visuales y motores, emplean la misma estructura, al igual que el *fórnix*, un tracto que transporta los resúmenes ejecutivos desde los almacenes de memoria de alto nivel hasta el hipotálamo (véase la Figura 4.4). El fórnix se dirige al grupo hipotalámico cuya pérdida causó la pérdida catastrófica de memoria en Jimmy, el marinero perdido mencionado en la Introducción (véase la Figura I.1).

En resumen, la estructura y la disposición del cerebro de los mamíferos se establecieron pronto, junto con todos los demás órganos (véase el capítulo 3). Por eso reconocemos fácilmente todas las características principales del cerebro de los roedores en nuestro propio cerebro. Aunque los cerebros de los mamíferos siguieron desde el principio los principios de la eficiencia, al principio dependían en gran medida del olfato para obtener información sobre distancias, lo cual era relativamente lento e impreciso. El olfato era barato, pero en última instancia limitaba el rendimiento y la adaptabilidad, al igual que el tamaño limitaba a un paramecio (véase el capítulo 1), la falta de simetría bilateral limitaba a una *Hydra* (véase el capítulo 2) y la ectotermia limitaba a un lagarto (véase el capítulo 3). Con el tiempo, una línea de monos invirtió en la adquisición de datos de alta gama utilizando la visión, mucho más cara, pero inmensamente más gratificante. Ahora, esta línea de primates podía ampliar rápidamente su capacidad de información y sus cálculos neuronales.[12]

Mono-simio-humano

Mi vecino, un hombre inteligente en contacto cercano con la naturaleza, se me acercó recientemente durante una barba-

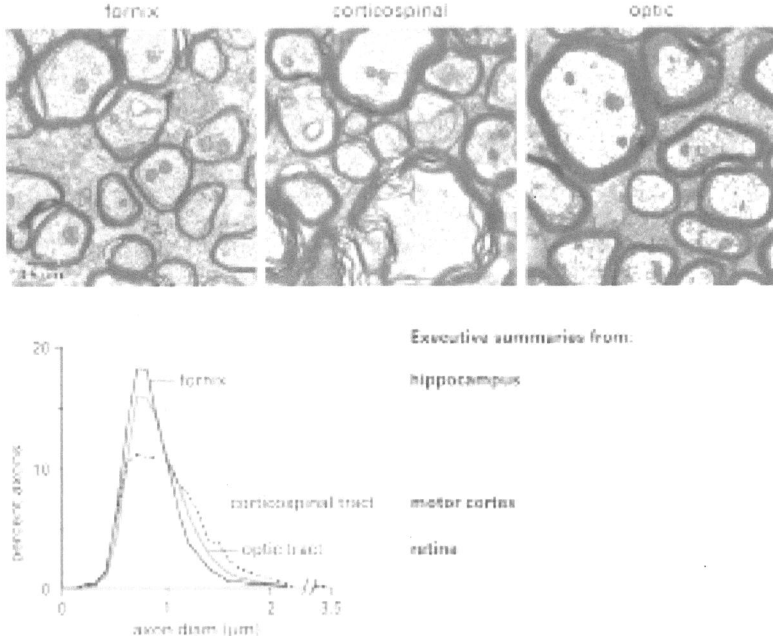

Figura 4.4

Los tractos axónicos que envían resúmenes ejecutivos comparten un diseño económico. Arriba: Los cortes transversales a través de tres grandes tractos cerebrales muestran su estructura similar: muchos axones finos y unos pocos gruesos. **Abajo:** Las distribuciones del diámetro de los axones son similares, con una fuerte inclinación hacia los axones más finos: reducir el diámetro de los axones multiplica por cuatro los costes de espacio y energía. Para lograr este ahorro, estos tractos centrales envían "resúmenes ejecutivos" que permiten una baja tasa media de disparo. El fórnix transporta información desde los almacenes de memoria del hipocampo hasta el hipotálamo.

Fuente: Reproducido con permiso de "Why Do Axons Differ in Caliber?", por Janos A. Perge, Jeremy E. Niven, Enrico Mugnaini, Vijay Balasubramanian y Peter Sterling, 2012, *The Journal of Neuroscience, 32*, 626-638.

coa. Luego de contarme de que desde la última vez que nos vimos había abandonado el alcohol y otros intoxicantes, me preguntó con una sonrisa y un tono conspirativo: "Dígame,

¿realmente cree que descendemos de los monos?". Al parecer, esperaba mi confesión de que se trata de una gran broma que los biólogos llevan repitiendo desde 1871[13], pero que no podría creer. Cuando le contesté: "¡Por supuesto!" cuando notó mi entusiasmo por explicarlo, se alejó. Le dejé irse—era una fiesta—, pero para entender los porqués del diseño humano, debemos considerar profundamente nuestro mono interior.[14]

Los primeros mamíferos, como los roedores y los carnívoros, olfateaban el suelo con el hocico extendido y recogían información sobre todo a través de su sentido del olfato. El olfato también recogía mucha información social íntima, aunque para ello era necesario acercarse mucho. La recogida de información con el olfato en el suelo exigía que el animal tuviera unas orejas grandes y *móviles* para localizar los sonidos de las oportunidades y los peligros lejanos que sus ojos abatidos no verían. Pero cuando los animales intercambiaron corretear por escalar árboles, como hicieron varias líneas de primates africanos, los olores que se extendían en la brisa en el espacio y el tiempo eran menos informativos. Así que los monos redujeron drásticamente su capacidad olfativa, encogieron sus orejas y ampliaron su visión. Esto explica el semblante de los primates (véase la Figura 4.5).

Las orejas colocadas en una cabeza más grande—más distancia entre las orejas—podían localizar mejor los sonidos en el plano horizontal. Un macaco tiene una precisión localización de unos 5° (la anchura de su pulgar a la altura del brazo), mientras que un humano tiene una precisión de 1°, que coincide con la extensión de la región de alta agudeza de la retina. Una vez que los oídos pudieran localizar con precisión un objeto de interés, la audición y la visión de alta agudeza podrían cooperar para lograr la comunicación de corto

Figura 4.5
El mono macaco, el chimpancé y el ser humano redujeron los sensores olfativos y reutilizaron los auditivos, al tiempo que ampliaron considerablemente la visión. Esto mejoró enormemente la velocidad de recogida de información a distancia. El cambio fue costoso pero crucial para los avances de los primates en la búsqueda de alimentos y la comunicación social. El ceño fruncido de Darwin, por ejemplo, transmite instantáneamente su ansiedad crónica. De izquierda a derecha: Mono macaco (*Macaca mulatta*; 25 millones de años), chimpancé (*Pan troglodytes*; seis millones de años) y humano (*Homo sapiens*; 0,1 millones de años).

alcance. La sensibilidad auditiva se centraba en el extremo inferior del espectro sonoro, entre 1000 y 4000 Hz, porque el procesamiento de esas frecuencias ahorra energía y espacio cerebral. En consecuencia, el tracto vocal fue estructurado y programado por el sistema motor para expresar esas mismas frecuencias en el lenguaje y la música. En resumen, la voz humana produce sonidos para que otros humanos los oigan de forma económica (véase la Figura 4.6).[15]

La visión espacial fina ofrecía un enorme potencial para captar rápidamente las características más destacadas del entorno—forma del objeto, orientación, color, relaciones tridimensionales, etc. Además, una vez que el mono convirtió sus patas delanteras a las manos, la visión pudo guiar manipulaciones delicadas y permitir la comunicación mediante gestos y movimientos de la boca.[16] La visión fina se hizo capaz de detectar expresiones faciales parpadeantes que señalaban matices del estado de ánimo y de la intención. Esta información superaba con creces lo que se podía aprender olfateando un trasero, por lo que los macacos también sustituyeron la visión por el olfato como fuente de excitación sexual. Un macaco macho se esforzará por tener la oportunidad de ver una imagen del perineo de una hembra.[17] Si hubiera presentado esto a mi dudoso amigo como prueba de nuestro origen simiesco, quizá se hubiera quedado para el resto de la charla.

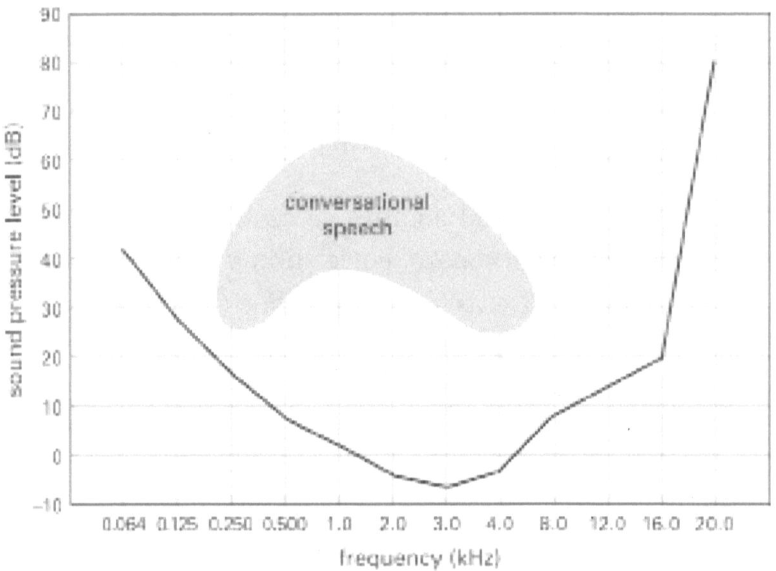

Figura 4.6
La zona de frecuencia del habla a nivel de conversación coincide con la región de mayor sensibilidad auditiva (alrededor de 250-4000 Hz).
Fuente: Modificado de "Evolution of Hearing and Language in Fossil Hominins", por R. M. Quam, I. Martínez, M. Rosa y J. L. Arsuaga, en R. Quam, M. Ramsier, R. R. Fay y A. N. Popper (Eds.), *Springer Handbook of Auditory Research: Vol. 63. Primate Hearing and Communication* (pp. 201-231), 2017, Cham, Suiza: Springer International.

Diseño de la detección visual[18]

Un fotorreceptor amplifica químicamente aproximadamente un millón de veces la energía de cada fotón capturado. El esquema químico se asemeja al de la olfacción, pero en lugar de las señales de unos cientos de partículas odorantes (pequeñas moléculas) por segundo que se difunden lentamente a través de la mucosa, un cono fotorreceptor capta unas 10^8 partículas de luz (fotones) por segundo que llegan a la velocidad de la luz. En consecuencia, cada cono produce una señal eléctrica rica en información relativa a un pequeño punto en el espacio y el tiempo. Los primeros mamíferos dispersaban sus conos por toda la retina y agrupaban las señales en neuronas más grandes (*células ganglionares*) cuyos axones viajaban por el nervio óptico hasta el cerebro. Por lo tanto, la agudeza espacial de la retina primitiva no se establecía por medio de conos individuales, sino por medio de conjuntos más gruesos de células ganglionares.

Los monos mejoraron la agudeza visual reuniendo los conos en un mosaico fino (con una resolución similar a la de un iPhone) y conectando cada cono a un par de células ganglionares *enanas* que forman una línea privada hacia el cerebro (véase la Figura 4.7). De este modo se conserva la imagen espacial fina a lo largo de toda la vía hasta la primera área visual en la corteza cerebral (*V1*). Este diseño, una matriz densa de múltiples píxeles con una línea privada desde cada píxel, proporciona al mono una agudeza espacial que es de seis a diez veces mayor que la de otros mamíferos.[19] Además, cada cono expresa sensibilidad a longitudes de onda cortas, medias o largas, y las líneas privadas preservan estas diferencias espectrales, por lo que el sistema del mono para la alta resolución

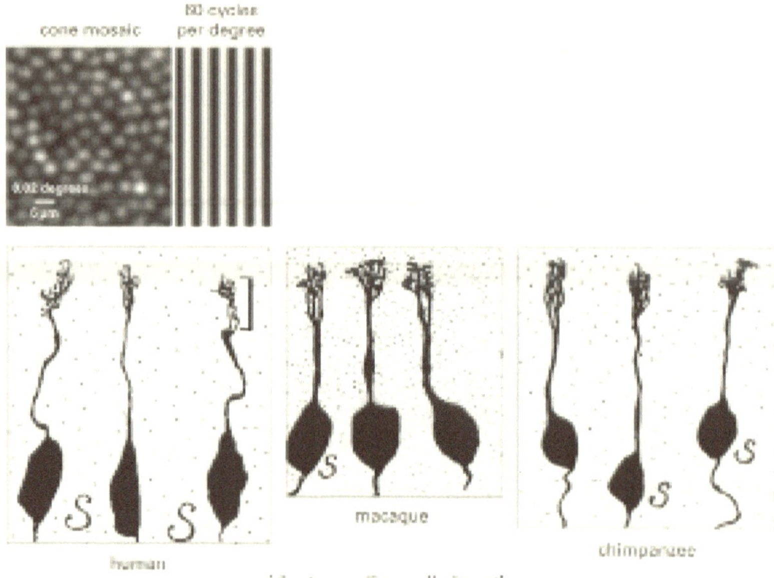

espacial añade la visión tricromática del color sin coste adicional. Estas características fueron conservadas rigurosamente por el chimpancé y el ser humano (véase la Figura 4.7).

El denso conjunto de conos no podía reproducirse en toda la retina porque se necesitaba espacio para que los bastones captaran los escasos fotones para la visión nocturna. Además, si las líneas privadas sirvieran para toda la retina, el nervio óptico se volvería imposiblemente grueso y la corteza visual sería inaceptablemente grande. Por lo tanto, los primates desarrollaron un diseño económico que restringe el denso conjunto de conos con líneas privadas a un pequeño parche de la retina central (*fóvea*).

Aunque la fóvea sólo ocupa el 0,01% del total de la retina, requiere casi el 10% de V1 para codificar adecuadamente toda su información. La fóvea funciona tan bien como una retina de alta resolución uniforme porque el ojo está dotado de seis

Figura 4.7
Los primates diurnos mejoran la resolución espacial y espectral de una pequeña zona de la retina central (fóvea). Arriba a la izquierda: El empaquetamiento óptimo del mosaico de conos fotorreceptores humanos recuerda al de las microvellosidades intestinales (véase la Figura 3.3). Este denso conjunto de "píxeles" codifica imágenes de hasta 60 ciclos por grado. **Arriba a la derecha:** El patrón rayado de alta frecuencia espacial proporciona un ciclo completo (una barra brillante + una oscura) por cada dos conos foveales. La agudeza es casi 10 veces más fina que la de un roedor o carnívoro. Inferior: Para captar y transmitir la fina resolución espacial del mosaico de conos se requiere una *célula ganglionar enana* por cada cono. La célula ganglionar recoge las sinapsis de una *célula bipolar enana* (no mostrada) que recoge las señales de un solo cono. El corchete (izquierda) indica la región de ramificación fina que amplía la superficie de la membrana para recibir las ~50 sinapsis de la célula bipolar. La célula ganglionar envía su fino axón por el nervio óptico (flecha) para su transmisión a la corteza visual primaria. El sistema enano de las tres especies de primates que se muestran aquí son indistinguibles, excepto que el macaco, debido a que su ojo es más pequeño, tiene una resolución espacial ligeramente inferior.
Fuente: Superior izquierda, reimpreso con permiso de "Spatiochromatic Interactions between Individual Cone Photoreceptors in the Human Retina", por W. S. Tuten, W. M. Harmening, R. Sabesan, A. Roorda y L. C. Sincich, 2017, *The Journal of Neuroscience, 37*, 9498-9509; inferior, reimpreso con modificación de The Retina, por S. L. Polyak, 1941, Chicago, IL: University of Chicago Press. Para más detalles, véase el capítulo 11 de *Principles of Neural Design*, de P. Sterling y S. Laughlin, 2015, Cambridge, MA: MIT Press.

pequeños músculos -un sistema motor- para mover la fóvea con saltos rápidos (*sacadas*) para fijar los objetos de interés. Este *sistema oculomotor* localiza los objetos destacados con unas pocas sacadas y se fija en el punto óptimamente informativo. Ese punto en un rostro humano se encuentra en la línea media justo por debajo de los ojos y, cuando aparece una cara, es precisamente donde salta la fóvea humana.[20, 21]

Las líneas privadas de los conos individuales permanecen separadas hasta V1. Allí convergen en neuronas corticales individuales que representan de forma óptima tanto la resolución como la posición espacial. Esta codificación aprovecha una propiedad física de los paisajes naturales que permite especificar de forma óptima cualquier paisaje con sólo unas pocas neuronas y unos pocos picos. Aunque la explicación completa de esta *codificación dispersa* es bastante técnica, se reconoce como el núcleo de eficiencia crítica de toda la computación cortical.[22]

Finalmente, en V1 convergen las líneas separadas de los dos ojos en neuronas corticales individuales, lo que les permite codificar la profundidad estereoscópica. Aquí cada señal de cono diverge hacia cientos de neuronas corticales, y cada neurona cortical recoge señales de cientos de conos de ambos ojos. Esto crea la posibilidad de que se produzcan terribles enredos que utilizarían muchos y costosos cables. Para evitarlo, las neuronas que representan los dos ojos se reúnen en franjas paralelas para minimizar el cableado al converger en neuronas individuales. Esta estrategia de segregación de las neuronas para minimizar el cable surgió con los primeros mamíferos, pero alcanzó su apogeo en las especies de primates con la gran inversión en visión, ejemplificada aquí por el V1 del macaco y el V1 humano, casi idénticos, que se conservó a lo largo de 25 millones de años (véase la Figura 4.8).

En resumen, los primates invirtieron más en la costosa detección visual que en la olfativa, ya que ésta capta la información a un ritmo mucho mayor. El siguiente reto fue extraer la información codificada de forma eficiente en V1, separando las características clave, como los bordes, la profundidad, el movimiento y el color, del fondo y organizándolas en flujos

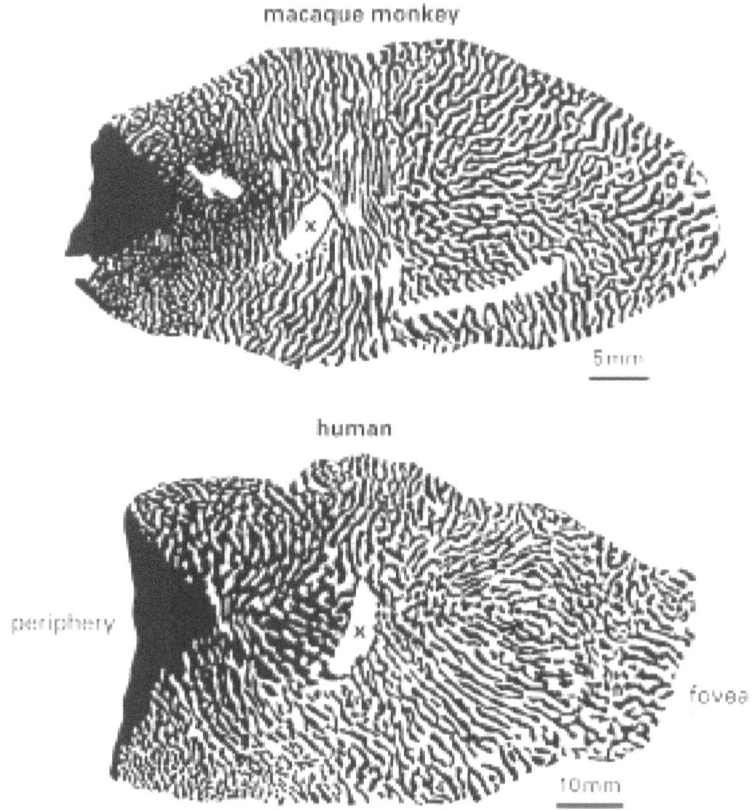

Figura 4.8

La corteza visual está organizada de forma idéntica en el macaco y en el ser humano. Las neuronas de las regiones claras responden principalmente a un ojo, y las de las regiones oscuras, al otro. Esta disposición permite que los cables que representan a cada ojo diverjan y converjan en muchas neuronas y calculen la profundidad a partir de señales estereoscópicas. Esta disposición particular de rayas alternadas requiere un menor cableado. La región pálida, marcada con una x en el centro de cada imagen, representa el canal donde el nervio óptico sale de la retina.

Fuente: Reimpreso con permiso de "Complete Pattern of Ocular Dominance Columns in Human Primary Visual Cortex", por D. L. Adams, L. C. Sincich y J. C. Horton, 2007, *The Journal of Neuroscience, 27*, 10391-10403.

separados para su uso eficiente en niveles superiores. Esto se consigue en la siguiente área cortical (V2), que luego proyecta axones hacia módulos más pequeños para generar percepciones específicas en los lóbulos temporal y frontal. V2 es el último área a lo largo de la vía visual donde una lesión puede borrar simultáneamente todas las características y causar ceguera,[23] como se explica ahora.

Diseño modular de la percepción y el control motor

Más allá de V1 y V2, las áreas corticales se especializan para identificar rápidamente lo que más importa al animal. Muchas cosas son importantes. Ciertas áreas codifican la estructura de una escena para el punto de vista, la novedad y la navegabilidad; otras áreas reconocen objetos; otras codifican la orientación espacial de un objeto para guiar la mano en el agarre[24] o el movimiento del objeto para capturarlo o evitarlo. En especial, hay áreas que codifican las caras.

El córtex del macaco contiene seis áreas (*parches*), en las que la mayoría de las neuronas responden exclusivamente a las caras (véase la Figura 4.9).[25] Los parches más cercanos a V1 y V2 responden a una cara vista desde un ángulo determinado, pero estas áreas proyectan axones hacia el parche AM en el lóbulo temporal anterior, cuyas neuronas integran las entradas y responden a una cara en cualquier perspectiva.[26,27] Las seis áreas juntas son casi un 20% más grandes que V1, alrededor del 2,5% de todo el córtex, lo que indica la tremenda necesidad del mono de identificar una cara. Pero cada cara ofrece información crucial, como el grado de familiaridad, el sexo, la edad, el estado de ánimo y la intención, lo que exige un análisis rápido y, por tanto, un mayor cálculo.

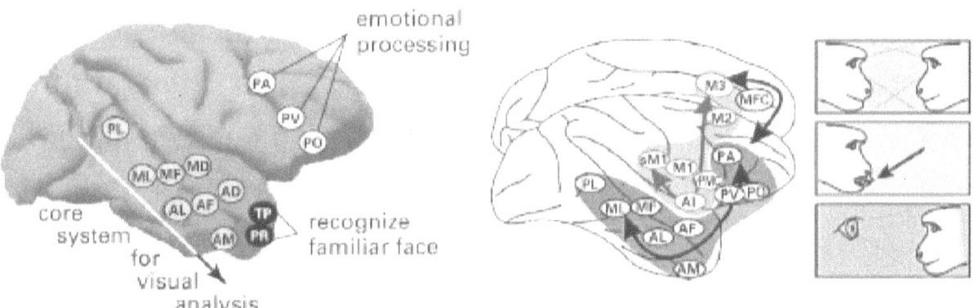

Figura 4.9

El córtex de los primates invierte mucho en muchas áreas pequeñas que se interconectan para identificar las caras y lo que comunican. Izquierda: La corteza visual temprana se proyecta a una secuencia de pequeñas áreas a lo largo de la "corriente ventral" en el lóbulo temporal, convergiendo en el área AM que finalmente distingue la cara del objeto redondo. AM se proyecta hacia la amígdala subcortical que dirige el sistema oculomotor para seguir la cara. AM también se acopla a las áreas PR y TP. PR recurre al lugar adyacente de almacenamiento de la "memoria declarativa" (*hipocampo*) para identificar una cara como familiar, y TP completa la percepción. **Derecha:** El sistema visual de *nueve* parches faciales se acopla a las áreas que leen y coordinan las expresiones faciales comunicativas, como el "golpe de labios". Estas áreas se expanden en la corteza humana para coordinar el lenguaje hablado. Las áreas motoras hacia la línea media del córtex prefrontal median en las interacciones cara a cara.

Fuente: Izquierda: Reimpreso de "Two Areas for Familiar Face Recognition in the Primate Brain", por S. M. Landi y W. A. Freiwald, 2017, *Science, 357*, 591-595, y "Functional Networks for Social Communication in the Macaque Monkey", por S. V. Shepherd y W. A. Freiwald, 2018, *Neuron, 99*, 413-420, con permiso de Elsevier.

Los ojos están programados para escanear el campo visual con unos tres saltos por segundo, pero una vez que se reconoce una cara, la exploran inmediatamente. El AM informa a un grupo subcortical cercano (*la amígdala*) para que dirija al córtex (*campos oculares frontales*) a escudriñar la cara de cerca. Si la amígdala de un mono está dañada, los movimientos oculares no seleccionan las caras en lugar de otros objetos.[28] El AM también se acopla a dos áreas faciales de nivel superior, el *PR* y el *TP*. Estas áreas se basan en un lugar adyacente de almacenamiento de la "memoria declarativa" (*el hipocampo*) para identificar una cara como familiar.[29] Para leer una expresión facial, otros parches faciales del córtex frontal (*PA, PO* y, en el hemisferio derecho, *PV*) procesan los movimientos faciales que comunican el estado de ánimo y la intención: cuando las cejas se levantan, las fosas nasales se dilatan y los labios "chasquean".

Para *producir* una expresión facial se necesitan varios "parches faciales motores" (*sM1, M1*) situados lateralmente en áreas que en los humanos controlan la expresión lingüística. Otras zonas motoras situadas hacia la línea media (*M2, M3, MFC*) rigen las interacciones cara a cara y se acoplan a las redes corticales dedicadas por completo al procesamiento de las interacciones sociales.[30, 31] Así, a medida que el procesamiento de la cara pasa de la detección a la percepción y a la expresión, se repiten los principios de la economía: los módulos dedicados calculan sólo lo necesario; los módulos se agrupan para interconectarse con el menor número de cables y se codifican de forma dispersa para minimizar los picos. Algunos módulos, como el PV, que contribuyen al procesamiento emocional, están confinados en un hemisferio (véase la Figura 4.9). Esta especialización entre hemisferios representa una característica de diseño para ampliar el cálculo dentro de un espacio determinado.

Las expresiones faciales, al ser sutiles y evanescentes, pueden comunicar información profundamente importante. Pero para ello las proyecciones corticales que envían "resúmenes ejecutivos" a los generadores de patrones de bajo nivel son demasiado gruesas. El control fino sobre las motoneuronas que inervan los músculos faciales requiere líneas privadas desde las áreas motoras corticales directamente a las motoneuronas individuales de los músculos faciales. Un control fino similar es necesario para la comunicación vocal y táctil: líneas privadas desde el córtex hasta las neuronas motoras del tracto vocal, los labios y los dedos. Estas inversiones son costosas, como las líneas privadas para la visión, pero son esenciales para que la cara, la voz y las manos expresen—o disimulen—lo que hay en la mente y el corazón.

Estas exigentes inversiones ilustran la eficacia del diseño modular. La detección fina y el comportamiento motor son posibles porque cada área puede seleccionar sólo lo que necesita. Un área con costosas líneas privadas hacia las neuronas motoras para la cara, el tracto vocal y los dedos está ricamente informada por numerosas áreas que sirven a la cognición, la emoción y la elección, por lo que su conocimiento justifica el coste.[32] Pero las áreas motoras para tareas menos exigentes pueden operar de forma más modesta. Así, un "área de agarre visual" puede proporcionar un análisis grueso para guiar a un "área de agarre motor" que envía un resumen grueso a un generador de patrones espinales que llama a los músculos de la mano para que se ordenen de forma aproximada.[33]

Los módulos que facilitan la comunicación social en los monos se han conservado en los humanos. Como los circuitos son compactos y están segregados, los daños o la desconexión pueden producir síndromes extraños. Por ejemplo, podemos perder la capacidad de reconocer caras (*prosopagnosia*) pero seguir reconociendo objetos. O bien, podemos reconocer un rostro pero perder la capacidad de leer su expresión emocional o recordar la historia emocional asociada a esa expresión. Esto puede dar lugar a una convicción inquebrantable de que un compañero íntimo es un impostor (*síndrome de Capgras*). El descubrimiento de estos extraños *síndromes de desconexión* proporcionó algunas de las primeras pruebas de que los circuitos corticales compartimentan funciones complejas.[34]

Nuestro "mono interior"

La lista completa de lo que el *Homo* conservó de nuestro último ancestro compartido con el *Macaca* es larga y profunda. Conservamos la postura de alimentación erguida, las manos libres, la visión binocular aguda con tricromía y la capacidad de enfocar la fóvea hacia la región más informativa de un rostro. Conservamos la estrategia computacional para la codificación visual eficiente, la segmentación de la imagen y el procesamiento perceptivo con regiones que contienen circuitos dedicados, y una conectividad eficiente entre estas regiones. Conservamos la sensibilidad táctil fina motorizada (yemas de los dedos, labios y lengua), las áreas cerebrales para el procesamiento táctil y auditivo, y el control cortical fino sobre los músculos relacionados con la comunicación. Conservamos la rica dieta omnívora (insectos, frutas, semillas, huevos, pequeños roedores) cuya búsqueda de alimento se basaba más en la visión aguda y la cognición que en la destreza física.

Estas capacidades reflejan arquitecturas funcionales conservadas que se extienden hasta los niveles más finos. Por ejemplo, conservamos las formas de las neuronas de la retina y sus interconexiones. Conservamos el número de sinapsis implicadas en cada conexión y las "cintas" sinápticas especializadas que llevan el mismo número de vesículas a la membrana presináptica para su liberación. Conservamos el tamaño de las vesículas, su neurotransmisor (glutamato) y el número de moléculas de glutamato dentro de cada vesícula. Además, conservamos las diversas proteínas que unen las vesículas a la membrana presináptica y los canales de calcio que desencadenan su fusión para vaciar su contenido en la hendidura sináptica. Conservamos las subunidades moleculares de los receptores postsinápticos que se unen al glutamato para permitir la corriente iónica entrante que desencadena los picos.

La conservación de todos estos rasgos a través de escalas que van de la macro a la micro y a la nano constituye la evidencia más fuerte imaginable para la conjetura de Darwin de que descendemos de los monos y luego de los simios. La afirmación de Darwin se basaba en las innumerables similitudes de morfología y comportamiento. Éstas podrían posiblemente haber representado una solución común al mismo problema, pero alcanzada de forma diferente, lo que se conoce técnicamente como convergencia. Pero ahora sabemos que los códigos genéticos son casi iguales y que reproducen todas las proteínas y factores de transcripción clave que conducen a todas las similitudes que acabamos de describir. De este modo, la teoría de Darwin de la descendencia con modificación ha quedado demostrada al máximo nivel imaginable.

Lo que el homo modificó

La tendencia central de la evolución a aumentar la información incorporada recibió un tremendo impulso de nuestro último ancestro compartido con el macaco. Su inversión en la visión y su intensa socialidad fomentaron una rápida modificación, dando lugar a una línea de simios inteligentes. Cuando esa línea se ramificó, hace unos seis millones de años, un lado produjo el género *Pan* (chimpancé), y el otro el género *Homo* (que incluye a *neanderthalensis* y a *sapiens*). El chimpancé, nuestro pariente vivo más cercano, multiplicó su cerebro por cuatro en comparación con el macaco y aumentó enormemente su plegamiento cortical, pero el *Homo* multiplicó el tamaño de su cerebro por 14 (*sapiens)* y por 16 (*neandertal*) con un plegamiento aún mayor (véase la Figura 4.10).

Las modificaciones cerebrales del chimpancé lo adaptaron a la vida en los densos bosques africanos. Obtiene el 95% de sus calorías de alimentos que se recogen fácilmente a mano y emplea algunas herramientas sencillas: una piedra para romper una nuez o una paja para "pescar" un nido de termitas. Pero no pesca ni caza de forma cooperativa. El chimpancé aprende a buscar comida a los 5 años, cuando se hace económicamente independiente, y mejora entre los 10 y los 15

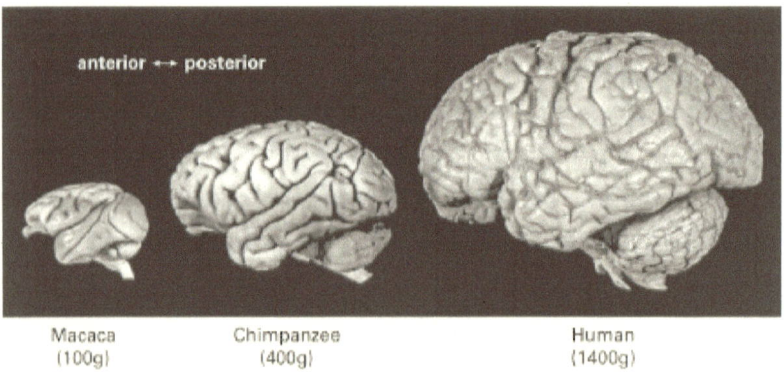

Figura 4.10
El cerebro del chimpancé se multiplicó por cuatro en comparación con el del macaco; el del *sapiens* se multiplicó por 14 aproximadamente. El plegamiento cortical aumentó mucho en ambos.
Fuente: Modificado y reproducido con permiso de "Evolution of the Human Brain: When Bigger Is Better", por M. A. Hofman, 2014, *Frontiers in Neuroanatomy, 8*, artículo 15, 1-12.

años, cuando empieza a criar. La capacidad de búsqueda de alimento se mantiene estable hasta finales de los 30 años y, a partir de ahí, la tasa de mortalidad aumenta considerablemente. A los 45 años, la mayoría de los chimpancés, tras recorrer una parcela de bosque relativamente pequeña (10 km2), están muertos (véase la Figura 4.11).[35]

Las modificaciones cerebrales del ser humano lo equiparon para reunir cinco veces más calorías que un chimpancé. Los cazadores-recolectores modernos obtienen menos del 10% de sus calorías de alimentos visibles y más del 30% de "recursos extraídos"—extraídos del suelo, extraídos de cáscaras duras o tratados para eliminar toxinas. Alrededor del 60% de las calorías proceden de la caza en grandes extensiones de bosque tropical (12.000 km2). Tanto la búsqueda de alimentos como la caza requieren un aprendizaje prolongado. Por ejemplo, las mujeres hiwi, que recolectan raíces en la selva baja venezolana, mejoran su rendimiento diario hasta la edad de 35 a 45 años, y los hombres cuadruplican su rendimiento de caza desde los 20 a los 45 años (véase la Figura 4.11).

Durante las décadas de estudio y práctica necesarias para dominar la búsqueda de alimentos, varias áreas y tractos cerebrales maduran en momentos diferentes, según sea necesario. Los tractos visuales y motores que sirven para la destreza física maduran a mediados de los 30 años y luego declinan, mientras que los tractos prefrontales que acceden a vastos almacenes de información y sirven para la perspicacia, la planificación, el control de los impulsos y la elección, maduran finalmente a mediados o finales de los 40 años y se mantienen estables hasta los 60 (véase la Figura 4.12). Para beneficiarse de forma óptima de un cerebro que se desarrolla gradualmente se requiere una vida larga. Este eficiente acoplamiento del tamaño del cerebro, junto con la longevidad, constituye la base biológica de nuestra expectativa de vida, (a veces referida en inglés como "*three score and ten*").

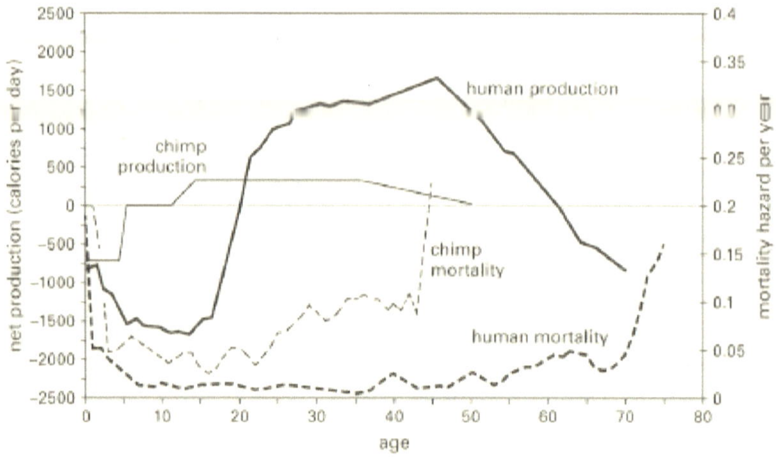

Figura 4.11
Producción de alimentos a lo largo de la vida de los chimpancés frente a los forrajeadores humanos. Los chimpancés son consumidores netos hasta los 5 años. Empiezan a realizar transferencias calóricas positivas a los 10 años, con un pico de productividad a los 15 años, y comienzan a reproducirse a los 15 años. Los chimpancés mantienen de forma constante las transferencias netas positivas hasta los 35 años aproximadamente; entonces su productividad neta disminuye, acercándose a cero alrededor de los 45 años, y su tasa de mortalidad aumenta de forma pronunciada. Los recolectores humanos son consumidores netos hasta los 20 años, cuando comienzan a realizar transferencias netas positivas que aumentan hasta los 45 años y disminuyen hasta llegar a cero a principios de los 60, cuando aumenta la tasa de mortalidad. Un estudio reciente sobre chimpancés en un lugar diferente revela una longevidad similar a la de los forrajeadores,[36] pero eso no altera el punto clave, que los humanos necesitan sobrevivir lo suficiente para pagar su deuda calórica.
Fuente: Modificado y reimpreso de "The Emergence of Humans: The Coevolution of Intelligence and Longevity with Intergenerational Transfers", de H. Kaplan y A. J. Robson, 2002, *Proceedings of the National Academy of Sciences of the United States of America, 99*, 10221-10226.

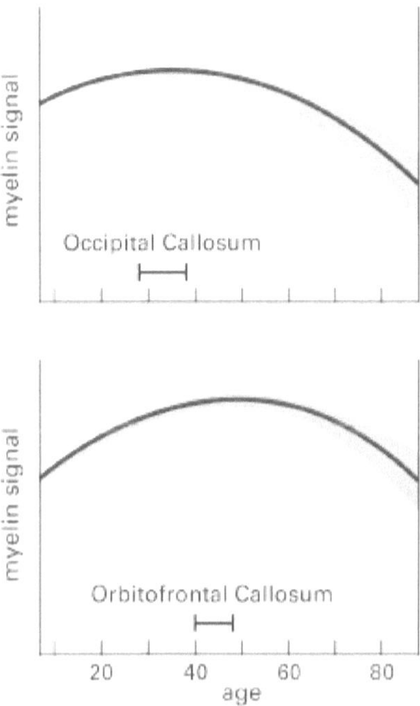

Figura 4.12
La banda gruesa de axones que une los dos hemisferios (*cuerpo calloso*) madura gradualmente. La región occipital, que integra la información visual, alcanza su punto máximo entre los 28 y los 38 años de edad y retrocede pronto. La región orbitofrontal, que apoya la cognición, la planificación y la elección, alcanza su punto máximo entre los 40 y los 48 años y se mantiene alta hasta los 70 años aproximadamente. El contenido de mielina de los tractos axónicos se mide como la señal R1 (1/T1) de la IRM. El sombreado indica el intervalo de confianza del 95% en torno al ajuste del modelo.
Fuente: Reimpreso con modificaciones de "Lifespan Maturation and Degeneration of Human Brain White Matter", por J. D. Yeatman, B. A. Wandell y A. A. Mezer, 2014, *Nature Communications, 5*, 4932.

La estructura familiar del chimpancé no podría funcionar de ninguna manera para el *Homo*. Una hembra de chimpancé debe criar a su bebé rápidamente hasta que sea independiente antes de poder producir otro, porque no recibe ayuda del padre. Sin ayuda nutricional, una hembra de chimpancé puede soportar el crecimiento de un cerebro modesto durante 5 años, pero no uno que requiera transferencias calóricas masivas durante décadas (véase la Figura 4.13).

La estructura familiar humana permite que un recién nacido acumule una enorme deuda calórica con sus cuidadores durante 20 años y que luego pague la deuda durante los próximos 25 años mediante transferencias calóricas a sus hijos. Más allá de los 45 años, cuando las habilidades de búsqueda de alimentos alcanzan su punto máximo, las transferencias positivas se dirigen principalmente a los nietos.[37, 38] Si la producción acumulada de alimentos del ser humano se comprimiera en la duración de la vida de un chimpancé, la deuda calórica de la infancia nunca podría pagarse: la producción neta de toda la vida sería negativa y la especie desaparecería (véase la Figura 4.13). En otras palabras, el ciclo de vida humano *debe* prolongarse con suficiente vitalidad para que los individuos de más de 45 años aporten una nutrición extra para poder aumentar la población más allá de meramente ir remplazando a los fallecidos; de lo contrario, se correría el riesgo de extinción por fluctuaciones aleatorias.

La estructura familiar de tres generaciones que podría pagar esta espantosa deuda requería al menos un tipo aproximado de monogamia, así como subvenciones de otros miembros del grupo. El macho debe ser reacio al infanticidio, que es común entre algunos primates, por ejemplo los babuinos.[39] El macho también debe comprometerse a contribuir sustancialmente a las calorías de la familia durante dos décadas y ser agradecido con los aportes de los abuelos y los no parientes. Aunque puede no haber sido esencial, parece relevante que el *Homo* modificara sus controles hipotálamo-hipofisarios

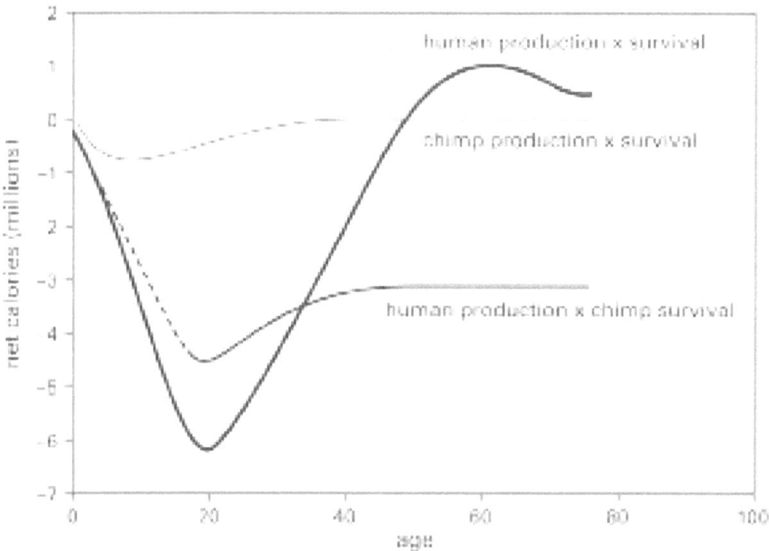

Figura 4.13
El *H. sapiens* **acumula una deuda mayor a lo largo de un periodo más largo que el chimpancé y necesita una vida más larga para pagarla.** Para construir estas curvas, se multiplicó la productividad neta en cada edad por la probabilidad de estar vivo y luego se acumuló en todas las edades. La curva híbrida combina el perfil de producción de los humanos con las tasas de supervivencia de los chimpancés. Esta curva ilustra que los humanos deben vivir más allá de la mediana edad para que su producción neta a lo largo de la vida sea positiva.
Fuente: Modificado de "The Emergence of Humans: The Coevolution of Intelligence and Longevity with Intergenerational Transfers", de H. Kaplan y A. J. Robson, 2002, *Proceedings of the National Academy of Sciences of the United States of America, 99*, 10221-10226.

del comportamiento reproductivo para desvincular la receptividad sexual de la ovulación. Con hembras continuamente receptivas, las posibilidades de monogamia mejoraron, y con ello, la probabilidad de que la descendencia perteneciera al macho que la atendía. Esto sustituyó el motivo del infanticidio por el motivo de valorar su inversión genética. Esto quizás ayudó a cambiar el equilibrio entre los machos desde el antagonismo mutuo hacia la cooperación y fomentó los vínculos emocionales a través de tres generaciones.

El *Homo* amplió enormemente su capacidad de cálculo

A medida que el *Homo* amplió su cerebro, desarrolló nuevos comportamientos para ayudar a diversos procesos que los primates anteriores habían gestionado como parte de su fisiología interna. Había un ciclo: adoptar un nuevo comportamiento que complementa una función interna. Los individuos que manifiestan este comportamiento superan a los que no lo hacen, y en poco tiempo el diseño físico de la especie—incluido su cerebro—se ha modificado de forma estable para incorporar la ventaja. Esto libera más recursos para la computación, pero también *exige* más computación, por lo que con cada ronda, la capacidad computacional se expande. Los mecanismos precisos de este ciclo—esta encarnación evolutiva de la cultura—constituyen el núcleo de los estudios actuales sobre la evolución humana. Se trata de una importante cuestión del "huevo y la gallina", pero para la presente investigación sólo necesitamos comprender que funciona: la cultura cambia de forma sorprendente y rápida el cuerpo y el cerebro.[40]

En primer lugar, el *Homo* externalizó la memoria. Una vez que los conocimientos adquiridos por un cerebro podían almacenarse en otros cerebros, podían compartirse ampliamente para crear nuevos artefactos físicos y prácticas comunitarias. El conocimiento compartido fue clave para externalizar otras funciones fisiológicas, como la digestión y la termorregulación.

El *Homo* externalizó significativamente la digestión al dominar el fuego y aprender a cocinar. La cocción ablanda los alimentos duros y fibrosos, permitiendo así que la selección natural reduzca las mandíbulas y los dientes. También destruye las toxinas, permitiendo que la selección natural reduzca los costes de desintoxicación del hígado, y descompone las macromoléculas en monómeros para su absorción, permitiendo un estómago más pequeño y un intestino más corto. Cocinar también produce más calorías para una inversión dada en la búsqueda de alimento y un riesgo dado de depredación.[41] Como el fuego para cocinar también atenúa el frío nocturno, externaliza parcialmente la termorregulación y reduce el coste metabólico del calentamiento. A su vez, esto permite un acoplamiento oxidativo más eficiente por parte de la ATP sintasa mitocondrial.[42]

Hace aproximadamente un millón de años, el *Homo* cocinaba en una fogata.[43] Los miembros de la comunidad se reunían allí para comer—lo sabemos por los huesos de los animales—y probablemente también para acicalarse, acurrucarse y contar historias que exteriorizaban aún más el conocimiento y renovaban el ciclo. Nuestras preferencias por los aromas y sabores ahumados asociados a la cocción sobre fuego, además de su calor y luz suave, se incorporaron al diseño humano al igual que nuestros dientes pequeños y tripa corta. Estas *preferencias incorporadas* explican en parte el menú y ambiente de un restaurante moderno, incluso mi encuentro en la barbacoa con aquel amigo sospechoso de las teorías de evolución. Nos reunimos allí por la compañía y por las costillitas.

Sapiens exteriorizó aún más la termorregulación con la ropa. Incluso en los trópicos, las temperaturas descienden bruscamente por la noche y en altitud. Por lo tanto, habría habido motivación para cubrirse, especialmente durante el sueño, cuando el reloj hipotalámico apaga el horno interno del cuerpo.

Para la migración a altitudes más elevadas y latitudes más altas, la ropa habría sido especialmente útil para reducir la pérdida de calor de un cuerpo más pequeño que presenta una mayor área de superficie para su volumen. Por lo tanto, así como la cocción permitía dientes, mandíbulas e intestinos más pequeños, la ropa permitía una planta de energía más pequeña y un acoplamiento oxidativo mitocondrial más eficiente.

Las herramientas y habilidades ideadas para elaborar ropa serían fácilmente adaptables para las emigraciones hacia el extremo norte. La ropa está mal conservada en el registro arqueológico, pero los piojos del cuerpo humano requieren ropa como su nicho ecológico obligatorio. Por lo tanto, según la genética molecular del piojo, la ropa se originó hace unos 70.000 años, aproximadamente coincidente con la migración de los *sapiens* fuera de África.[44] Sin embargo, parece poco creíble que los *neandertales* pudieran haber sobrevivido en el norte de Europa sin *algún* tipo de ropa, por lo que tal vez hayan utilizado como herramienta punzones de madera que no sobrevivieron.[45]

La termorregulación externalizada requirió importantes mejoras cerebrales. La costura ciertamente requería una mejor destreza digital y, por lo tanto, axones corticales más directos a las neuronas motoras espinales para los dedos. Pero fabricar una capa a partir de una piel de animal también requiere *paciencia*, engendrada por la capacidad de imaginar y comprometerse con una meta lejana. También requiere conocimientos específicos: cómo limpiar una piel y broncearla con extractos de plantas específicas y emulsiones aceitosas preparadas a partir de cerebros animales. Requiere medir, cortar y coser con fibras de tendones específicos de plantas o animales, y requiere herramientas: raspadores de piedra y cuchillos, pórticos de hueso y agujas. Finalmente, la fabricación de ropa requiere comunicación a través de comportamientos recíprocos: enseñanza y aprendizaje, ¡escuela de ropa!

Las actualizaciones cerebrales también habrían requerido aún más axones corticales hacia las neuronas espinales y las del tronco encefálico para mejorar la comunicación gestual, facial y vocal. Habría requerido circuitos mejorados en la corteza prefrontal para la memoria de trabajo, el valor, la elección y la planificación. Habría requerido instrucción de los expertos botánicos de la comunidad con respecto a las plantas que producen la mayor cantidad de taninos, las vides que producen las mejores fibras; instrucciones de los expertos en carne con respecto a la preparación de pieles y tendones; e instrucción de los expertos fabricantes de rasquetas de piedra y punzones hechos de hueso. Habría requerido reforzar la cooperación a través de una comunicación afectiva y una vinculación más fuertes. Para lograr esta panoplia de actualizaciones neuronales, había tres rutas.

Cómo *Homo* actualizó su capacidad computacional

La primera ruta fue aumentar el número de áreas corticales especializadas. Cuando el tamaño del cerebro del *Homo* se estancó en un tamaño aproximadamente 15 veces mayor que el de los macacos, el número de áreas distintas en cada hemisferio se duplicó a aproximadamente 200 (ver Figura 4.14).[46] Estos incluían réplicas casi perfectas (a escala) de áreas específicas que tenían los macacos para la visión y ciertas mejoras en otras áreas, como las del reconocimiento facial. Pero las áreas de los macacos para la comunicación social, como el área del golpe de labios, ahora se transformaron en un gran complejo de nuevas áreas para el lenguaje, con un total de 15, al igual

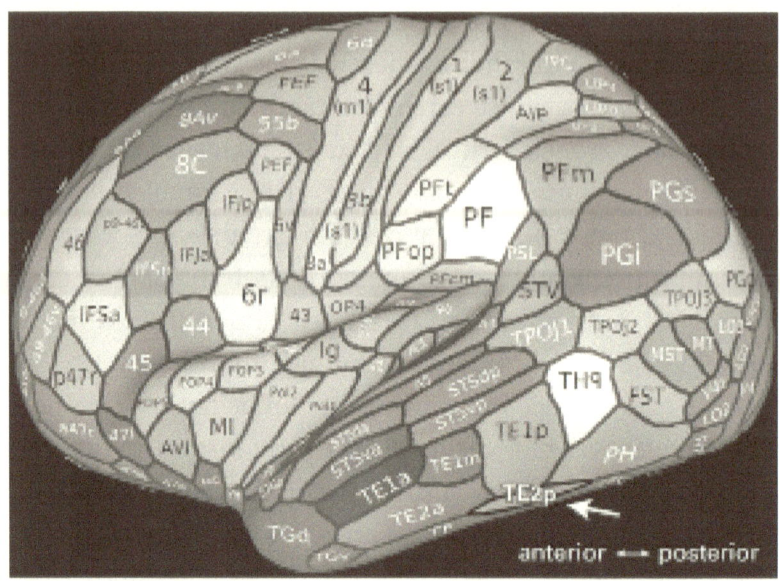
4
(m1)
1
(s1)
2
(s1)
FEF
8Av
55b
AIP
8C
PEF
PFm
PGs
IFJp
PFt
PF
3b
(s1)
46
IFJa
PFop
PSL
PGi
6r
STV
43
OP4
TPOJ3
IFSa
44
TPOJ1
TPOJ2
Ig
45
MST
MT
p47r
FST
MI
TE1p
AVI
TE1m
PH
TE1a
TE2p
TE2a
TGd
anterior ⟷ posterior

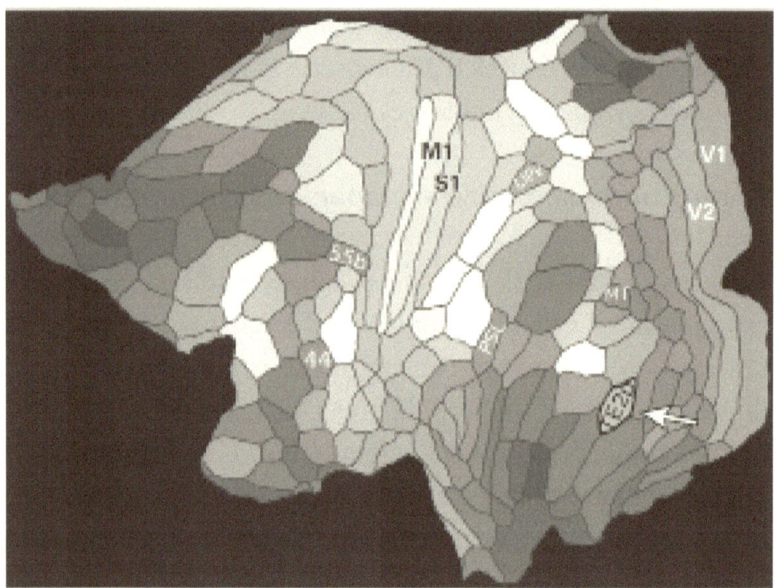
M1
S1
V1
V2
55b
44
MT
PSL

Figura 4.14
La corteza cerebral humana se especializó en aproximadamente 200 áreas diferentes en cada hemisferio. Above: Hemisferio izquierdo, vista lateral. Quince áreas están relacionadas con el lenguaje. El racimo anterior cerca del área de la cara motora apoya la expresión del lenguaje. El cúmulo posterior cerca de las áreas auditivas y visuales apoya la comprensión del lenguaje. El área TE2p (flecha) corresponde al área de forma visual de la palabra (véase el capítulo 5). Las áreas correspondientes en el hemisferio derecho con frecuencia cumplen funciones relacionadas pero diferentes. **Abajo:** La vista aplanada del hemisferio izquierdo muestra el tamaño relativo y la disposición de las áreas, incluida el área TE2p.
Fuente: Reimpreso con permiso de "Parcellating Cerebral Cortex: How Invasive Animal Studies Inform Noninvasive Mapmaking in Humans," por D. C. Van Essen y M. F. Glasser, 2018, *Neuron, 99*, 640–663.

que las áreas frontales para la planificación, la memoria de trabajo y el intercambio social de alto nivel. Sin embargo, el mero hecho de duplicar el número de áreas resultó insuficiente.

Una segunda ruta para la actualización computacional es especializar las áreas correspondientes a través de los hemisferios para diferentes cálculos. El principal centro de lenguaje en el hemisferio izquierdo se ubica cerca de las entradas de información auditiva, visual y táctil; además, se encuentra también cerca de sus mecanismos de salida, áreas motoras que gobiernan la cara y las manos (ver Figura 4.14). Por lo tanto, sería más eficiente que las áreas correspondientes en el hemisferio derecho ejecuten cálculos paralelos para la música, una función que, al igual que el lenguaje, está ausente en otros primates. De acuerdo con esta hipótesis, las desconexiones de la izquierda afectan el lenguaje pero no la música, y las desconexiones de la derecha afectan la música pero no el lenguaje.[47] La evidencia de las imágenes funcionales es más complicada pero no inconsistente.[48]

Ciertos aspectos del reconocimiento facial, el mapeo espacial y la memoria no verbal también se computan en el hemisferio derecho,[49] mientras que un área visual crítica para la lectura se encuentra exclusivamente en el hemisferio izquierdo.[50] La forma en que los circuitos no redundantes en los dos hemisferios expanden la computación cerebral está lejos de entenderse, aunque esto provería una ventaja considerable dado que una vez que el tamaño y el número de áreas son fijos, esta es la última ruta por la que un cerebro puede expander su capacidad de computación.

La tercera ruta mejora la capacidad computacional de la *comunidad*. La clave es que los cerebros *individuales* omitan ciertas funciones. Por ejemplo, algunos individuos, alrededor del 2% de la población, nacen sin circuitos para reconocer caras (*prosopagnosia congénita*). El Dr. Oliver Sacks fue uno de esos. Otros individuos, alrededor del 4%, nacen sin circuitos para procesar la música (*amusia congénit*a).[51] Estas omisiones son sustanciales. Por ejemplo, el área fusiforme de las caras (*'fusiform face area'*) comprende casi el 1% de la corteza humana, y los circuitos de música pueden ser de tamaño comparable. Cada omisión libera recursos para expandir un circuito diferente. Por lo tanto, el espacio liberado en un individuo con prosopagnosia congénita podría dedicarse a la música, como puede haber sido el caso del Dr. Sacks.[52]

Dentro de una comunidad, alguien que carece de una función puede complementarse con otra con un circuito hiperdesarrollado para esa función. Así, complementando a los que tienen prosopagnosia congénita, hay *súper reconocedores*,[53] y complementando a los que tienen amusia congénita, hay prodigios musicales. Dado que los circuitos faltantes y sus complementos aparentemente constituyen un pequeño porcentaje de la población, una comunidad de unos pocos cientos de individuos tendría una buena oportunidad de albergar el complemento completo de dones naturales. Los dones innatos requieren práctica durante el desarrollo. Por ejemplo, la corteza típicamente dedicada a los parches faciales es capturada por otras funciones en un mono al que se le niega la exposición a caras durante la crianza.[54]

Del mismo modo, debido a que la corteza es "plástica", los circuitos innatos se amplifican a través de la práctica, lo que hace que broten nuevas conexiones, mejorando así sus funciones. La práctica expande la sensibilidad del tacto de un cirujano, aumenta la velocidad y la agilidad de los dedos de un violinista y agranda el mapa mental de la ciudad de un taxista. El proceso es rápido y continuo. Por ejemplo, las áreas corticales para los dígitos se remodelan en un plazo de 24 horas.[55] De la misma manera que un circuito se expande, otros menos practicados se retraen; los circuitos deben usarse o perderse. Por lo tanto, los jugadores de béisbol profesionales deben realizar diariamente "prácticas de bateo", y los músicos deben ensayar continuamente. Los talentos innatos tienden a ser los más practicados, porque son los más gratificantes.

Cada paquete particular de habilidades innatas, más su escultura mediante la práctica gratificante, confiere una forma única a la corteza cerebral de cada individuo. Esto ayuda a explicar por qué la disposición de los giros corticales humanos, el tamaño y las ubicaciones de cada área varían tan marcadamente en comparación con otras especies.[56] El diseño fomenta una comunidad de expertos (cazador, sanador, sastre, etc.) cuyas capacidades computacionales comparadas superan con creces a una comunidad donde todos los cerebros son iguales. Por supuesto, esto requiere que los expertos cooperen. Por lo tanto, el diseño de *sapiens* necesariamente combina la *individualidad extrema* con la *socialidad extrema*.

Para la expansión computacional, este diseño de la comunidad de expertos es brillante. Pero, a medida que cada individuo reconoce en los demás todos los talentos que le faltan, surge la angustia psicológica: duda de sí mismo, celos, vergüenza, etc. Además, un diseño donde todos deben cooperar conduce a todos los tipos de conflictos interpersonales imaginables: codicia, paranoia, ¡los que se les puedan ocurrir! Por lo tanto, el diseño requiere comportamientos innatos adicionales para disipar las tensiones psicológicas y preservar la cohesión social. Tales comportamientos podrían denominarse *prácticas sagradas*, donde "sagrado" significa "reverencia por lo inefable", lo que el habla casual no puede expresar. Fue la capacidad de tener una práctica sagrada lo que preservó el sentido de "plenitud" de Jimmy cuando la pérdida de memoria había afectado su capacidad para formar relaciones.

La práctica sagrada surgió temprano

La práctica sagrada incluye sexo, música, danza, teatro y una multitud de ceremonias unificadoras que rodean el nacimiento, la pubertad, el matrimonio y la muerte. Incluye historias, chistes y plegarias. Tales prácticas provocan emociones intensas como el asombro, la alegría, el dolor y la risa, que de alguna manera alivian las tensiones intrapsíquicas e interpersonales. Los circuitos que producen y procesan estas actividades ocupan un importante territorio cortical, (nuestra dotación neuronal para las artes). La forma en que los circuitos lingüísticos habrían pagado por su derecho a desarrollarse parece obvio, pero ¿y la pintura y la música? Sabiendo que el diseño basado en principios utiliza circuitos costosos solo según sea necesario, las inversiones neuronales para producir y procesar música, arte, drama y humor indican su importancia central para nuestro suceso como especie, probablemente favoreciendo a largo plazo la cooperación entre especialistas no relacionados.[57]

La cueva de Blombos en la punta de Sudáfrica mira hacia el gran Océano Austral. Allí, hace más de 70.000 años, los *sapiens* fabricaban cuchillos bifaciales a partir de piedra importada, horneada para endurecerla para el complicado paso de la "descamación por presión". Con herramientas tan finas grabaron patrones abstractos en piedras planas y los pintaron con ocre fabricado en recipientes especiales. Estos recolectores hacían punzones de hueso y joyas hechas con conchas, que enterraron con sus muertos.[58] Para cuando los *sapiens* llegaron a Indonesia hace 40.000 años, ya verdaderos artistas estaban pintando cuevas (véase la Figura 4.15, arriba).[59] Y para cuando los *sapiens* alcanzaron los 72° N en Siberia, hace 45.000 años, estaban matando mamuts, y como hacía aún más frío entonces, los artesanos hacían ropa con herramientas de hueso, marfil y cuernos, y también música (ver Figura 4.15).[60]

Los recolectores se dedicaron a construcciones monumentales, la forma más grandiosa de la práctica sagrada, que se extendieron durante siglos y alcanzaron una complejidad asombrosa. El ejemplo más antiguo conocido, Gobekli Tepe en el este de Turquía, comprende pilares de piedra en forma de T de hasta casi 20 pies de altura, que pesan hasta 10 toneladas y están decorados con talladuras de animales (ver Figura 4.16). La construcción comenzó hace unos 12.000 años, precediendo a la agricultura por 2.000 años, precediendo a las pirámides egipcias por 7.500 años, y precediendo a Stonehenge por 6.000

años.[61] Hace unos 6.000 años, también antes de las pirámides, los "constructores de montículos", en lo que hoy es el estado estadounidense de Luisiana, construyeron estructuras monumentales que incluían sitios de entierro ceremonial. Este proyecto involucró a miles de trabajadores cazadores-recolectores a lo largo de cinco siglos.[62]

Figura 4.15
Arriba: Pintura rupestre de Sulawesi, Indonesia. La pintura muestra una babirusa, "ciervo cerdo", y las manos estampadas soplando ocre a través de un hueso hueco. Al menos 40.000 años antes del presente. **Abajo: Flauta de hueso del norte de Europa.** 40.000 años antes del presente. *Fuentes*: Reimpreso con permiso de "Pleistocene Cave Art from Sulawesi, Indonesia", por M. Aubert, A. Brumm, M. Ramli, T. Sutikna, E. W. Saptomo, B. Hakim, ... A. Dosseto, 2014, *Nature, 514*, 223–227; José-Manuel Benito Álvarez // CC BY-SA 2.5.

Figura 4.16
Gobekli Tepe: Los recolectores en el este de Turquía hicieron construcciones monumentales varios milenios antes del advenimiento de la agricultura y siete milenios antes de las pirámides egipcias. Las estructuras en "T" tienen 6 metros de altura y pesan un estimado de 10 toneladas. Esta excavación establece que los monumentos sagrados precedieron a la agricultura y que la búsqueda de alimento era adecuada para apoyar proyectos comunales multigeneracionales a gran escala. *Fuente*: Reimpreso con permiso del Instituto Arqueológico Alemán.

Conclusiones

Las líneas *neanderthalensis* y *sapiens* se separaron unos 500.000 años antes del presente.[63] Después de su división, los *neandertales* desarrollaron un cuerpo robusto con extremidades cortas y gruesas que reducen el área de superficie en relación con el volumen, conservando así el calor, un diseño para vivir desnudos en el norte. *Sapiens*, cuando salió de África alrededor de 60.000 años antes del presente, había desarrollado un marco más delgado con extremidades más largas:

un cuerpo y un cerebro un 30% más pequeños, que requerían proporcionalmente menos combustible, además de ahorros adicionales con un acoplamiento oxidativo más eficiente. Estas simples ventajas, complementadas con ropa, ciertamente redujeron los costos de la búsqueda de alimento y sus peligros. Durante su superposición de 5.000 años, este margen probablemente habría sido suficiente para que los *sapiens* superaran a los *neandertales*.

Las habilidades manuales, intelectuales y temperamentales de *sapiens*, además de sus herramientas para vestir a la población, eran ampliamente aplicables a la búsqueda de alimento, pero también redujeron la *necesidad* de forrajear. Eso permitió más tiempo para pensar, contar historias, pintar, esculpir, hacer el amor y hacer música. Los asentamientos de *sapiens* eran 10 veces más densos que los de *neandertales*, con muchos más artefactos, y esa misma densidad aceleró el desarrollo cultural. Así como la cocina había alimentado la expansión cerebral final del *Homo*, la ropa ahora alimentaba la expansión mental de los *sapiens*, expresada en el crecimiento de la capacidad computacional y la práctica sagrada.

La gran expansión cortical de *sapiens*, 150.000 años antes del presente, incluía una pequeña área en el hemisferio izquierdo a la espera de ser usada, tal como un "agente secreto durmiente" en espera de ser activado para un propósito secreto (ver Figura 4.14, área etiquetada como TE2p). Hace unos 5.000 años este módulo especial finalmente asumió su imprevista importancia, y eso llevó, hace 250 años, a ciertos graves problemas para el planeta y para nuestra especie. Ese es el capítulo 5.

5. ¿Qué salió mal?

Cada vez más, las matemáticas exigirán coraje
para enfrentar sus implicaciones.
—Michael Crichton

Algunos eruditos niegan que algo *esté* mal. Afirman lo contrario, que las condiciones de la vida humana comenzaron a mejorar con el El Siglo de las Luces (~ 1700-1800 EC), y ahora el *sapiens* está mejor en todos los sentidos: mejor alimentado, tiene mejor salud, hay mayor esperanza de vida, mayor libertad, más seguridad, etc., y está mejorando todo el tiempo. Las mejoras se atribuyen a la expansión de la racionalidad y la razón. Se dice que ahora podemos pensar cuando atravesamos cualquier cosa, por lo que todo movimiento es hacia adelante. Para cada problema, afirman, habrá una solución técnica.[1]

El lado positivo de la Ilustración es obvio e indiscutible. Pero hay un lado oscuro que es mejor no ignorar. Algo ha salido mal, estamos enfermos y el planeta está enfermo, y necesitamos urgentemente entender por qué. El camino hacia la expansión de la riqueza y la comodidad se basó en la expansión de la información, un proceso que los capítulos anteriores han trazado para los *sapiens* a lo largo de casi cuatro mil millones de años. Nuestras vías metabólicas optimizadas son bacterianas; nuestra biología celular optimizada es eucariota; nuestro plan corporal eficiente y nuestros sistemas de señalización intercelular son de gusanos. Nuestra alta temperatura de funcionamiento es de mamíferos, y nuestra profunda inversión cerebral para la captura y procesamiento de información es primate, en gran parte completada por nuestra propia especie hace unos 150.000 años.

A medida que los *sapiens* migraron, hubo adaptaciones genéticas significativas para la geografía y el estilo de vida. Al migrar a latitudes altas, evolucionamos para tener una piel más pálida, un acoplamiento oxidativo mitocondrial más débil para el calor y extremidades más cortas con cuerpos menos alargados para conservar el calor. Al migrar a grandes altitudes, ampliamos la capacidad pulmonar y reoptimizamos la hemoglobina para reducir la presión de oxígeno. Buceando para ganarnos la vida (Sudeste Asiático), expandimos nuestro bazo; pastoreando ganado en la sabana, desarrollamos tolerancia a la lactosa y alargamos nuestras extremidades para disipar el calor; y frente a la malaria (África, el Mediterráneo), modificamos nuestra hemoglobina para resistirla.[2]

Pero, durante los 10.000 años transcurridos desde que finalmente poblamos todos los continentes, las modificaciones en nuestro núcleo cerebral han sido insignificantes. El paquete de instintos cognitivos, emocionales, artísticos y morales[3] que facilitan la cooperación entre expertos no relacionados fue crucial para nuestro éxito, por lo que, al igual que nuestros paquetes metabólicos y endotérmicos, se conservó. Esto probablemente explica por qué respondemos con asombro al arte rupestre de hace 40 milenios y con alegría y lágrimas a ritmos musicales y armonías antiguas. Este capítulo se basa en estudios recientes de varios grupos de forrajeros existentes para contrastar lo que parece haber sido aproximadamente nuestro núcleo estable y específico de la especie, un conjunto de mecanismos cerebrales evolucionados para hacer frente a entornos ancestrales severos y fluctuantes, con la vida moderna. Tal vez al comprender la diferencia, podríamos alabar lo que era bueno en la Ilustración, pero reconocer y atender a su lado oscuro.

Como éramos

Dejando África hace 60.000 años, viajamos a pie en bandas pequeñas que a veces se reunían con otras bandas pequeñas para formar un grupo temporal más grande de, tal vez, 1.000 personas. Esto ocurrió con suficiente frecuencia para permitir que las bandas cooperaran entre sí, intercambiaran genes y desarrollaran entre si un lenguaje común. Todos los miembros del grupo eran conocidos entre sí y generalmente estaban relacionados hasta cierto punto. Somos únicos entre los mamíferos en la capacidad de criar múltiples descendientes dependientes, de diferentes edades y resolvimos el problema de la dependencia prolongada con nuestra estructura familiar de tres generaciones (ver Figura 4.13). Los hombres adultos proporcionaron la mayor parte de la comida, estimada a partir de estudios de sociedades existentes con similares hábitos en casi 70% de las calorías y casi el 90% de las proteínas.[4] La caza requiere muchas habilidades que se aprenden durante varias décadas más allá de la madurez física. Por lo tanto, el éxito de la caza es incompatible con las interrupciones del embarazo, la lactancia y el cuidado infantil, y esto fomentó la complementariedad entre las contribuciones económicas masculinas y femeninas.[5]

Nuestro nicho alimenticio requiere alimentos de alta calidad, pero el éxito de la caza implica un gran componente estocástico: el lugar correcto en el momento adecuado. Los cazadores de Aché en los bosques paraguayos, por ejemplo, regresan con las manos vacías en el 40% de sus días de caza, pero un buen día puede entregar varios cientos de miles de calorías de carne (tapir o pecarí). Esto hace que compartir, el "altruismo recíproco", sea una buena estrategia para suavizar las fluctuaciones inevitables y evitar las pérdidas por deterioro. Esta estrategia se desarrolla espontáneamente en comparaciones de laboratorio donde los "recolectores" ('foragers') encuentran alimentos con poca frecuencia en grandes cantidades, pero no cuando se encuentran con alimentos con frecuencia en pequeñas cantidades.[6] Cuando el sedentarismo social más tarde permitió la conservación de los alimentos, salando, ahumando y luego refrigerando la carne, almacenando cereales secos y dejando tubérculos en el suelo, la urgencia de compartir disminuyó. Pero desde el inicio de nuestra especie y a lo largo de sus 60.000 años de deambulación, compartir fue óptimo y, por lo tanto, universal.

Los recolectores forman comunidades igualitarias, nadie está a cargo. No hay recursos económicos fijos que defender ni mucha necesidad de luchar por las mujeres porque la complementariedad sexual que requiere la búsqueda de alimentos calificados apoya la monogamia. Además, los humanos, a diferencia de los chimpancés, pueden formar coaliciones contra un individuo físicamente dominante, ya sea para desafiarlo o para emigrar de su presencia. Además, un individuo con tendencias dominantes todavía necesita reciprocidad en un mal día para llenar su vientre. Así que ser igualitarios y el altruismo recíproco no eran ideales románticos, simplemente tenían sentido económico. Así como la eficiencia energética de la cocina se incorporó en la estructura de nuestros dientes e intestino (ver capítulo 4), la eficiencia energética del altruismo recíproco y la cooperación igualitaria en la búsqueda de alimento quedo cableada en nuestro comportamiento social innato.[7]

Nuestros antepasados migratorios habrían disfrutado de un excelente acondicionamiento físico, suficiente sueño regulado por un ritmo circadiano ininterrumpido, una dieta amplia, asistencia mutua, libertad social, práctica de sus habilidades especiales y confianza realista en sus habilidades comunitarias para adaptarse conductualmente a lo que pudieran encontrar. La hambruna puede amenazar a una comunidad sedentaria que depende de una estrecha gama de cultivos que atraen una intensa competencia. Pero los recolectores, que dependían de una amplia gama de plantas y animales y de su capacidad para moverse, tenían posibilidades decentes de evitar la hambruna. Los recolectores deben haber estado con frecuencia físicamente cansados, con frío, húmedos, sedientos o temporalmente hambrientos, pero eso era normal. Además, esas molestias agudas habrían traído alivio, y por lo tanto satisfacción, cuando cualquiera de ellas quedaba resuelta.

No es cierto, como a menudo, se afirma, que los cazadores-recolectores morían en su mayoría alrededor de los 30 años. El capítulo 4 señaló que muchos vivían hasta los 70 años y más (ver Figuras 4.11 y 4.13), coincidiendo con las predicciones basadas en el cerebro y el peso corporal y en la maduración tardía de nuestra corteza frontal (ver Figura 4.12). Los recolectores existentes de hoy, como los Hadza (Tanzania), Aché (Paraguay) y Kung (Botswana), todos muestran una esperanza de vida similar, muchos viven hasta finales de sus 60 y 70 años. Además, sus habilidades físicas tienden a estar conservadas. Las mujeres mayores Hadza trabajan más horas y con la misma eficacia de las mujeres más jóvenes. Los hombres Hadza con sus 60 años y más coinciden con hombres de 30 años en arco y flecha.[8] Los cazadores de Tsimane en la Amazonía boliviana mantienen un vigor físico y cognitivo mucho más allá de los 70 años, como se refleja en su productividad económica (ver Figura 5.1).

Nos sorprende casi hasta la incredulidad darnos cuenta de que un buen número de humanos primitivos sobrevivieron hasta la vejez sin protección médica social. Pero enfermedades infecciosas tales como el cólera, la malaria, la fiebre amarilla, la peste bubónica, el sarampión, las paperas, la tos ferina, la difteria y la tuberculosis requieren poblaciones densas

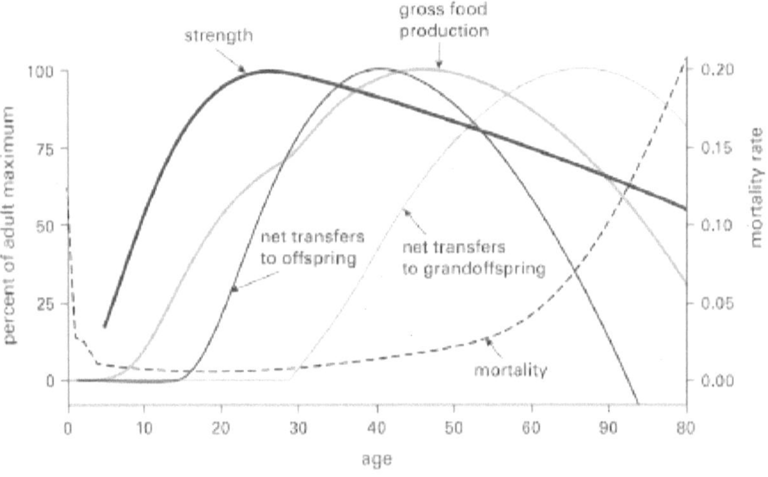

Figura 5.1
Los cazadores-horticultores Tsimane de la Amazonía boliviana viven hasta la vejez sin medicina moderna. Además, los sobrevivientes mantienen la fuerza física, la producción bruta de alimentos y las transferencias netas a los nietos por encima del 50% máximo hasta los 80 años. *Fuente*: Modificado de "The Tsimane Health and Life History Project: Integrating Anthropology and Biomedicine", por M. Gurven, J. Stieglitz, B. Trumble, A. D. Blackwell, B. Beheim, H. Davis, ...H. Kaplan, 2017, *Evolutionary Anthropology, 26*, 54–73.

para propagarse, mientras que en ese entonces vivíamos en bajas densidades. Otras infecciones modernas, como la gripe y la viruela, se adquieren de animales domésticos (viruela vacunoa, gripe porcina y gripe de pollo), pero en ese entonces no teníamos animales. Es casi seguro que sufrimos una carga de parásitos, al igual que los recolectores modernos, pero el sello distintivo de un parásito exitoso es reproducirse sin matar a su huésped. Además, los parásitos aparentemente mantuvieron nuestro sistema inmunológico demasiado ocupado para causar alergias y enfermedades autoinmunes.[9]

Lo que los recolectores *no* sufren es hipertensión, obesidad, diabetes tipo 2 o enfermedades cardio-reno-cerebro-vasculares. Por ejemplo, un estudio longitudinal de los horticultores Tsimane encontró que la prevalencia de hipertensión es inferior al 3% y la presión arterial en los hombres aumenta menos de 1 mm Hg por década. Se han reportado hallazgos similares para los Xingu y Yanomami (Brasil), highlanders (Papúa Nueva Guinea), kenianos rurales, !Kung (Botswana), Kuna (Panamá), isleños melanesios y chinos rurales.[10]

Tampoco los recolectores mueren por el uso de sustancias adictivas. Fermentan almidón y fruta para hacer bebidas alcohólicas, y mastican varios productos vegetales, como la hoja de coca, la nuez de betel y el khat, por sus propiedades estimulantes y posiblemente por sus propiedades antiparasitarias. Pero no refinan estos productos a alta potencia y, por lo tanto, no sufren una sobredosis letal. Los recolectores identificaron plantas con potencial alucinógeno, como el peyote(*mescalina*), los hongos (*psilocibina*) y el "cóctel" conocido como ayahuasca (que contiene entre otras cosas *dimetiltriptamina*). Estas plantas, incluido el tabaco, no se utilizan para el exceso letal, sino moderadamente en prácticas sagradas comunitarias.

Como éramos: Infancia

Aunque hay mucha instrucción por parte de adultos,[11] la infancia entre los recolectores tiene mucho que ver con el juego libre bajo la supervisión mínima de un adulto. Los siguientes puntos se basan en el libro accesible de Peter Gray y las referencias en él,[12] pero también de 15 años de observar personalmente a tres generaciones de una gran familia indígena en nuestra granja, su familia extendida y nuestra comunidad rural en el oeste de Panamá.

Los niños en comunidades pequeñas son inevitablemente diversos en edad, por lo que los niños mayores cuidan a los más pequeños. Además, los niños mayores modifican sus juegos para que los más pequeños puedan participar. Esto anima a los más jóvenes a jugar a un nivel más alto de lo que podrían manejar en un grupo de su misma edad. Un grupo de edad diversa reduce la intimidación, porque ¿dónde está la satisfacción de vencer a alguien que tiene la mitad del tamaño y la edad de uno? Además, dado que todas las asociaciones son voluntarias y los niños generalmente quieren compañía, aprenden rápidamente a resolver diferencias, a turnarse, etc.

Los niños en las sociedades tradicionales se enseñan unos a otros a través del juego, y la mayor parte de lo que aprenden se refiere a la vida cotidiana: qué plantas son comestibles, dónde encontrarlas y cómo prepararlas; cómo hacer cestas y herramientas; los hábitos de los animales; cómo hacer y usar instrumentos para la caza (arco, lanza, cerbatana); cómo encontrar el camino a casa. Las habilidades innatas de un individuo, el mejor observador o el mejor arquero, surgen en un contexto en el que son valorados en lugar de castigados por el incumplimiento de las demandas adultas de "prestar atención". Además, los niños tienen infinitas oportunidades de practicar lo que encuentran más gratificante en lugar de ser burlados y regañados por no practicar lo contrario. Cada núcleo de conocimiento practicado por su relevancia evoca una captura sináptica estable: aprendizaje a largo plazo (véase el capítulo 4).

Recuerde que la captura sináptica estable de nueva información requiere un pulso de dopamina programado para el evento que se debe aprender. La dopamina actúa sobre la sinapsis para promover las moléculas necesarias para almacenar la información durante horas y días; también actúa sobre una rica red de neuronas corticales y subcorticales para promover una *sensación* momentánea de bienestar, y esa buena sensación fomenta la repetición del comportamiento: la práctica. Cuando una señal familiar predice algo malo, pero no ocurre, hay una sensación de alivio. Eso también se debe a que se ha entregado un pulso de dopamina, y con la repetición, el miedo se extingue gradualmente.[13] En resumen, el aprendizaje depende de pulsos de dopamina que dejan tanto a las sinapsis como al niño sintiéndose bien.

Cómo somos ahora: Muertes por desesperación

Visite el Monumento a Vietnam en Washington, DC, y contemple una inscripción aleccionadora: 57,939 nombres, todos los soldados estadounidenses que murieron de heridas entre 1959 y 1975. Avance rápido hasta 2017: 72,300 estadounidenses murieron por sobredosis de drogas, principalmente por opioides. Tales muertes han aumentado abruptamente desde 1999,[14] por lo que ahora perdemos más ciudadanos por so-

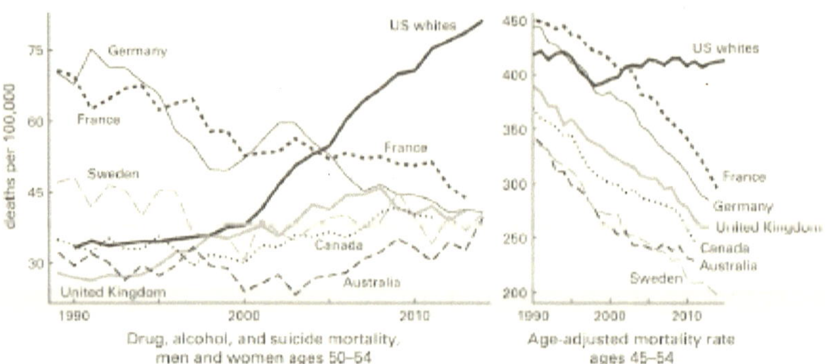

Figura 5.2

Izquierda: Las muertes por desesperación han aumentado abruptamente en los Estados Unidos entre los blancos no hispanos de mediana edad. Estados Unidos lidera el aumento de muertes por desesperación, pero Australia, Canadá, Reino Unido y Suecia muestran la misma tendencia. Tenga en cuenta que las tasas en Francia y Alemania han seguido cayendo, lo que plantea la pregunta de qué están haciendo bien ellos. **Derecha:** Las muertes por desesperación han causado un aumento en la mortalidad general que revierte el declive histórico. El aumento de la mortalidad por todas las causas para las personas de mediana edad es hasta ahora exclusivo de los Estados Unidos y se limita a los blancos. Las muertes por desesperación son cuatro veces mayores para el 60% de los hombres blancos estadounidenses sin educación más allá de la escuela secundaria en comparación con aquellos con una licenciatura de la universidad (no se muestra). La mortalidad de los europeos de mediana edad siguió disminuyendo, un punto a considerar en el capítulo 6.

Fuente: Modificado y reimpreso de "Mortality and Morbidity in the 21st century", por A. Case y A. Deaton, 2017, *Brookings Papers on Economic Activity*, 397–476.

bredosis *cada año* que en 16 años de la Guerra de Vietnam. Los suicidios también han aumentado, especialmente para los hombres, y en 2016 alcanzaron los 45.000.[15] Hubo 88.000 muertes en 2017 por causas relacionadas con el alcohol.[16] Estas "muertes por desesperación"[17] ahora suman 205.000 al año.

Las muertes por desesperación aumentan más abruptamente para los blancos estadounidenses de mediana edad, con una tendencia similar para Australia, Canadá, Reino Unido y Suecia (ver Figura 5.2, izquierda). El aumento de los Estados Unidos para esta categoría compensa otras disminuciones, reduciendo así la esperanza de vida general para este grupo de edad (véase la Figura 5.2, derecha). El aumento de las muertes por desesperación es independiente del ciclo económico. Por ejemplo, estos gráficos indican que la gran recesión de 2008 no tuvo ningún efecto sobre estas cifras. Tampoco se ha identificado ningún evento desencadenante en particular. La experiencia de sucesivas cohortes de nacimiento sugiere, en lugar de un desencadenante unitario, una "tormenta perfecta".

Las muertes por desesperación han aumentado para cada nueva cohorte blanca durante 70 años (ver Figura 5.3 Arriba). Antes de la Segunda Guerra Mundial, la tasa de mortalidad por estas causas era baja y casi plana con la edad, pero comenzó a aumentar con la cohorte nacida en 1945. Esa cohorte, que representaba los inicios del "baby boom", era más grande. A medida que ingresó al mercado laboral en la década de 1960, su tamaño causó una mayor competencia; además, hubo una disminución de los sindicatos y también una reducción de las oportunidades de los obreros. Analizando los datos disponibles a mediados de la década de los 70, Joseph Eyer predijo que a cada cohorte le iría peor de lo esperado en función de la experiencia de sus padres y, en consecuencia, sufriría una mayor "mortalidad relacionada con el estrés".[18] La Figura 5.3 confirma esta predicción. En contraste, a los negros y a los hispanos les fue mejor de lo esperado según la experiencia de sus padres, y en consecuencia su mortalidad ha disminuido (ver Figura 5.3 Abajo).

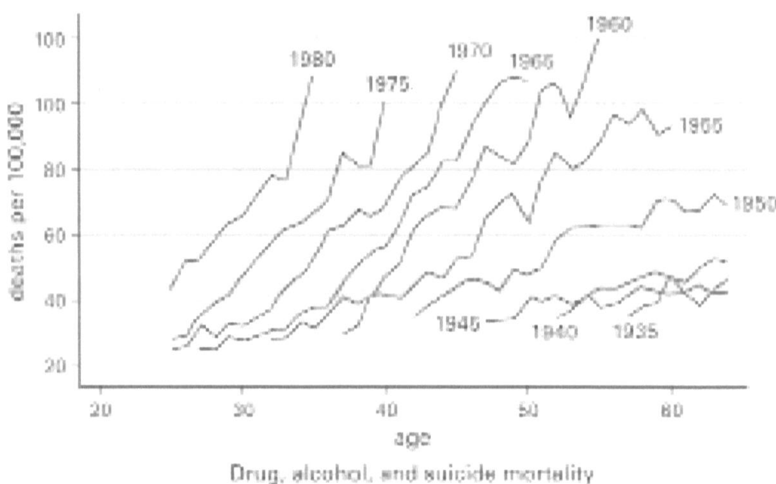

Drug, alcohol, and suicide mortality

White non Hispanics high school or less

Black non-Hispanics

White non-Hispanics (all)

Hispanics

deaths per 100,000

year

All-cause mortality by race and ethnicity, ages 50–54

Drogas de la desesperación

La decepción para una cohorte se traduce para sus miembros individuales como una disminución en la frecuencia de errores positivos en la predicción de recompensas (= resultados

Figura 5.3 A
La mortalidad por "muertes por desesperación" (drogas, alcohol y suicidio) ha aumentado para cada cohorte de nacimiento desde la Segunda Guerra Mundial Arriba: Los blancos (no hispanos) nacidos de 1935 a 1940 tuvieron una baja mortalidad por estas causas, pero las tasas aumentaron para cada cohorte sucesiva. Los datos que se muestran aquí son para el 60% de los blancos con educación inferior a una licenciatura. Las tasas son similares para los más educados, pero un poco menos pronunciadas. **Ababo:** La mortalidad por "muertes por desesperación" (drogas, alcohol y suicidio) ha aumentado para cada cohorte de nacimiento desde la Segunda Guerra Mundial: La mortalidad para los negros de mediana edad fue mucho mayor que para los blancos, pero las tasas convergieron y luego se invirtieron. La mortalidad de los hispanos de mediana edad ha sido la más baja de todas y aún mejora. A los negros e hispanos en este grupo de edad les va mejor de lo previsto por el estado de sus padres, consistente con la hipótesis de "desesperación por el error por predicción negativa de recompensas".
Fuente: Modificado de "Mortality and morbidity in the 21st century", por A. Case y A. Deaton, 2017, *Brookings Papers on Economic Activity*, 397–476.

mejores que los previstos, ver capítulos 2 y 3). A medida que las sucesivas cohortes blancas experimentan menos errores positivos y más errores negativos en la predicción de recompensas, la frecuencia disminuye para los pulsos de dopamina que contribuyen a una sensación sostenida de bienestar. El alivio provendría de cualquier droga que contrarreste el déficit, estimulando el circuito de recompensa para liberar dopamina o prolongar su acción, es decir, de opioides, cocaína, anfetaminas, alcohol, nicotina y cannabinoides.[19] Estas sustancias, a falta de suficientes errores positivos de predicción de recompensas, se buscan urgentemente para evitar la desesperación.

Las drogas para este propósito se expandieron durante el Siglo de las Luces. El opio se cosechó de las amapolas hace unos 5.500 años en Mesopotamia (ahora Irak), pero solo hacia finales del Siglo de las Luces fue que los químicos lo purificaron hasta alcanzar una potencia 10 veces mayor que la morfina. Los químicos luego convirtieron la morfina en heroína, doblando su potencia, y Bayer la introdujo en 1897 como un sustituto "seguro y no adictivo" de la morfina. El Hospital Bellevue de Nueva York admitió a un adicto a la heroína en 1910 y a 425 adictos en 1915. Ahora, un siglo después, más de dos millones de estadounidenses son adictos a la heroína o a los opioides recetados. Por cada muerte por opioides, 40 adictos vivos sufren, y 40 familias luchan.[20]

Los licores destilados fueron otro regalo del Siglo de las Luces. El consumo de ginebra en Gran Bretaña era de alrededor de medio millón de galones en 1685. Luego, el Parlamento aprobó leyes para promover la ginebra con el fin de utilizar el excedente de grano y aumentar los ingresos fiscales. En 1714 la producción de ginebra se había cuadruplicado, y en 1733 Londres producía 11 millones de galones anuales para una población de aproximadamente 700,000-15 galones por habitante. A medida que los licores baratos flotaban entre la creciente clase obrera urbana, la epidemia llevó al Parlamento a restringir el alcohol (1735), pero la ginebra fue un genio que nunca se volvió a meter completamente en su lampara.[21]

La adicción al alcohol ahora incluye a más de 15 millones de adultos estadounidenses (8.4% de los hombres, 4.2% de las mujeres). Más del 10% de los niños estadounidenses tienen padres con alcoholismo, y la prevalencia de bebés con *síndrome alcohólico fetal* es de aproximadamente 5 por cada 1,000 nacimientos. La prevalencia del trastorno del *espectro alcohólico fetal* es casi 10 veces mayor.[22] Así pues, el daño a los alcohólicos personalmente y a sus hijos y familias supera con creces el de la adicción a los opioides. A través de mecanismos epigenéticos puede incluso afectar a las generaciones posteriores.

Fumar cigarrillos en los Estados Unidos causa más de 480,000 muertes por año, casi siete veces más que los opioides.[23] Por cada persona que muere por fumar, 30 más, aproximadamente 16 millones, viven con una enfermedad grave relacionada con el tabaquismo. Fumar contribuye al cáncer, las enfermedades cardíacas, los accidentes cerebrovasculares, la diabetes y las enfermedades pulmonares obstructivas crónicas, como el enfisema y la bronquitis crónica. También aumenta el riesgo de tuberculosis, ciertas enfermedades oculares y problemas del sistema inmunológico, incluida la artritis reumatoide. Casi el 70% de los fumadores adultos de tabaco en 2015 querían dejar de fumar, y el 55% intentaba dejar de fumar. Pero la nicotina se encuentra entre las drogas más adictivas, poderosamente acoplada al sistema de recompensa de dopamina, por lo que dejar de fumar es difícil.[24] Tal como estamos ahora incluye, inexplicablemente, promover el "vapeo" a los niños, preservando así la adicción a la nicotina para la próxima generación.[25]

Alimentos de la desesperación

Los alimentos ricos en contenido calórico se consumen en exceso porque, como se describe en el capítulo 3, proporcionan un error positivo de predicción de recompensas. Cuando un bocado es más rico de lo previsto, se obtiene un pulso de dopamina, una placentera sorpresa. Sin embargo, cuando un bocado calóricamente rico es exactamente tal como se predijo, la única sorpresa será comer *más*. En consecuencia, los alimentos "ricos" se consumen para tratar la desesperación, al igual que la cocaína, la heroína, el alcohol y la nicotina. La comida rica, al igual que las drogas, adapta el circuito (ver Figura 5.4). Por lo tanto, una vez que se desarrolla un hábito de alimentos ricos, se requieren cantidades crecientes para obtener la misma dopamina. La abstinencia de un hábito de alimentos ricos causa disforia que se asemeja a la abstinencia de drogas y por la misma razón: reduce la dopamina, en la que todos los animales desde el urbilaterian han confiado para sentirse bien.[26]

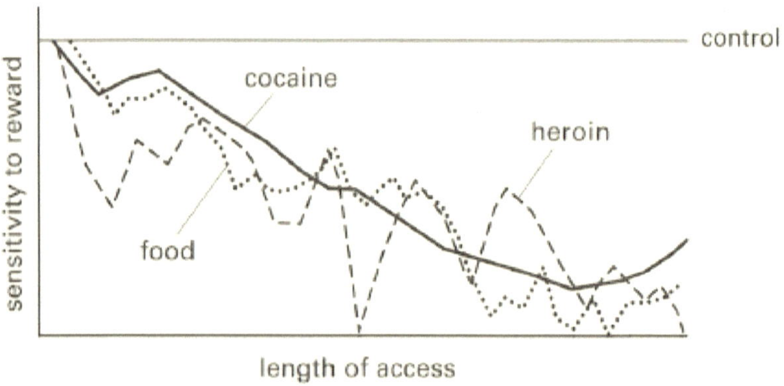

Figura 5.4
El efecto gratificante de los alimentos calóricamente ricos disminuye con la duración del acceso, al igual que las drogas. El atractivo de los alimentos, como las drogas, se deriva de su activación de los circuitos de recompensa del cerebro. Los medicamentos para tratar la adicción al tabaco, como el rimonabant (antagonista cannabinoide) y la naloxona (antagonista opioide), también se han utilizado para tratar la obesidad. Pero la mayoría de ellos actúan reduciendo la dopamina, la necesidad que impulsó el consumo inicial. Rimonabant fue desaprobado por la FDA porque, como era de esperar, causa depresión y pensamientos suicidas.
Fuente: Modificado de "Reward Mechanisms in Obesity: New Insights and Future Directions", por P. J. Kenny, 2011, *Neuron, 69*, 664–679; reimpreso de *Principles of Neural Design*, por P. Sterling y S. Laughlin, 2015, Cambridge, MA: MIT Press.

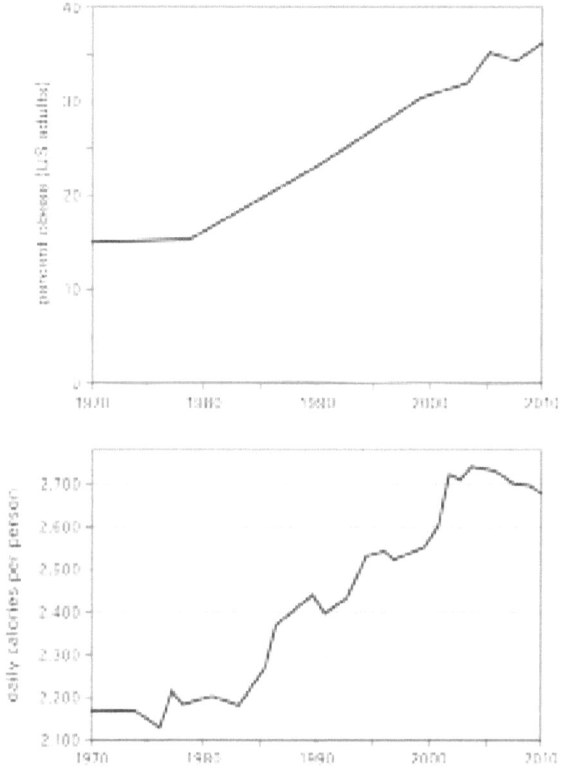

Figura 5.5
Arriba: La obesidad ha aumentado abruptamente entre los adultos estadounidenses desde la década de los 80. **Abajo:** El aumento se correlaciona fuertemente con el aumento de la ingesta calórica diaria.
Fuente: Modificado de https://lanekenworthy.net/2012/05/31/why-the-surge-in-obesity.

La obesidad por consumir habitualmente alimentos calóricamente ricos ha aumentado considerablemente en los Estados Unidos desde mediados de la década de 1980 (véase la Figura 5.5). La obesidad está distribuída por geografía, educación y situación laboral, al igual que las muertes por desesperación.[27] Pero los *alimentos* de desesperación, al ser legales, baratos y omnipresentes, tienen un impacto más amplio, causando obesidad en casi el 40% de los adultos en 2016 (aproximadamente 93,3 millones). La obesidad impulsa una serie devastadora de patologías que incluyen diabetes, hipertensión, enfermedad coronaria, enfermedad renal, accidente cerebrovascular y deterioro cognitivo. En la mediana edad, la mayoría de los estadounidenses (83%) tienen una mala salud cardiovascular según lo definido por siete factores (obesidad, hipertensión, dieta poco saludable, glucosa en sangre elevada, colesterol alto, falta de ejercicio y tabaquismo), y solo el 0.1% tiene una salud cardiovascular ideal.[28] Este tema se volverá a examinar en el capítulo 6.

Comer, fumar, inhalar e inyectar las recompensas antes mencionadas no agotan las posibilidades de abordar el déficit de dopamina. Para 2018, 33 estados de los Estados Unidos y todo Canadá habían legalizado ampliamente la marihuana, que ahora se vende en diversas formas. Los 80 años de estatus de ilegalidad de la marihuana terminaron sin disculparse con aquellos que fueron encarcelados por lo que ahora se reconoce oficialmente como comparativamente inocuo. Este cambio acelerado en la política y la actitud oficiales es más o menos paralelo al aumento de las muertes por desesperación, como si los gobiernos aceptaran tácitamente la necesidad de un alivio adicional de medicamentos no letales para la desesperación (véanse las Figuras 5.2 y 5.3).

Los juegos de azar proporcionan a muchas personas oportunidades para experimentares errores positivos en la predicción de recompensas, así compensando sus déficits de dopamina. El juego compulsivo activa el mismo sistema de predicción de recompensas que el que se activa para los alimentos y las drogas.[29] Actualmente los Estados Unidos tiene más de 1,000 casinos legales y con más de ellos abriendo cada año; la mayoría de los estados tienen loterías oficiales, además de opciones para juegos de azar ilegales, lo cual representa el fondo del iceberg que no paga impuestos. Luego está el puro consumismo: comprar *cosas*—ropa, coches, artefactos—la búsqueda constante de algo mejor que lo previsto—pronto se descartarán a medida que la sorpresa positiva desvanezca.

Viajar puede ser otra fuente de sorpresa positiva. Sin embargo, los viajes modernos serían irreconocibles para nuestros antepasados recolectores. No hay humedad ni frío, ni trabajo ni peligro, excepto para el reloj diurno en cada célula. Innegablemente, el viaje adecuado en el momento adecuado puede ser transformador. Pero para aquellos que siguen una "lista de deseos a cumplir" y se toman "selfies", es otra forma de combatir la desesperación, con un costo inmenso en gases del efecto invernadero.[30]

Cuando la dopamina se agota

En esta época de disminución de los errores positivos de predicción de recompensas, a pesar de la miríada de estrategias para reparar sus déficits de dopamina, algunos individuos se cansan. Esos son los suicidios sin complicaciones. Pero un pequeño número de hombres blancos, de edad media 35 años, se vuelven completamente locos y asesinan a multitudes de personas antes de dispararse a sí mismos o ser asesinados por la policía. El aumento de las muertes por tiroteos masivos es muy similar a las muertes por desesperación (véase la Figura 5.6).

Los estudiosos del Siglo de las Luces explicarán racionalmente que solo un número minúsculo de personas muere de esta manera considerando nuestra población de 325 millones.

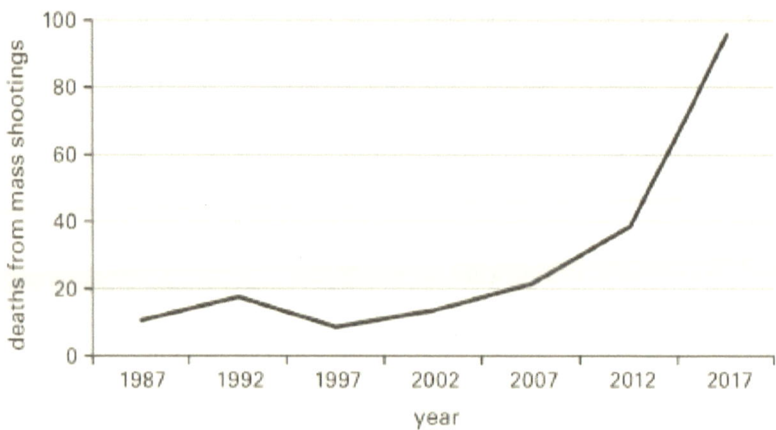

Figura 5.6
El aumento de las muertes por tiroteos masivos es paralelo al aumento de las muertes por desesperación.
Fuente: Trazado de Mother Jones—Mass Shootings Database, 1982–2018. https://docs.google.com/hojas de cálculo/d/1b9o6uDO18sLxBqPwl_Gh9bnhW-ev_dABH83M5Vb5L80/edit#gid=0

Sin embargo, cada incidente desgarra el espíritu. A medida que los impactos se amplifican a través de las redes públicas y sociales, las comunidades se sienten presionadas a tomar medidas preventivas, por lo que instituyen simulacros de práctica en las escuelas y publican instrucciones en ascensores (ver Figura 5.7). Las propuestas para mitigar los tiroteos masivos de esta manera recuerdan el famoso plan para proteger a la Bella Durmiente al prohibir todos los husos del reino.

Depresión

La población adulta de los Estados Unidos sufre altas y crecientes tasas de depresión emocional, que comúnmente se trata con medicamentos "antidepresivos". El ocho por ciento de las personas mayores de 12 años usaron medicamentos

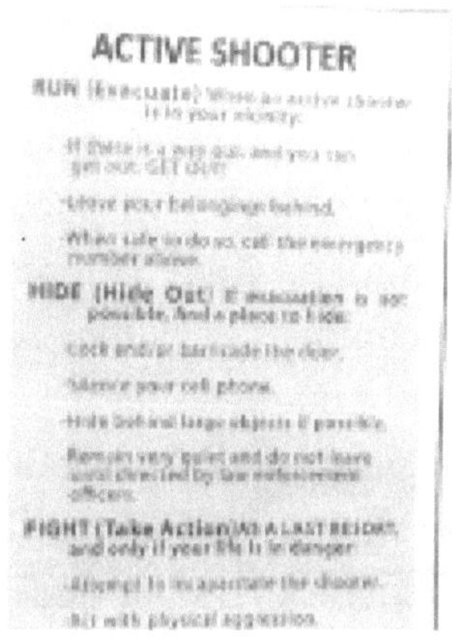

Figura 5.7
Izquierda: "Simulacro de tirador activo" en una escuela secundaria rural de Nueva Inglaterra. Derecha: Aviso en un ascensor de la Facultad de Medicina de la Universidad de Pensilvania.
Fuente: Izquierda: Reimpreso con permiso del *Daily Hampshire Gazette*; en "Run, hide or fight", por D. Christensen, 1 y 2 de julio de 2017. Todos los derechos reservados.

antidepresivos entre 1999 y 2002, y de 2011 a 2014, la cifra había aumentado a casi el 13% (37 millones de adultos). Aproximadamente la mitad de los usuarios habían estado tomando antidepresivos durante al menos 5 años. La tasa para las mujeres es el doble que para los hombres, aumentando abruptamente en la mediana edad, de modo que después de los 40 años, entre una quinta y una cuarta parte de las mujeres usan un antidepresivo. Al igual que con las otras estadísticas de desesperación, la tasa para las mujeres blancas mayores es mucho más alta (tres veces mayor) que para las mujeres negras o hispanas.[31] En esas comunidades, el papel continuo de las abuelas que da sentido a su vida cotidiana podría explicar su menor necesidad de antidepresivos.

La depresión puede surgir en parte de los mecanismos neuronales que complementan el sistema de predicción de recompensa positiva. Además de pulsos positivos para resultados que van inesperadamente bien, también recibimos pulsos negativos para resultados que van inesperadamente mal. Estos enseñan cómo evitar a futuro. El mecanismo parece involucrar neuronas que liberan el neurotransmisor serotonina, cuyos pulsos ahora se están midiendo experimentalmente en sujetos humanos a medida que participan en varios esquemas de apuestas. [32] Proyectar estos primeros resultados a las condiciones del mundo real sugiere lo siguiente: un cazador elige perseguir una presa grande, una apuesta arriesgada con una recompensa potencialmente grande. El éxito entrega dopamina, pero el fracaso entrega serotonina. Al día siguiente baja la apuesta y persigue algo menos digno, una presa más pequeña y delgada, pero más probable de alcanzar.

Sin embargo, renunciar a la posibilidad de algo mejor deja al cazador con la duda constante acerca de si tomó la decisión correcta. Para una apuesta altamente conservadora, como perseguir un conejo hoy, los pulsos de serotonina también aumentan, lo que lleva las decisiones hacia un punto medio que equilibra la variabilidad potencial tanto en las pérdidas reales como en las pérdidas imaginarias de "lo que podría haber sido". La regulación neuronal se vuelve más sutil porque los transportadores de dopamina en los terminales sinápticos de dopamina también captan serotonina hacia la terminal y la liberan junto con la dopamina.[33] Por lo tanto, los medicamentos, destinados a mejorar los efectos positivos para el estado de ánimo que genera la dopamina también pueden mejorar los efectos negativos al tener un impacto sobre el estado de ánimo que genera la serotonina.

Además, los transportadores de serotonina en los terminales sinápticos de las neuronas de serotonina también captan dopamina y la liberan junto con la serotonina. En consecuencia, un comportamiento que resulta en un error negativo de predicción de recompensa que libera serotonina también libera dopamina, aparentemente para evitar que el cazador sobrevalore la predicción negativa, es decir, que se esté volviendo excesivamente pesimista.

Es evidente que estos sistemas están delicadamente preparados para modular muchas pequeñas decisiones que importan en conjunto.[34] Cuando la vida moderna se empobrece de decisiones diarias significativas, las pocas que quedan pueden generar decisiones más grandes, arrepentimientos y, en consecuencia, picos más grandes de serotonina, en analogía con las grandes oleadas de dopamina que impulsan las adicciones. La práctica actual ahora trata este equilibrio complejo con un ISRS (inhibidor selectivo de la recaptación de serotonina) que eleva el nivel constante de serotonina cerebral. Sin embargo, parece dudoso que un ISRS pueda lograr lo que realmente se necesita: restaurar el significado de las actividades de la vida diaria.

Cómo somos ahora: La infancia

La infancia ha sido trastocada. Mientras que los niños recolectores se enseñaban mucho los unos a los otros, ahora los adultos hacen casi toda la "enseñanza". Los niños de la misma edad se agrupan en clases donde se ven obligados a sentarse en silencio y prestar atención. Lo que tienen la tarea de aprender rara vez es relevante para su vida diaria, ni siquiera mucho para sus vidas futuras. Lo que no practican más allá del examen final pronto se borra de la memoria, ya que es inconcebible que un cerebro eficiente dedique espacio sináptico a tanto material sin sentido (véase el capítulo 4). Lo que la mayoría de los adultos retienen de su confinamiento de 12 años, lo que realmente practican, es lastimosamente escaso: cierta capacidad para leer, escribir y realizar aritmética simple.[35]

Las oportunidades para el juego (interacción niño-niño) se reducen a medida que el tiempo de clase se expande a expensas del "recreo" y la "educación física". Este último es generalmente un nombre inapropiado porque la educación rara vez se proporciona a quienes más la necesitan. En cambio, hay deportes competitivos donde la uniformidad de edad fomenta la intimidación y la exclusión. Las actividades fuera de la escuela también han sido capturadas por adultos para deportes organizados. Los niños son transportados a los partidos y entrenamientos por "*soccer moms*" (un término mayormente estadounidense que se refiere a las mamás de clase media-alta que dedican gran parte de su tiempo a llevar a sus niños a las actividades deportivas), donde son entrenados por padres para quienes ganar es importante, y donde las disputas son resueltas por "árbitros" que privan a los niños de oportunidades para aprender autogestión.

Estos cambios se reflejan en la presión arterial infantil (ver Figura 5.8). A los 6 años, el 10% de los niños estadounidenses ya tienen presiones sistólicas superiores a 110 mm Hg, y una vez que ingresan a la escuela, todas las presiones aumentan abruptamente. A los 14 años, el 10% de los niños tienen presiones sistólicas que definen la hipertensión (140 mm

Hg o más). Este patrón se asemeja a la hipertensión creada en una colonia estable de roedores mediante la introducción de extraños.[36] El aumento constante de la presión arterial de la sociedad moderna con la edad comienza así en la infancia.

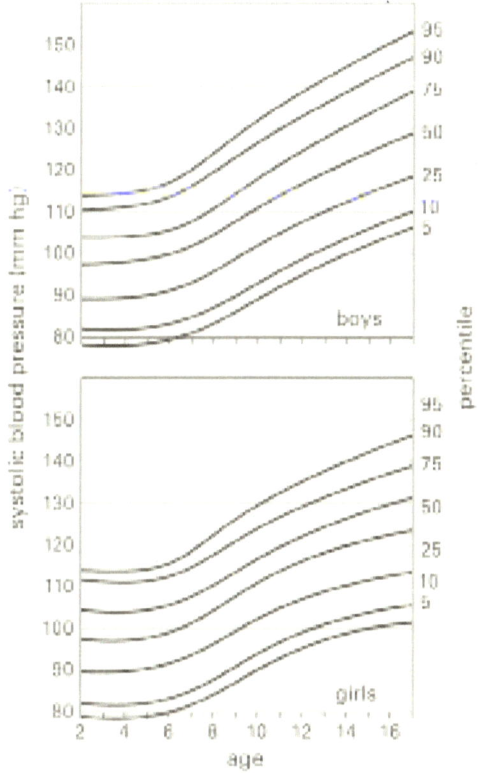

Figura 5.8

La presión arterial aumenta para todos los niños a medida que dejan a la familia y entran en la escuela. Mientras que ciertas áreas del cerebro aprenden a leer, el sistema neurocardiovascular aprende la hipertensión. Estos datos, recopilados a principios de la década de 1970, se confirmaron en un estudio de seguimiento más amplio en la década de 1980. Informes posteriores omiten valores sin procesamiento, que permitirían una comparación longitudinal más completa. Sin embargo, en 2005 el 14% de los niños menores de 18 años fueron reportados como "prehipertensivos" o hipertensos.[37]

Alrededor del 80% de los niños parecen tolerar el régimen de aula descrito anteriormente. Algunos prosperan, en el sentido de absorber gran parte de lo que se les presenta. Pero hasta un 20%, más niños que niñas, pierden su enfoque en la voz del profesor y atienden en su lugar a esa característica que identifica al *H. sapiens*, su voz interior. Cuando un maestro les llama, la mente joven no está en blanco; más bien, está concentrada en algo que no es el tema en cuestión. A algunos niños, la voz interior les dice, como lo hizo con los recolectores en la playa de Bali: ¡Vete! Recordemos también el ciclo de actividad endógena (véase la Figura 3.5). Un niño centrado en sus propios pensamientos y que alberga este impulso estocástico de moverse pasaría desapercibido entre los recolectores, pero en un aula de 30 niños organizados para el orden, habría chaos.

A partir de la década de los 60, se declaró que estos niños sufrían de un "trastorno mental". Se elaboró una lista de síntomas (ver Figura 5.9), y los niños que mostraron suficientes de estos y llegaron una cierta puntuación arbitraria fueron diagnosticados con una disfunción cerebral mínima. El diagnóstico fue renombrado varias veces y actualmente se llama trastorno por déficit de atención con hiperactividad (TDAH).[38] Para 2016, más de seis millones de niños en los Estados Unidos llevaban este diagnóstico, del 5% al 20% de los niños dependiendo del sistema escolar.[39], [40]

Criterios diagnósticos para el TDAH del Manual Diagnóstico y Estadístico de los Trastornos Mentales (DSM-5) de la Asociación Americana de Psiquiatría

A. Un patrón persistente de inatención y/o hiperactividad-impulsividad que interfiere con el funcionamiento o el desarrollo, caracterizado por (1) y/o (2):

1. Inatención: Seis (o más) de los siguientes síntomas han persistido durante al menos 6 meses en un grado que no es coherente con el nivel de desarrollo y que repercute de forma negativa directamente en las actividades sociales y académicas/ocupacionales:
Nota: Los síntomas no son únicamente una manifestación de comportamiento de oposición, desafío, hostilidad o incapacidad para entender las tareas o las instrucciones. Para los adolescentes y adultos mayores (de 17 años en adelante), se requieren al menos cinco síntomas.
   a. A menudo no presta atención a los detalles o comete errores por descuido en las tareas escolares, en el trabajo o durante otras actividades (por ejemplo, pasa por alto o se olvida de detalles, el trabajo es inexacto).
   b. A menudo tiene dificultades para mantener la atención en tareas o actividades lúdicas (p. ej., tiene dificultades para mantener la concentración durante conferencias, conversaciones o lecturas largas).
   c. A menudo parece no escuchar cuando se le habla directamente (por ejemplo, la mente parece estar en otra parte, incluso en ausencia de cualquier distracción obvia).
   d. A menudo no sigue las instrucciones y no termina los trabajos escolares, las tareas o los deberes en el lugar de trabajo (por ejemplo, empieza las tareas pero pierde rápidamente la concentración y se desvía con facilidad).
   e. A menudo tiene dificultades para organizar las tareas y actividades (por ejemplo, tiene dificultades para gestionar las tareas secuenciales; tiene dificultades para mantener los materiales y las pertenencias en orden; trabaja de forma desordenada y desordenada; tiene una mala gestión del tiempo; no cumple los plazos).

f. A menudo evita, no le gusta o es reacio a realizar tareas que requieren un esfuerzo mental sostenido (p. ej., trabajos escolares o deberes; en el caso de adolescentes y adultos mayores, preparar informes, rellenar formularios, revisar documentos largos).

g. Pierde con frecuencia objetos necesarios para realizar tareas o actividades (por ejemplo, material escolar, lápices, libros, herramientas, carteras, llaves, papeles, gafas, teléfonos móviles).

h. Se distrae fácilmente con estímulos extraños (en el caso de adolescentes mayores y adultos, puede incluir pensamientos no relacionados).

i. Es a menudo olvidadizo en las actividades diarias (por ejemplo, hacer las tareas, hacer recados; para los adolescentes mayores y los adultos, devolver las llamadas, pagar las facturas, mantener las citas).

2. Hiperactividad e impulsividad: Seis (o más) de los siguientes síntomas han persistido durante al menos 6 meses en un grado que no es coherente con el nivel de desarrollo y que tiene un impacto negativo directo en las actividades sociales y académicas/ocupacionales.

Nota: Los síntomas no son únicamente una manifestación de comportamiento de oposición, desafío, hostilidad o incapacidad para entender las tareas o dar instrucciones a los iones. Para los adolescentes y adultos mayores (de 17 años en adelante), se requieren al menos cinco síntomas.

a. A menudo se mueve o golpea las manos o los pies o se retuerce en el asiento.

b. A menudo se levanta del asiento en situaciones en las que se espera que permanezca sentado (por ejemplo, abandona su lugar en el aula, en la oficina o en otro lugar de trabajo, o en otras situaciones que requieren permanecer en su sitio).

c. A menudo corretea o trepa en situaciones en las que es inapropiado. (Nota: en adolescentes o adultos, puede limitarse a sentirse inquieto)

d. A menudo es incapaz de jugar o realizar actividades de ocio de forma tranquila.

e. A menudo está "en movimiento", actuando como si estuviera "impulsado por un motor" (por ejemplo, es incapaz de estar o se siente incómodo estando quieto durante un tiempo prolongado, como en restaurantes, reuniones; puede ser experimentado por otros como inquieto o difícil de seguir).

f. A menudo habla en exceso.

g. A menudo suelta una respuesta antes de que se haya completado una pregunta (por ejemplo, completa las frases de la gente; no puede esperar su turno en la conversación).

h. A menudo tiene dificultades para esperar su turno (por ejemplo, mientras espera en la cola).

i. A menudo interrumpe o se entromete en los demás (p. ej., se entromete en conversaciones, juegos o actividades; puede empezar a utilizar las cosas de los demás sin pedir o recibir permiso; en el caso de los adolescentes y los adultos, puede entrometerse en lo que hacen los demás o apoderarse de ello.

B. Varios síntomas de falta de atención o de hiperactividad-impulsividad estaban presentes antes de los 12 años.

C. Varios síntomas de falta de atención o hiperactividad-impulsividad estaban presentes en dos o más entornos (por ejemplo, en casa, en la escuela o en el trabajo; con amigos o familiares; en otras actividades).

D. Hay pruebas claras de que los síntomas interfieren o reducen la calidad del funcionamiento social, académico u ocupacional.

E. Los síntomas no se producen exclusivamente durante la

esquizofrenia u otro trastorno psicótico y no se explican mejor por otro trastorno mental (p. ej., trastorno del estado de ánimo, trastorno de ansiedad, trastorno disociativo, trastorno de la personalidad, intoxicación por sustancias o abstinencia).

Figura 5.9
Criterios diagnósticos para el TDAH del *Diagnostic and Statistical Manual* (DSM-5) de la Asociación Americana de Psiquiatría.
Fuente: *Diagnostic and Statistical Manual of Mental Disorders* (5ª ed.), por la American Psychiatric Association, 2013. Washington, DC.

Para tratar este "trastorno", los psiquiatras pediátricos introdujeron un medicamento, el *metilfenidato*, conocido comercialmente como *Ritalin.* A nivel molecular, el metilfenidato bloquea los transportadores de dopamina (que también capta la serotonina) y la norepinefrina, prolongando así sus acciones y elevando sus concentraciones en los espacios sinápticos. Las neuronas noradrenérgicas, agrupadas en el locus coeruleus del tronco encefálico (ver Figura 4.2), impulsan una red compleja que sirve para la excitación física y mental.[41] Por lo tanto, el efecto de la dopamina de elevar el estado de ánimo y la motivación se complementa con el efecto de la norepinefrina de aumentar la energía, el enfoque mental y el estado de alerta. Estos son precisamente los efectos de la cocaína, logrados al ralentizar la recaptación de estos transmisores de la hendidura sináptica, prolongando así sus acciones. El metilfenidato activa el factor de transcripción, *ΔFosB*, en ciertas neuronas del circuito de recompensa de dopamina, activando así numerosos genes hasta ahora silenciosos. En respuesta, a las neuronas le brotan nuevas espinas dendríticas que fortalecen las conexiones sinápticas y refuerzan la atracción hacia la droga. La cocaína también hace esto. De hecho, estas respuestas al metilfenidato y la cocaína forman el núcleo neurobiológico de todas las adicciones bajo discusión.[42]

El metilfenidato fue finalmente formulado para liberación lenta (*Concerta*), seguido de *Adderall*, una anfetamina pura: 3:1 mezcla de dextroanfetamina, (originalmente *Dexedrine*) y levo anfetamina. Adderall se dirige a los mismos circuitos que el metilfenidato y la cocaína, y de la misma manera. Por lo tanto, los médicos ahora hacen arreglos para que seis millones de niños en edad escolar en los Estados Unidos tomen medicamentos que aumenten su circuito de recompensa de dopamina y su circuito de excitación de norepinefrina, al igual que sus padres lo hacen con las drogas adultas de la desesperación. Los medicamentos pediátricos de la desesperación se recetan cada vez más para adultos que nunca "superaron" su TDAH, ya sea diagnosticado en la infancia o en retrospectiva. Estas drogas se "filtran" en el mercado negro en inmensas cantidades donde los jóvenes las intercambian, venden y pulverizan para inhalar, la ruta principal para drogarse con Ritalin, Concerta y Adderall, como se hace con la cocaína.[43]

Resulta ser que, aprender en el contexto correcto es *intrínsecamente* gratificante. Los circuitos neuronales reconocen cuando se ha producido el aprendizaje y activan el circuito de recompensa para entregar un pulso de dopamina que simultáneamente proporciona satisfacción y aumenta tanto el aprendizaje como la memoria a largo plazo. En otras palabras, el mecanismo de aprendizaje *se alimenta a sí mismo* a través de señales de recompensa intrínsecas.[44] Cuando eso falla en el aula, debemos diagnosticar no a nuestros hijos, sino al aula. El diagnóstico y el tratamiento del TDAH se cuestionarán aún más en el capítulo 6.

Entonces, ¿Cómo estamos ahora?

Peor de lo que retratan los estudiosos del Siglo de las Luces. Somos adictos a las drogas, obesos y jugamos y compramos compulsivamente. Estamos privados de sueño,[45] ansiosos, temerosos y deprimidos. La vida moderna aparentemente causa una deficiencia crónica en la liberación de dopamina y posiblemente lo contrario en la liberación de serotonina, y los sentimientos son intolerables. En consecuencia, nuestros venerables circuitos de forrajeo nos impulsan a encontrar remedios externos. Pero estos resultan ser malos sustitutos de la modificación por circuitos intrínsecos:

i. La liberación de dopamina intrínsecamente desencadenada ocurre en pequeños pulsos, cada vez programados para proporcionar una breve recompensa a un error de predicción positivo. La dopamina desencadenada por efectos externos proporciona un gran aumento cuyo tiempo no está correlacionado con ninguno de los errores de predicción momentáneos y los refuerza de manera menos efectiva. La dopamina liberada por Adderall puede elevar el estado de ánimo y la energía, pero no puede reforzar ninguna lección en particular. El tiempo de recompensa ha sido reconocido como clave para el aprendizaje desde Pavlov y Skinner.[46]

ii. La gran oleada de dopamina enmascara la fina estructura de la liberación intrínseca. Por ejemplo, cuando algo que se predice que es malo no sucede, hay un pulso intrínseco de dopamina que tiende a extinguir el miedo. Pero este pulso sería inundado por una oleada desencadenada extrínsecamente. No extinguir nuestros miedos cotidianos puede conducir a su acumulación y, por lo tanto, a un

aumento de la ansiedad crónica.
iii. Los receptores y circuitos moleculares adaptan universalmente sus sensibilidades (véase la Figura 3.9). [47] La dopamina extrínsecamente elevada reduce la sensibilidad del receptor, lo que hace que la siguiente dosis sea menos efectiva. Se requiere más, y luego más. Este es el ciclo adictivo. [48]
iv. La dopamina activada intrínsecamente no causa adaptación porque las fluctuaciones son pequeñas, son evanescentes y no cambian la media.

Estas cuestiones se aplican a *toda* la farmacoterapia y se examinan más a fondo en el capítulo 6.

Observe que el pulso intrínsecamente desencadenado de dopamina y su consiguiente pulso de satisfacción son transitorios. Esto conlleva una profunda implicación: *la satisfacción no se puede almacenar, sino que debe renovarse continuamente*. Al igual que una célula del músculo cardíaco que nunca está a más de unos pocos latidos de agotar su suministro de ATP (ver Figura 2.7), nunca estamos a más de minutos u horas de insatisfacción. Sin una reposición continua y homeostática de pequeñas sorpresas positivas, eventos ligeramente mejores de lo esperado, caemos en la desesperación. Ahí es donde estamos ahora. ¿Cómo sucedió esto?[49]

Dos peldaños más adelante en la escalera de la información

Hace unos 12.000 años, el clima mundial se había calentado, aumentado en precipitaciones y CO_2 atmosférico, y estabilizado hasta alcanzar un punto que hacía plausible la agricultura.[50] Los recolectores comenzaron a cosechar productos vegetales de manera más intensiva y a reajustar sus dietas tradicionales para acomodarlos. Por ejemplo, si comes menos carne, entonces es mejor que incluyas más legumbres y nueces aceitosas para reemplazar la proteína y la grasa perdidas. La evidencia de esta transición viene en forma de implementos de molienda que aparecieron en varios sitios en todos los continentes a partir de la transición climática. A medida que los recolectores se asentaron para explotar los recursos vegetales, sus poblaciones crecieron. Esto redujo la caza mayor, lo que requirió una mayor dependencia de las plantas y estrategias para fomentarlas, como quemar y recolectar semillas silvestres para dispersar cerca de las áreas residenciales.

El sedentarismo, con su intensificación gradual de la producción de alimentos, tendió a desplazar la caza y la recolección puras. Aunque requería más mano de obra, producía más alimentos por acre. Las comunidades preagrícolas continuaron cazando y recolectando, pero sus crecientes poblaciones tendían a reducir los recursos silvestres por debajo del nivel que podía soportar a los recolectores puros, por lo que estos últimos se mudaron. La agricultura real, es decir, seleccionar y cultivar ciertas plantas mientras se suprimen otras, surgió primero en el Cercano Oriente unos 10.000 años antes del presente con granos y legumbres. Pero también surgió de forma independiente en casi una docena de sitios en todo el mundo: papas en los Andes; ñame y mandioca en las tierras bajas amazónicas; maíz, calabaza y frijoles en Mesoamérica; mijo en Asia; y así sucesivamente.

El sedentarismo trajo varias consecuencias. En primer lugar, acabó rápidamente con las relaciones exteriores.[51] La supervivencia en áreas más ricas con recursos más confiables no requirió un intercambio riguroso para suavizar las fluctuaciones de los recursos. Además, ciertos *sapiens* descubrieron cómo apropiarse de la tierra más fértil o de los mejores lugares para pescar salmón para *sus* familias. Para tipos tan duros, la simple compulsión era más conveniente que el altruismo recíproco, y en poco tiempo hubo esclavitud. En segundo lugar, en el desarrollo de la agricultura, los *sapiens* lograron un control parcial y episódico sobre especies clave de plantas y animales. Pero las densidades de población más altas gradualmente no permitieron cualquier retorno a la naturaleza. Así que aquí había un peldaño en la escalera de la información.

La agricultura requería un trabajo más duro, más horas y, en comparación con el forrajeo, un conjunto de habilidades reducidas para la mayoría de las personas. Se cambió una mayor productividad por acre por una menor diversidad de actividades individuales y, por lo tanto, menos oportunidades de pequeñas recompensas positivas.

Para pasar desde los inicios de la agricultura hasta las cosechas a gran escala de cultivos almacenables, como los granos, se requirieron unos 5.000 años. Para entonces las desigualdades se habían multiplicado hasta que de repente (considerando los 150.000 años de historia de los *sapiens*) hubo gobernantes y *estados*. Con el Estado llegó un nuevo invento: el recaudador de impuestos.[52] Los impuestos requerían registros de propiedad de la tierra, fertilidad del suelo, cultivo esperado, cultivo real y luego ... la cuenta. Los detalles eran demasiados para que una mente los sostuviera. Así que se idearon los símbolos, primero presionados en una bola de barro y luego más convenientemente inscritos en tablillas de arcilla bidimensionales. La escritura no se refiere inicialmente al lenguaje, sino más bien al registro de las obligaciones con el Estado. Cualquiera que sea el propósito, la escritura implica *lectura* y, por lo tanto, un área cortical para reconocer y codificar símbolos ortográficos.

Resultó ser la "zona durmiente", TEp2, mencionada en el capítulo 4 (véase la Figura 4.14). En individuos prealfabetas TEp2 reconoce objetos y caras. Ciertamente no evolucionó para la lectura. Sin embargo, a medida que aprendemos a leer, esta área por sí sola redefine sus circuitos para reconocer y almacenar imágenes ortográficas. TEp2 se limita al hemisferio izquierdo, lo que es eficiente por sus conexiones esenciales con las áreas lingüísticas del hemisferio izquierdo. TEp2, recientemente llamada *área de formación visual de las palabras*, sirve para toda la escritura, tanto alfanumérica como ideográfica.[53] Incluso los símbolos leídos por las yemas de los dedos (Braille) se transmiten desde las áreas corticales de "tacto" al área de formación visual de la palabra, un proceso de aprendizaje que en los adultos requiere una reorganización cortical masiva.[54]

La escritura demostró ser otro peldaño en la escalera de información. La cocción había exteriorizado la digestión y, por lo tanto, acelerado la expansión del cerebro (véase el capítulo 4). Ahora, la escritura exteriorizó la memoria y, por lo tanto, aceleró la expansión del conocimiento. De los símbolos inscritos sobre la arcilla a la tinta impresa sobre el papel fueron apenas 3.500 años. Luego, desde Gutenberg hasta el Siglo de las Luces fueron solo 250 años, y ese fue el comienzo de lo que, uno se preocupa, podría llegar a ser el final.

Cuando la información se volvió ilimitada: Lo que Watt forjó

Durante aproximadamente dos millones de años, los simios del género *Homo* habían usado el fuego para calentar una cueva y asar una raíz o un conejo, y los *sapiens* continuaron estos usos. Pero en 1769 James Watt, el inventor escocés en el Siglo de las Luces, patentó la primera máquina eficiente que utilizaba el fuego para realizar trabajos mecánicos (ver Figura 5.10). Esta invención coincidió con las últimas etapas de "cercamiento" o "limpieza" que sacaron a los campesinos ingleses y escoceses de sus tierras comunes tradicionales para empujarles hacia las ciudades.[55] El nuevo grupo de mano de obra urbana se puso instantáneamente a trabajar en máquinas de hilar y telares impulsados por máquinas de vapor. De la noche a la mañana, en lugar de vidas integradas en el campo, hombres, mujeres y niños tenían "trabajos" que los vinculaban a una máquina durante 12 horas al día o más.[56]

Por supuesto, muchos ríos habían convergido para formar la poderosa Amazonía del capitalismo. Robert Boyle había demostrado que el volumen de gas está relacionado inversamente con la presión (P ~ 1 / V), y las "reglas de deslizamiento" parecían ayudar a los ingenieros de Watt a calcular las especificaciones críticas de su máquina. El acercamiento de la tierra había aumentado la productividad agrícola para alimentar al proletariado urbanizador, y más tarde, el grano barato importado bajo un acuerdo de libre comercio con los Estados Unidos permitió que los agricultores arrendatarios escoceses fueran reemplazados por ovejas, para producir la lana hilada por molinos a vapor.[57] Al final del Siglo de las Luces, el Amazonas estaba en pleno diluvio.

El motor que primero oxidó carbono para obtener energía transformó la capacidad de los *sapiens* para explotar recursos en todo el planeta: palas de vapor para cavar canales, locomotoras de vapor para cruzar desiertos, barcos de vapor para cruzar océanos y fábricas de vapor para mantener la pro-

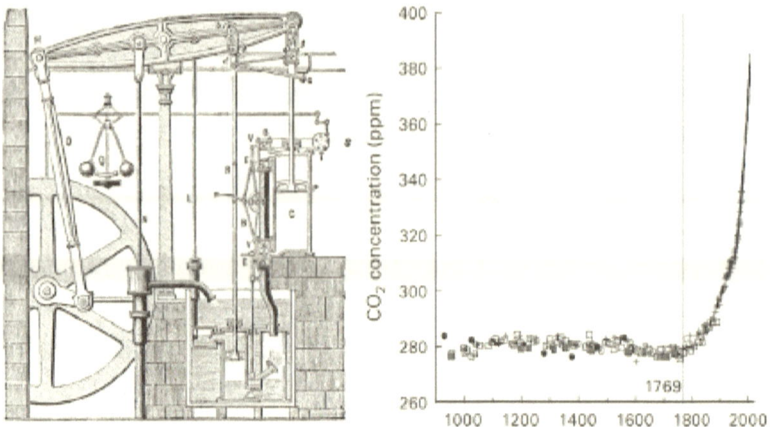

Figura 5.10
La máquina de vapor de Watt aprovechó el fuego para el trabajo mecánico, iniciando así un aumento explosivo en la producción industrial y el dióxido de carbono planetario. Izquierda: Diagrama del pequeño motor que despegaba a los *sapiens* de los rieles. **Derecha:** Concentración de dióxido de carbono atmosférico durante el último milenio. La línea vertical marca el año de la patente de Watt.
Fuente: Gráfico reimpreso con permiso de *Sustainable Energy: Without the Hot Air*, por David J. C. MacKay, 2008, Cambridge: UIT Cambridge. También disponible en http//:www.withouthotair.com.

ducción incluso cuando los arroyos se congelaban o se secaban. El motor de Watt fue la expansión de potencia más significativa desde la mitocondria. La combustión de carbono y su producto, el CO2 atmosférico, aumentaron exponencialmente (véase la Figura 5.10).[58]

La ecuación para una curva exponencial describe un proceso que comienza lentamente pero se acelera, como las bacterias en crecimiento donde una célula obtiene dos, dos obtienen cuatro, y así sucesivamente. O como la pólvora donde una chispa que enciende un pequeño fragmento produce calor, que enciende un fragmento más grande, y así sucesivamente.

Tales procesos intrínsecamente acelerados siempre terminan. Ya sea agotando el suministro de energía o acumulando productos de desecho que envenenan el medio; o tal vez por una explosión que termine la reacción al destruir los materiales que la componen. Aquí, entonces, hay algunas matemáticas cuyas "implicaciones", como Michael Crichton declaró en el epígrafe de este capítulo, "exigen coraje para enfrentar".

A lo largo de más de 10 milenios la agricultura había reducido las habilidades y el conocimiento individual, pero ahora la máquina de vapor aceleró el proceso y lo exageró grotescamente. Adam Smith anticipó la consecuencia, escribiendo en el mismo año en que la máquina de su amigo se puso en línea:

> El hombre cuya vida se dedica a realizar algunas tareas simples, no tiene la oportunidad de ejercer su comprensión o de ejercitar su invención para encontrar soluciones para dificultades que nunca ocurren. Naturalmente pierde, por lo tanto, el hábito de hacer tal esfuerzo y generalmente se vuelve tan estúpido e ignorante como lo es posible para una criatura humana de serlo.[59]

¿Qué sucedió entonces con las características centrales de los *sapiens*: ingenio, iniciativa, espíritu independiente, aprendizaje a lo largo de décadas? ¿Qué fue de las comunidades extravagantes donde cada cerebro era diferente y todos tenían algo que ofrecer? Tales características, tan profundamente humanas como el tamaño de nuestros dientes y la longitud de nuestro intestino, se establecieron hace 150.000 años. Fueron gradualmente atenuados por la agricultura en el transcurso de 10.000 años y luego profundamente erosionados por el advenimiento del motor de Watt y su contexto social, los dones del Siglo de las Luces.

El problema central no es ninguna actitud filosófica o sistema político. Es más bien que el genio de *H. sapiens* gradualmente, luego rápida y completamente, redujo las posibilidades para que la mayoría de los individuos ejercitara sus dones naturales. Evolucionamos para explorar el planeta, pero ahora multitudes están confinadas a perforar un boleto, escanear un artículo o sentarse en cubículos y mirar una pantalla. Estas actividades no son gratificantes, por lo que nos desesperamos.

Algunas conclusiones

El *sapiens* moderno ha perdido innumerables fuentes de la recompensa del error de predicción positivo: pérdida de recompensas por interacciones recíprocas y todas las pérdidas de satisfacción que se le acumulan a los "menos iguales". Para los jóvenes, hay pérdida de juego y pérdida de aprendizaje que conlleva un significado personal. Al ingresar al "mercado laboral" en el pico de la capacidad física, la mayoría de los adultos jóvenes se convierten en cifras—sin importancia individual—con raras oportunidades de recibir alguna recompensa por el hecho de mejorar su dominio del tema. En la mediana edad, las posibles recompensas de enseñar a la próxima generación se han marchitado porque la tecnología avanza. En la vejez, las oportunidades ahora son raras para brindar atención a la generación más joven, por lo que la fuente de pequeñas recompensas que sostiene la vida se seca hasta no ser más que un goteo.

La sociedad ha desarrollado varias adaptaciones para corregir las fuentes cada vez menores de errores positivos de predicción de recompensas. El supermercado moderno ofrece 10,000 artículos, cada uno con cierto potencial para entregar una pequeña recompensa. La "industria del entretenimiento" es diversa: deportes profesionales; música profesional, drama, comedia y arte. La rama porno de esa industria es simplemente asombrosa, y las redes sociales han crecido explosivamente. Sin embargo, es aleccionador notar que el crecimiento de los teléfonos inteligentes y Facebook va en paralelo con el crecimiento de los tiroteos masivos. A pesar de todas estas formas ingeniosas de administrar dopamina, muchos ciudadanos están desesperados. ¿Por qué? ¿Cuáles son las limitaciones de estas rutas para el error positivo de predicción de recompensas?

Primero, todos son vicarios, es decir vividos en la imaginación a través de experiencias o acciones ajenas; y eso reduce el compromiso físico. El ejercicio muscular simple disminuye, pero también lo hace el ejercicio de la agilidad, la fuerza, la resistencia, la imaginación y el estilo, todas las actividades que liberan dopamina. Cuando no se ejerce ninguna habilidad, cuando no se practica, no puede haber mejora, lo que, como se señaló, es intrínsecamente gratificante. Además, la sensación y la percepción disminuyen: ¿qué es una taza de fideos de supermercado calentados sin esfuerzo y sin pensar en el microondas en comparación con el aroma y el sabor de una sopa casera o pan casero? En segundo lugar, los productos indirectos son necesariamente estereotipados y, por lo tanto, predecibles. Sabes exactamente lo que encontrarás en el pasillo 7 del supermercado: 10 marcas de aceite de oliva casi indistinguibles.

La pornografía se basa en una fuerte respuesta instintiva a las imágenes eróticas que heredamos de nuestro antepasado compartido con el macaco (véase el capítulo 4). Los proveedores intentan continuamente ir más allá de los estereotipos para mantenerlo interesante, pero no pueden. La pornografía puede despertar deseo sexual en casi todos brevemente, pero para la mayoría de las personas, no puede reemplazar lo real. Esto se debe a que el sexo real, como la cocina real, es mucho más complicado con muchas posibilidades de fracaso y recompensa. ¡El ejercicio solo! Para todas las actividades indirectas, la estereotipia conduce a una disminución del error de predicción de recompensas. Entonces, en cuanto a las drogas y los alimentos calóricamente ricos, de alguna manera deben intensificarse o dar paso a la desesperación.

La perspectiva del Siglo de las Luces considera cada problema por separado y propone para cada uno una solución técnica de bajo nivel. Para el exceso de CO_2, inventa un método para secuestrarlo. Para el consumo compulsivo de alimentos y drogas, encontrar un medicamento para suprimir la dopamina. Pero aquí sugiero que la mala salud de la Tierra y la mala salud de los *sapiens* tienen la misma causa: el consumo excesivo. El *consumo excesivo* de bienes, viajes y carne aumenta los gases de efecto invernadero como el CO_2 y el metano. El consumo excesivo de alimentos calóricamente ricos impulsa la obesidad, la diabetes, la hipertensión y las enfermedades cardiovasculares, que llevan a la muerte de muchas formas (véase el capítulo 6). El consumo excesivo de drogas que elevan el estado de ánimo se suma a esas rutas y conduce de forma independiente a las muertes por desesperación.

El aumento del CO_2 y el aumento de la desesperación en cierto sentido comparten la misma causa molecular: la ocupación insuficiente y oportuna de nuestros receptores de dopamina. Cuando esos receptores eran constantemente "cosquilleados" por pequeños pulsos de dopamina, nos sentíamos satisfechos (como lo expresó Herman Melville en el epígrafe del capítulo 3). Los pulsos pequeños no alteraban la concentración media de dopamina, por lo que nuestros receptores no redujeron sus sensibilidades y no necesitábamos *más*. En este contexto, las propuestas para tratar la adicción mediante la supresión de la liberación de dopamina (rimonabant) parecen completamente erradas. Ningún problema humano se mejorará reduciendo la liberación de dopamina. Más bien, la búsqueda debería ser *aumentar* los pequeños pulsos de dopamina mediante la expansión de los errores positivos de predicción de recompensas a través de actividades interesantes y útiles que atraigan a nuestra especie, que alguna vez había sido diversamente talentosa y energética.

Las adicciones y sus patologías crónicas asociadas desafían a la medicina moderna debido a su amplia prevalencia y su carácter aparentemente intratable. Pero también nos desafían conceptualmente. ¿Es realmente correcto pensar en la adicción como una "enfermedad"? ¿La adicción realmente surge, como dicen casualmente los expertos, como un "trastorno" o "desregulación"? ¿O es, en cambio, la consecuencia predecible de empujar varios sistemas altamente optimizados más allá de los límites de sus diseños? ¿El objetivo es tratar por separado cada causa final: cirugía bariátrica para la obesidad, estimulación cerebral para la depresión, etc.? ¿Eso nos hará saludables? ¿O tal vez deberíamos reconsiderar lo que se entiende por "salud" y explorar algunas rutas generales más amplias para llegar allí? Ese es el capítulo 6.

6. ¿Qué es la salud?

Nunca envíes a averiguar por quien suenan las campanas.
—Juan Donne

El capítulo 5 terminó con un triste relato de la aceleración de las enfermedades crónicas para los *sapiens* y el planeta. Si ha de haber esperanza, primero necesitamos claridad. Desde el Siglo de las Luces, el cuerpo se ha considerado análogo a una máquina equipada con mecanismos para la autorregulación automática, como el regulador de velocidad en el motor de Watt (ver Figura 5.10). Este modelo ha servido brillantemente, fomentando la investigación fisiológica de los órganos internos y su regulación mediante la retroalimentación. Ahora, habiendo alcanzado el nivel molecular, a menudo podemos identificar una molécula defectuosa que causa una enfermedad y luego tratarla con "medicina molecular", ya sea reemplazando la molécula con una versión funcional o ideando un medicamento que ofrezca una "solución" farmacológica inteligente.[1]

Sin embargo, hay problemas significativos para los que este modelo falla, tanto conceptual como prácticamente. Estamos afectados por altos niveles de adicción, hipertensión, obesidad y diversos síntomas cognitivos y emocionales. Algo está ciertamente mal, pero como veremos al trazar la secuencia de eventos, nada puede identificarse como roto o faltante. Otro problema para el "modelo de máquina" se refiere al espectro de la variación humana y nuestra extrema individualidad. El capítulo 4 explica que la individualidad mejora la capacidad computacional comunitaria. Pero algunas personas son tan diferentes que sufren y son también difíciles de ayudar. Como veremos de nuevo, nada está demostrablemente roto, pero el modelo de la máquina diagnostica un "trastorno", enfermedad o "desregulación". Asume, incluso donde nada se ha identificado como roto, que eventualmente algo lo *estará*, porque eso es lo que el modelo requiere.

Este capítulo señala los aspectos claves en los que un organismo vivo difiere de una máquina. Basándose en estas diferencias, revisa el problema de la adicción / adaptación y su red de consecuencias mortales. Luego considera algunos problemas que surgen de los espectros de la diferencia humana y finalmente se pregunta qué es, después de todo, la salud. Al aclarar lo que se busca, podríamos mejorar nuestras posibilidades de lograrlo.

¿Qué tipo de máquina somos?

Todos los sábados durante 35 maravillosos años, la Radio Pública Nacional transmitía *Car Talk*, donde los oyentes llamaban con sus problemas automotrices. Los hermanos Magliozzi, copropietarios de un taller de reparación en Cambridge, Massachusetts, sondeaban y se burlaban de la persona que llamaba, riendo alborotadamente. Luego, en el momento adecuado, se volvían serios, daban en el clavo con el diagnóstico y explicaban con confianza la solución. Las personas que llamaban estaban asombradas y gratificadas, pero en cierto sentido no era tan impresionante. Un automóvil comprende un número limitado de piezas mecánicas, cada una con una función conocida, acoplada de manera definida al resto.

Además, las piezas de un automóvil, de acero, vidrio, plástico y caucho, son estables a nivel molecular. Por lo tanto, su rendimiento es predecible: todos se comportan según lo previsto hasta que uno se desgasta, llevando a una consecuencia conocida. Cada modelo está diseñado para un nicho en particular: para carreteras difíciles, un alto despeje, suspensión rígida y neumáticos resistentes. El motor está diseñado para un combustible particular de composición especificada. El rendimiento máximo se produce cuando es nuevo: el uso lo desgasta. Cada modelo tiene un manual de piezas con diagramas para indicar su montaje adecuado. Por lo tanto, con la experiencia y cierta intuición mecánica (ambos hermanos eran graduados del MIT), el diagnóstico generalmente era muy rápido: la verdadera magia estaba en su capacidad para generar tal hilaridad.

El organismo humano tiene ciertas similitudes con un automóvil. Quema combustible y oxígeno para producir trabajo, calor y CO_2. Las partes encajan con precisión y funcionan de acuerdo con las leyes de la física y la química. Algunos síntomas indican una parte rota y, a menudo, se puede reparar. Sin embargo, nuestra complejidad biológica es inmensamente mayor, y muchas partes críticas permanecen sin identificar. Además, muchas partes cumplen múltiples funciones simultáneamente, y sus funciones se alteran de acuerdo con el contexto a través de sutiles modificaciones bioquímicas. Las piezas a nivel molecular están en constante flujo y se renuevan continuamente. Aunque una pieza puede eventualmente desgastarse con el uso, generalmente *se adapta*: la piel se engrosa, los músculos se fortalecen, etc. Este es el principio universal de los organismos vivos ilustrado en la Figura 3.9.

La adaptación es una respuesta predictiva: el uso predice más uso, por lo que los tejidos se preparan aumentando la capacidad. La adaptación ejemplifica el principio de la alostasis: los tejidos no se mantienen constantes mediante la retroalimentación de corrección de errores, sino que se dirigen a *cambiar*, a fin de optimizar el rendimiento para la próxima demanda más probable. Los cambios se coordinan centralmente y se efectúan a través de sistemas de señalización heredados de eucariotas y urbilaterianos. Por lo tanto, la regulación de la adaptación humana se ha optimizado durante miles de millones de años, para ser eficiente. Las optimizaciones implican innumerables conexiones cruzadas a través de moléculas de señalización. Más allá de los órganos endocrinos estándar, la mayoría de los tejidos (intestino, hígado, grasa, hueso, corazón, riñón, sistema inmunológico, etc.) a través de múltiples hormonas y *citoquinas*, se afectan entre sí y al cerebro. Si un coche funcionara así, los hermanos Magliozzi podrían haberse reído mucho menos.

La adaptación es reversible. El uso engrosa la piel y fortalece el músculo, pero como el uso predice más desuso, estos tejidos retroceden para conservar materiales y energía. El aprendizaje es una forma de adaptación, un mecanismo para acumular la información necesaria para la predicción y el control.[2] Parte del aprendizaje es rápidamente reversible: el número de su habitación de hotel pronto se desvanece. Pero muchos tipos de aprendizaje son inolvidables. No puedes desaprender a andar en bicicleta, y una vez que aprendes una determinada canción, te quedas atascado con ella. Si tu confianza es traicionada, puedes perdonar, pero no puedes olvidar. Eso es biología. Sin embargo, de alguna manera este punto se pierde cuando el modelo de la máquina se aplica a un aspecto profundamente problemático del comportamiento humano: la adicción.

¿Qué es la adicción?

Considere cualquier droga o comportamiento que produzca una oleada intensa de dopamina. Con cada repetición, la práctica, la experiencia se refuerza y fortalece, como el músculo y los huesos ante el ejercicio diario. En el circuito de recompensas brotan nuevas sinapsis (véase el capítulo 5), al igual que los circuitos motores cuando un violinista practica una sonata (véase el capítulo 4). A nivel molecular, los receptores de dopamina se adaptan disminuyendo su sensibilidad al aumento de dopamina.[3] Ahora, para obtener la misma recompensa se requiere una mayor oleada de dopamina. Otras actividades que anteriormente proporcionaban pequeños pulsos de dopamina ahora son inútiles para satisfacer esta necesidad, por lo que la persona, el ratón o la mosca de la fruta buscan compulsivamente una dosis mayor de la droga u otro comportamiento que dará lugar a la oleada.

No hay enfermedad ni desregulación. Esto es simplemente un sistema, heredado de gusanos, para recompensar diversas acciones con pequeños pulsos. Un *pequeño* pulso de dopamina, como un pequeño pulso de luz, que no modifica los receptores. Sin embargo, al reemplazar la diversidad de pequeñas recompensas con una sola fuente potente, como una droga, se viola el diseño del sistema. El circuito funciona exactamente como se supone que debe hacerlo, pero no para lo que estaba destinado. Esto se ha denominado un "desajuste" entre cómo evolucionamos y cómo vivimos ahora. Pero este eufemismo evita enfrentar directamente que "cómo vivimos ahora" es intolerable para una fracción grande de nuestra población.

Imagínese entrar en "rehabilitación" para deshacerse de una adicción que ha estado proporcionando su dosis de dopamina. Simplemente evitar la sustancia es un comienzo, pero ¿cómo *desaprender* una actividad cuyos detalles fueron reforzados por ese aumento? Ni siquiera podemos muchas veces olvidar una canción, y mucho menos ese *éxito*. Sin embargo, cuando se elimina la dosis, *gradualmente* el sistema se readapta. Los receptores se regulan al alza, y las sinapsis que habían brotado para impulsar la adicción probablemente retroceden, restaurando así la sensibilidad a pulsos pequeños.

Luego se pueden desarrollar diversas actividades para proporcionar esos pequeños pulsos. Algunos adictos encuentran recompensas positivas diarias en contextos de apoyo social, por ejemplo, un "programa de 12 pasos", donde cada persona es recibida calurosamente, escuchada y nunca regañada o avergonzada por el fracaso, más o menos lo opuesto a su experiencia en un aula de clases. Otros encuentran sus pequeños pulsos esenciales al renovar o establecer una convicción religiosa, y otros a través del compromiso físico o artístico.

La recuperación es desesperadamente difícil, por lo que la recaída es tan común. Aunque la adicción no es una enfermedad, el sufrimiento ciertamente se siente como tal. La adicción ciertamente no es un fracaso de la moral o la voluntad. Más bien, es una condición impulsada poderosamente por circuitos cerebrales centrales que simplemente buscaban, tal como su diseño lo indicaba, pequeños pulsos regulares de dopamina, que son tan esenciales para la vida como lo son las vitaminas. La recuperación es tan difícil que es mucho mejor prevenir la adicción enriqueciendo ampliamente las oportunidades para diversos errores de prevención de recompensas positivas. ¡Imagínese lo que se podría lograr por una fracción de los costos sociales y financieros del encarcelamiento y la rehabilitación!

En resumen, el problema central de la adicción es un conjunto de circunstancias que mueven un parámetro fisiológico más allá de su rango de operación característico, alterando así su predicción e iniciando la adaptación (ver Figura 3.9). Este es también el problema central de la hipertensión.

¿Qué causa la hipertensión "esencial"? La presión arterial responde a la demanda prevista

La presión arterial varía continuamente en el transcurso de un día. Las variaciones sirven para coincidir con los cambios previstos en la demanda, y todas las variaciones son activadas centralmente, por el cerebro. La presión aumenta ante cambios estocásticos de atención, como se muestra en la Figura 3.5. La presión aumenta ante estímulos externos, como un pinchazo, y ante interacciones sociofisiológicas complejas, como las relaciones sexuales (ver Figura 6.1, arriba). Esta figura es un registro ambulatorio de 24 horas de la presión arterial, también muestra el reloj circadiano prediciendo una profunda caída de la presión durante el sueño, ye el estrés matutino prediciendo la necesidad de un aumento sostenido de ésta. Ciertos sensores, como los *barorreceptores* en el arco aórtico y el seno carotídeo, desencadenarían reflejos homeostáticos para mantener la presión constante; por lo tanto, cada comando para cambiar la presión arterial emplea señales alostáticas a los barorreceptores para cambiar sus sensibilidades según lo requerido.[4]

Los comandos a corto plazo para elevar la presión arterial no desencadenan la adaptación, como tampoco el simple hecho de cargar la bolsa de comestibles a la cocina desencadena el fortalecimiento de los músculos y los huesos. Sin embargo, cuando continuamente experimentamos condiciones que activan mecanismos para la excitación emocional y fisiológica, el cerebro predice una nueva media para la presión arterial y la mueve gradualmente hacia arriba. Esto ocurre cuando una colonia asentada de roedores recibe a un extraño en medio de ella (véase el capítulo 5); ocurre cuando un mono recibe choques diarios que solo puede evitar mediante una vigilancia constante,[5] y ocurre en niños confinados en un aula (ver Figura 5.8). No sucede en una comunidad de monjas de clausura, y en consecuencia sus presiones arteriales medidas durante 20 años no aumentan.[6]

A medida que en la sociedad moderna persiste las presión más alta, las arterias adaptan su estructura.[7] Las paredes se engrosan, estrechando la luz (véase la Figura 6.1, abajo a la derecha), hasta que finalmente *se requiere* una presión más alta para mantener el flujo (véase la Figura 6.1, abajo a la izquierda). En efecto, las arterias se vuelven adictas a una presión más alta. Los barorreceptores también adaptan su estructura para mantener su sensibilidad a la presión crónicamente más alta. El cerebro logra esta regulación ascendente de la presión arterial media a través de tres mecanismos interrelacionados (ver Figuras 6.2). Al igual que para la adicción a las drogas, nada está roto o desregulado.

Cómo el cerebro eleva la presión arterial

El cerebro, prediciendo qué presión arterial se necesitará, establece la presión a través de múltiples mecanismos que

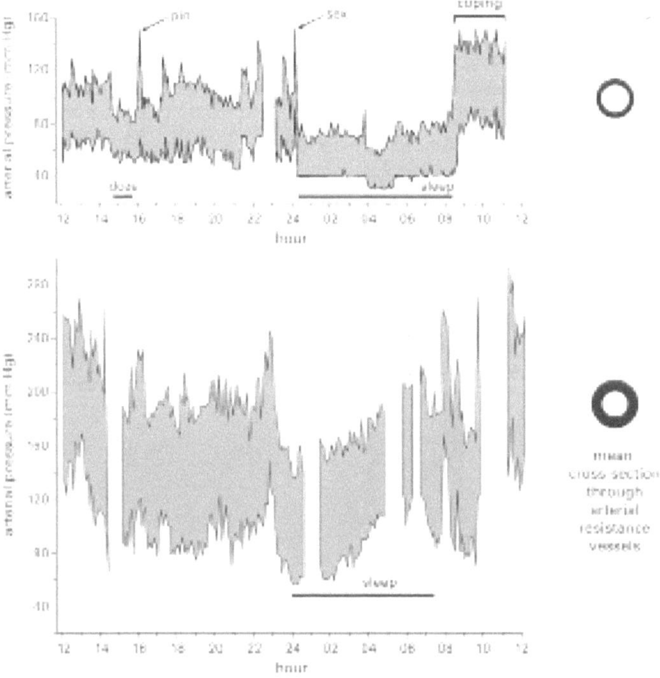

Figura 6.1

La presión arterial media varía a lo largo del día para satisfacer la demanda prevista. Las arterias adaptan gradualmente su estructura para que coincida. Izquierda: Presión arterial en un sujeto normal registrada durante 24 horas a intervalos de 5 minutos. Las grandes variaciones coinciden con el estado físico y mental del sujeto. **Derecha:** La sección transversal arterial representa una sección transversal promedio de los vasos de resistencia en una rata no hipertensiva. **Izquierda:** Presión arterial de un sujeto con hipertensión establecida. La presión todavía varía, pero las arterias se han adaptado a la presión sostenida. **Derecha:** Sección transversal arterial con pared engrosada y luz estrechada. La presión media no puede volver a la normalidad porque estas arterias ahora requieren una presión más alta para entregar un flujo adecuado, y en este sentido, son “adictas” a la alta presión.

Fuentes: Registros de presión redibujados de “Direct Arterial Pressure Recording in Unrestricted Man”, por A. T. Bevan, A. J. Honour y F. H. Stott, 1969, *Clinical Science, 36*, 329–344. Secciones transversales arteriales modificadas de “Circulatory Control and the Supercontrollers”, por P. I. Korner, 1995, *Journal of Hypertension, 13*, 1508–1521.

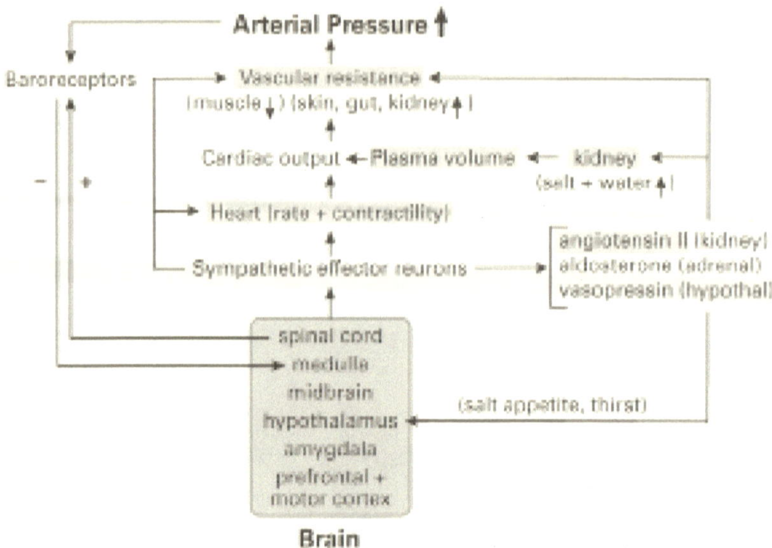

actúan en diferentes escalas de tiempo. Las señales rápidas viajan a través de los nervios simpáticos al corazón para aumentar la fuerza y la frecuencia de contracción, aumentando así el gasto cardíaco (ver Figura 6.2). Las señales rápidas también viajan a través de los nervios simpáticos para contraer los vasos arteriales (ver Figura 3.8). Cuando un pulso de transmisor neural estimula un músculo liso arterial para que se contraiga, los canales iónicos sensibles al estiramiento de la célula se abren para despolarizar aún más la célula y amplificar la contracción. La célula muscular se adapta a las elevaciones sostenidas de la presión arterial al expresar más canales.[8] Ahora, el mismo pulso transmisor, que involucra una célula muscular más gruesa con más canales iónicos, evoca una mayor constricción, que eleva aún más la presión.

Las señales más lentas, diversas hormonas enviadas de forma inalámbrica a través de la sangre, tienen un inicio más lento pero una acción más prolongada. Varias hormonas in-

Figura 6.2
El cerebro predice qué presión arterial se necesitará y establece la presión a través de múltiples mecanismos coordinados. Anticipando una necesidad aguda de aumentar el flujo sanguíneo al músculo, la corteza prefrontal y motora activan varias vías paralelas que conducen a las neuronas simpáticas espinales. Estos aumentan la frecuencia cardíaca y la contractilidad, aumentando así el gasto cardíaco. Las señales simpáticas también dilatan los vasos arteriales al músculo esquelético y cardíaco, aumentando el flujo y constriñen los vasos arteriales de la piel, el riñón y el intestino, disminuyendo el flujo. Un mayor flujo (gasto cardíaco) a través de una mayor resistencia neta aumenta la presión arterial. Para aumentar aún más el gasto cardiaco, el riñón expande el volumen plasmático al retener sal y agua. Esto se logra de manera predictiva por el hipotálamo, que libera vasopresina, y por los nervios simpáticos que liberan renina-angiotensina del riñón y aldosterona de la corteza suprarrenal. La vasopresina y la angiotensina también contraen directamente los vasos arteriales. El aumento de los niveles sanguíneos de estas hormonas conservadoras del contenido salino el agua son detectados por las neuronas hipotalámicas que aumentan el apetito y la sed de sal.

El diagrama omite mecanismos adicionales impulsados por el cerebro que también ayudan a elevar la presión, como la inhibición parasimpática reducida del corazón, la reducción de la secreción de la hormona (atriopeptina) que reduce la sal del corazón, y el aumento de la secreción de adrenalina y cortisol de las glándulas suprarrenales. El fondo pálido indica sitios dirigidos clínicamente para el antagonismo farmacológico.

Los barorreceptores monitorean los aumentos de presión en la salida del corazón y retroalimentan negativamente al cerebro, inhibiendo fuertemente la activación simpática del corazón y los vasos. Este mecanismo homeostático, si no se controla, se opondría a las órdenes del cerebro para aumentar la presión. En consecuencia, el cerebro incluye una señal a las neuronas en la médula para adaptar el reflejo barorreceptor a un nuevo nivel adaptado a la presión determinada centralmente. En otras palabras, ¡este reflejo homeostático clave está bajo control predictivo! Para más detalles, consulte "Resetting of the Baroreflex Control of Sympathetic Vasomotor Activity during Natural Behaviors: Description and Conceptual Model of Central Mechanisms", por R. A. L. Dampney, 2017, *Frontiers in Neuroscience, 11*, 461, y "Central Control of the Cardiovascular System: Current Perspectives", por R. A. L. Dampney, 2016, *Advances in Physiology Education, 40*, 283–296.

volucran el riñón. Si el cerebro simplemente estimulara el corazón y los vasos arteriales para elevar la presión, el riñón tendería a restaurar homeostáticamente la presión al aumentar la diuresis de la sal y agua para reducir el volumen sanguíneo. En consecuencia, el cerebro hace cumplir su comando de *aumento de presión* a través de los nervios simpáticos a las células endocrinas del riñón. Estas células liberan la hormona *renina* que escinde una "prohormona" circulante a su forma activa, la *angiotensina II*. Los receptores de angiotensina en los vasos arteriales desencadenan una vasoconstricción prolongada, y los receptores de angiotensina en el riñón desencadenan la retención de sal y agua.

¡Pero hay más! Los receptores de angiotensina en la corteza suprarrenal desencadenan la liberación de la hormona *aldosterona*, que también le dice al riñón que retenga sal.[9] Y los receptores de angiotensina en el *cerebro* monitorean el nivel sanguíneo de angiotensina, completando el circuito que comenzó con la instrucción inicial del cerebro de secretar renina. Por lo tanto, lo que parece ser una orden simple para *aumentar la presión*, es en realidad bastante complicado porque los sistemas cardiovascular y renal se interconectan ricamente a través de la señalización neuronal y hormonal, ya que deben permitir compensaciones eficientes (ver Figura 3.7). Estas interconexiones ricas y adaptativas plantean problemas para la farmacoterapia, que se abordarán hacia el final de este capítulo.

Simultáneamente, los nervios simpáticos conectados con las células del músculo cardíaco inhiben su liberación de *atriopeptina* (también conocida como *peptido natriurético auricular*), que promueve la excreción de sal, y el hipotálamo libera la hormona *vasopresina*, que promueve tanto la vasoconstricción como la retención de líquidos. Al carecer de tales vías entrelazadas para modular la presión arterial, cada órgano tendería a trazar su propio curso homeostático, corrigiendo errores locales. Pero el cerebro, conociendo el contexto general, puede hacer una mejor predicción y dirigirlos a todos en concierto. Los nervios simpáticos, que una vez se pensó que actuaban "autónomamente" bajo control espinal, ahora se sabe que también se gobiernan desde los niveles corticales más altos.[10] Cuando el maestro ordena: "Siéntese derecho y escupa ese chicle", las vías de la corteza frontal envían mensajes nítidos para diseminarse a través de los riñones, las glándulas suprarrenales, el corazón y los vasos sanguíneos del alumno (ver Figura 6.3).

Esta cuenta ejemplifica una eficiencia clave de la señalización hormonal: un pulso liberado en la sangre puede llamar a una respuesta de cada célula funcionalmente relevante en todos los sistemas. Para participar, una célula solo necesita expresar un receptor para unirse a esa hormona. Además, los receptores se pueden expresar como diferentes isoformas que se acoplan a diferentes mecanismos de señalización aguas abajo: un canal iónico simple o una proteína G capaz de una amplificación inmensa.[11] No es de extrañar que hayamos conservado este don del bilatariano (véase el capítulo 2).

La hipertensión sostenida ha sido llamada *esencial*, que significa "causa desconocida". Pero en realidad, merece ser llamada hipertensión *establecida* porque a estas alturas la causa está bastante clara. La presión arterial aumenta con la edad cuando las personas experimentan "estrés" crónico, definido como cualquier situación que evoca una excitación fisiológica sostenida. A diferencia de un coche, nuestros sistemas se adaptan. Expresan más receptores o menos, dependiendo

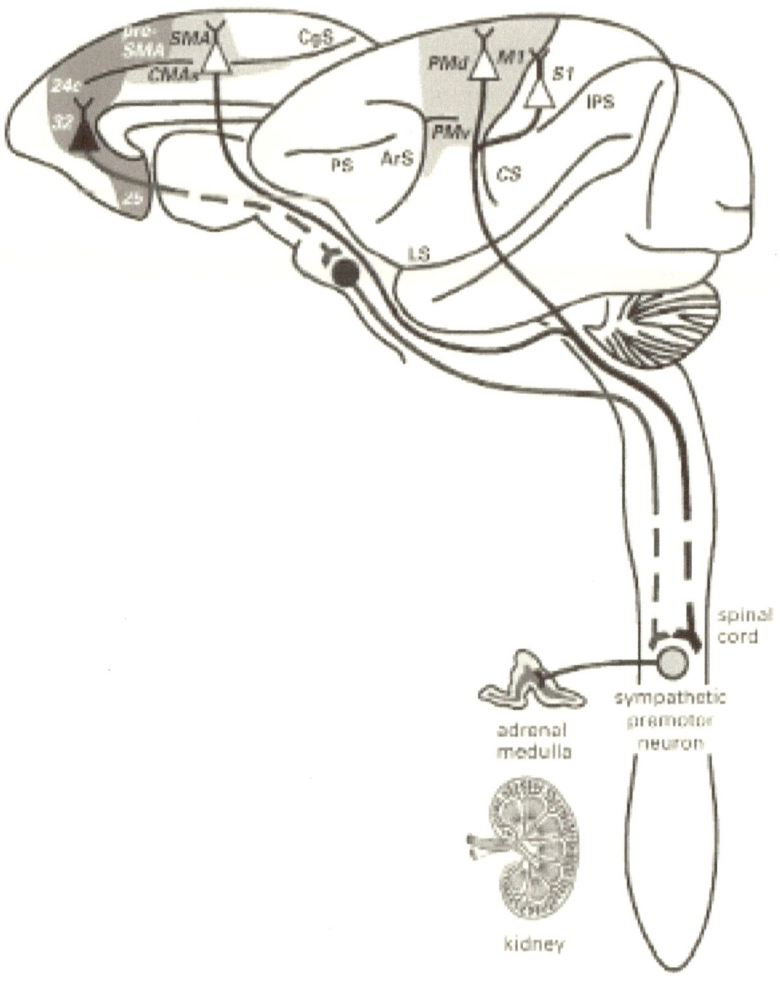

de las concentraciones anticipadas de las moléculas y los metabolitos de señalización; expresan más estructura o menos, dependiendo del uso anticipado (ver Figura 6.2). La hipertensión establecida eventualmente daña los vasos y órganos, por lo que ciertamente debe evitarse. Pero no hay enfermedad ni desregulación. Nada está roto. Estas son simplemente adaptaciones totalmente predecibles de cómo vivimos.

Figura 6.3
Múltiples áreas en la corteza frontal se proyectan hacia las neuronas espinales que controlan la médula suprarrenal y el riñón. Derecha: Vista lateral de la corteza de un macaco con vías desde la corteza motora primaria (M1) y somatosensorial (S1) a través del tracto corticoespinal hasta las interneuronas (discontinuas) que se conectan a las neuronas premotoras de la vía simpática para la suprarrenal médula. Estudios paralelos en ratas muestran múltiples vías desde la corteza motora y sensorial hasta el riñón. **Izquierda:** Vista media con vía desde el área motora suplementaria (AME) a través del tracto corticoespinal (neuronas blancas) y áreas cognitivas que se proyectan a través del hipotálamo y el tronco encefálico (neuronas negras) a las mismas neuronas premotoras. La rata carece de estas áreas cognitivas, pero uno espera que en el mono probablemente también se proyecte al riñón. Probablemente existan vías similares desde la corteza cerebral hasta el estómago, el hígado y el páncreas. Abreviaturas: ArS, sulcus arqueado; CgS: vento cingulado; CMA, áreas motoras cinguladas; CS: surco central; IPS: vento intraparietal; LS: surco lateral; M1: corteza motora primaria; PMd y PMv, áreas premotoras dorsales y ventrales; PS: principio sulcus; S1: corteza somatosensorial primaria.
Fuente: Reimpreso con modificación y permiso de "Motor, Cognitive, and Affective Areas of the Cerebral Cortex Influence the Adrenal Medulla," por R. P. Dum, D. J. Levinthal, y P. L. Strick, 2016, *Proceedings of the National Academy of Sciences of the United States of America, 113*, 9922–9927.

Un aspecto de cómo vivimos es nuestro fuerte apetito por la sal y el alto consumo de sal. Dado que la ingesta de sal a menudo se correlaciona con la hipertensión y se ha sugerido como una causa, consideramos lo siguiente.

Apetito de sal

A medida que el cuerpo elimina el nitrógeno residual diariamente en aproximadamente 1 litro de orina, el agua y la sal perdidas deben reemplazarse. Los circuitos neuronales para la sed impulsan la búsqueda de agua (ver Figura 3.10). Los circuitos neuronales para el apetito de sal son impulsados por la angiotensina y la aldosterona, las mismas hormonas que le dicen al riñón que debe *ahorrar* sal. La angiotensina II transmitida por la sangre se une a sus receptores en las neuronas en una interfaz crítica sangre-cerebro, el *órgano subfornical*, que se conecta a un grupo central de neuronas de "sed" (*OVLT*) y otra agrupación neuronal el núcleo del lecho de la estría terminal (*BNST*). La aldosterona transmitida por la sangre se une a sus receptores en un área del tronco encefálico (*NTS*) que también se conecta al BNST. Por lo tanto, las neuronas BNST, informadas de angiotensina II y aldosterona elevadas, anticipan una próxima necesidad de sal y, en consecuencia, aumentan el apetito por la sal (ver Figura 6.2).[12]

En definitiva, cuando las órdenes de la corteza frontal y el hipotálamo dicen, *elevar la presión arterial*, también dicen, *comer sal*. Bebemos agua para evitar una sensación desagradable (ver Figura 3.10), pero el apetito por la sal está regulado por un impulso positivo. Por lo tanto, buscamos sal, y al encontrarla, obtenemos un pulso de dopamina, al igual que las ratas que trabajan por recibir un sabor salado y los ciervos que se arriesgan para lamer sal. El apetito por la sal pertenece a la señalización concertada del cerebro para elevar alostáticamente la presión arterial (ver Figura 6.2).

La sal dietética no "causa" hipertensión. Por ejemplo, el pueblo guna, aislado en las Islas San Blas, frente a la costa oriental del Caribe de Panamá, tiene una presión arterial baja y constante con la edad, hasta que emigran a la ciudad de Panamá y el mensaje interno cambia. Algunos gunas que permanecen han adoptado una dieta alta en sal, pero no ha elevado sus presiones.[13] Los fabricantes de alimentos y los restaurantes agregan mucha sal, ya que las personas la buscan debido a los mecanismos que acabamos de describir. Así que los médicos, al pedir a los pacientes que reduzcan su consumo de sal, les están pidiendo que ignoren las fuertes señales neuronales que ordenan lo contrario y que, además, prometen algo de dopamina.

¿Qué causa la obesidad?

En comparación con la sal y el agua, regular la nutrición es una pesadilla. En lugar de dos moléculas para rastrear, hay cientos. Necesitamos aminoácidos en cantidad, pero algunos son esenciales porque nuestra bioquímica corporal no puede fabricarlos, y no están presentes en todo tipo de alimentos. Los animales reconocen los alimentos que los contienen y rechazan los alimentos que no los contienen.[14] Del mismo modo, ciertos ácidos grasos son esenciales, al igual que varios elementos químicos usados como los cofactores enzimáticos: boro, cobalto, cobre, yodo, hierro, magnesio, molibdeno, níquel, azufre y zinc. Por lo tanto, muchos sensores detectores distintos deben acoplarse a sistemas centrales que ordenan: comer esto; rechazar eso. Dicha regulación pasa desapercibida hasta que el agotamiento de algún elemento causa una enfermedad: bocio de bajo yodo, síndrome de Korsakoff (enfermedad de Jimmy; ver la Introducción) de tiamina baja, y así sucesivamente.

Tales necesidades dan forma a nuestras preferencias de sabor innatas. El ajo y la cebolla, por ejemplo, se disfrutan casi universalmente, pero si se eliminara su azufre, el interés probablemente disminuiría. El receptor *umami* de la lengua detecta el aminoácido *glutamato*, que se concentra en la carne. El glutamato se agrega a las verduras como MSG (glutamato monosódico) para mejorar su sabor al imitar el sabor de la carne. La saliva, desencadenada por un reflejo neural, contiene una *lipasa* que digiere la grasa en ácidos grasos, para ser detectada por los receptores del gusto y saboreada. Los cazadores Kung, por ejemplo, seleccionan un antílope que tiene alguna posibilidad de contener grasa abdominal; un cadáver magro es decepcionante.[15] Por lo tanto, solo ingerir las cosas correctas es un desafío computacional, especialmente durante nuestra larga evolución previa al mercado, cuando muchos artículos estaban disponibles solo de forma intermitente.

Ciclo metabólico diurno

El cerebro decide cuándo comemos, pero los cálculos implican instrucciones y retroalimentación de casi todos los órganos de la cavidad abdominal.[16] Cuando los azúcares se absorben del intestino, no pueden permanecer en la sangre porque, por un lado, eso elevaría excesivamente la presión osmótica intra*vascular*. Por lo tanto, se envían directamente al hígado, donde, para preservar la presión osmótica intra*celular*, se polimerizan a *glucógeno*. El músculo y el cerebro ocupan cantidades sustanciales de la glucosa circulante residual, pero por la noche, cuando no nos alimentamos, el músculo cambia para quemar ácidos grasos, dejando la glucosa residual para el cerebro: su sustrato obligatorio. Ahora, el hígado se dedica, despolimerizado el glucógeno, a repartir glucosa en cantidades justas para mantener un nivel en sangre más bajo, pero adecuado, para el cerebro.

Para controlar el flujo de glucosa, el páncreas secreta dos hormonas funcionalmente antagónicas. La insulina, secretada por las *células beta*, promueve la absorción de glucosa en los tejidos, reduciendo así su concentración plasmática, y el glucagón, secretado por las *células alfa*, promueve la liberación de glucosa del hígado, elevando así su concentración *plasmática*. Estas dos secreciones forman el modelo central de homeostasis del estudiante de medicina. El aumento de glucosa desencadena la liberación de insulina y suprime la de glucagón; la disminución de glucosa hace lo contrario. *Voilá*, constancia. Pero, así como el cerebro monitorea la angiotensina II y la aldosterona para regular predictivamente el apetito de sal y la presión arterial, también monitorea la insulina y el glucagón para regular predictivamente el metabolismo.[17]

La glucosa en sangre varía a través de relojes intracelulares en las células beta y alfa que la elevan antes de despertarnos. Además, las sinapsis autonómicas a las células beta y alfa anticipan un aumento inminente de la glucosa y se preparan para ello. Por lo tanto, cuando ve o huele alimentos que "le hacen agua la boca", el cerebro a través de los nervios autónomos está desencadenando una liberación reflexiva de saliva, pero también desencadenando que las células beta liberen insulina que prepara al hígado para una rápida absorción *antes* de que la glucosa aumente.[18] Y, cuando te atas las zapatillas para un partido de tenis, el cerebro envía señales a las células beta para que liberen insulina que prepara a las células musculares para admitir glucosa adicional *antes* de que la necesiten.

El hígado se recupera de su agotamiento nocturno de glucógeno extrayendo energía de los ácidos grasos transmitidos por la sangre que se almacenaron como cadenas largas en los *adipocitos*. Los adipocitos forman *grasa blanca*, un depósito de energía que carece de las concentraciones de mitocondrias que dan color a la grasa marrón y que entregan su calor. Aunque podemos pensar en la grasa blanca como una masa inerte que se acumula alrededor de nuestra cintura, en realidad es dinámica, involucrada en un complicado baile de tango con el hígado. Durante el día, el hígado toma ácidos grasos libres del intestino, los polimeriza en grasa y los envía a través de proteínas transportadoras en la sangre a los adipocitos. Por la noche, el tráfico se invierte: la grasa en los adipocitos se despolimeriza para devolver los ácidos grasos al hígado en busca de carbono y energía para restaurar la glucosa.

Ahora, supongamos que una persona que llama hubiera informado a los hermanos Magliozzi que su automóvil cambia sus propiedades con la revolución de la Tierra. Se hubiesen reído a caracajadas: *¡Ningún coche funciona así! ¡De día o de noche es lo mismo!* Sin embargo, cuando conducimos el cuerpo a través de zonas horarias, el tráfico metabólico se confunde. El reloj de adipocitos dice medianoche y dirige la liberación de ácidos grasos para suministrarle al hígado agotado, pero el viajero o trabajador por turnos (alrededor del 15% de la fuerza laboral de los Estados Unidos) percibe un rico bocadillo que conduce al hipotálamo a través de la actividad nerviosa simpática para preparar al hígado para una comida.[19]

A medida que una nueva carga de azúcares y ácidos grasos llega al hígado, debe hacer grasa para los adipocitos, mientras que estos últimos, siguiendo su propio reloj, simplemente están tratando de agotar su acumulación existente. Esto aumenta el depósito de grasa, algo preocupante, pero causa también *hígado graso*, una condición letal que se eleva entre los trabajadores por turnos.[20] Llamar a esta interrupción del ritmo metabólico un "trastorno" o "desregulación" es malinterpretar profundamente el problema. Los Magliozzis, una vez informados, probablemente responderían: *Oh sí, es como lanzar una tuerca en el engranaje.*

¿Qué promueve la saciedad?

El cerebro también decide *cuánto* comemos a través de cálculos que requieren de cada nivel del cerebro.[21] Una comida estándar—nuestro pan de cada día—se inicia sin déficit calórico. Esta alimentación no está impulsada por la retroalimentación de corrección de errores, sino más bien por relojes internos que anticipan las necesidades futuras. Por ejemplo, a medida que el estómago se vacía, sus células endocrinas bajo control autónomo secretan la hormona *grelina*. La grelina excita las neuronas *AgRp* en el núcleo arcuato del hipotálamo, cuyo descarga significa *hambre*, como en las neuronas dopaminérgicas que significan *satisfacción*. Las neuronas AgRp, proyectándose a otros centros, impulsan todos los comportamientos dirigidos hacia los alimentos.[22] El disparo de la neurona AgRp, para fomentar la preferencia por la alimentación sobre otras actividades, mejora el valor gratificante de los alimentos, es decir, la cantidad de satisfacción (dopamina) que proporcionarán los alimentos.

La secreción de grelina disminuye a medida que el estómago se llena, eliminando así este impulso hormonal para alimentarse. Pero también existen otros controles. Una comida termina con "saciedad": la sensación de saciedad causada por los receptores de estiramiento en el estómago que liberan factores químicos, como *CCK*, *PYY* y *5-HT*, que estimulan las neuronas sensoriales que se transmiten a través del nervio *vago* centralmente al NTS del tronco encefálico y de ahí al *LPBN*: paralelo a los circuitos para el apetito de sal. La *ami-*

lina, un péptido co-liberado con insulina, también actúa centralmente para promover la saciedad. Este sistema controla el tamaño de la comida, pero la ingesta calórica total y el equilibrio energético a largo plazo involucran otra hormona clave, la *leptina*, fabricada por los adipocitos.[23]

A medida que los adipocitos liberan ácidos grasos, agotando su reserva de grasa, también liberan proporcionalmente leptina. El aumento de leptina en la sangre es detectado por varias regiones del cerebro, particularmente las neuronas AgRp que responden aumentando el apetito y reduciendo el gasto de energía. La alimentación restaura la grasa y la leptina a los adipocitos, reduciendo así la señal de alimentación. Una mutación que perjudica la síntesis de leptina o sus receptores elimina esta señal clave de saciedad, por lo que el animal (roedor o persona) se alimenta compulsivamente y se vuelve profundamente obeso (ver Figura 6.4). Estos son *verdaderos defectos de regulación.* Sin embargo, son raros en humanos y no explican la amplia prevalencia de la obesidad.

Cuando las reservas de grasa alcanzan un cierto nivel, la leptina es proporcionalmente alta y sus receptores en el circuito de alimentación se saturan efectivamente (ver Figura 6.4). Este estado corresponde a una sensación de saciedad que detiene la alimentación, reduciendo así el riesgo de depredación de un animal y liberando el sistema de recompensa para fomentar otras actividades esenciales. Pero si algún factor no calórico, como la ansiedad, impulsa la alimentación, se acumulan nuevos depósitos de grasa y leptina. Debido a que los receptores de leptina en el circuito de alimentación ya están saturados, los niveles sanguíneos más altos no pueden suprimir el apetito. Este estado a veces se denomina "hiperleptinemia", y la falta de reducción de la alimentación se

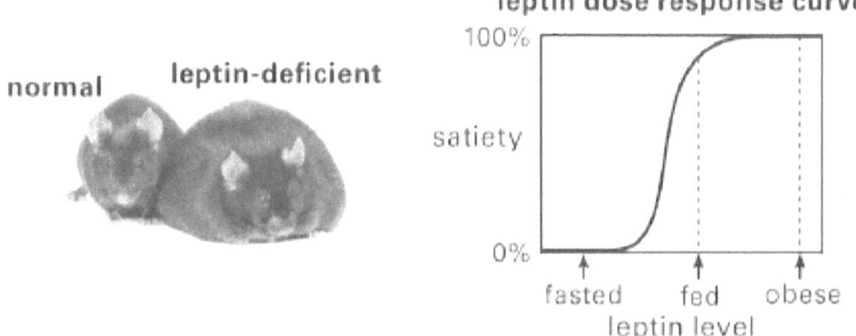

Figura 6.4
La deficiencia de leptina o sus receptores causa un verdadero defecto de saciedad, pero la obesidad generalizada entre los humanos modernos depende de una señal diferente. Izquierda: Ratón normal y deficiente en leptina. **Derecha:** Curva esquemática dosis-respuesta para el nivel de leptina en sangre y los efectos sobre la saciedad. En el ratón normal, la saturación de la curva de respuesta por alimentación corresponde a la experiencia de saciedad. Los aumentos adicionales en la leptina con el aumento de las reservas de grasa no aumentan el apetito.
Fuente: Reimpreso de "Toward a Wiring Diagram Understanding of Appetite Control,", por M. L. Andermann y B. B. Lowell, 2017, *Neuron, 95*, 757–778, con permiso de Elsevier.

denomina *resistencia a la leptina*. Ambos son considerados "desregulaciones", pero, a diferencia de la *ausencia* de receptores de leptina o leptina (ver Figura 6.4), no son verdaderos defectos; simplemente reflejan el diseño.

La grelina y la leptina representan más que la punta del iceberg regulador de la alimentación, pero hay muchos factores adicionales. Por ejemplo, durante una comida el estómago produce la hormona *secretina* que, entre otras acciones, se une a los receptores en la grasa marrón, estimulando la termogénesis que envía señales centralmente para mejorar la saciedad y reducir la alimentación.[24] Además, los adipocitos liberan, además de la leptina, un arsenal panoplia de otras moléculas de señalización como la *adiponectina*, el TNF_{α}, la

IL-6 y la *resistina*, además de la conocida renina y angiotensina. II.[25] El hueso es otra fuente de hormonas que regulan el metabolismo energético.[26] Cómo se integran todas estas vías para regular el metabolismo energético está lejos de entenderse, pero a pesar de que todas involucran receptores que informan al cerebro de que se esta llegado a la saciedad, ¿por qué la corteza frontal y el hipotálamo todavía dicen: *¡comer!*?

El "defecto" en la obesidad moderna

En las poblaciones modernas, la obesidad se distribuye de manera desigual. Se correlaciona fuertemente con la desigualdad de ingresos: la más alta en los países más desiguales, y Estados Unidos literalmente se gana el pastel[27] (ver Figura 6.5 arriba). Dentro de los Estados Unidos, la obesidad es más alta en los estados más desiguales (ver Figura 6.5 abajo). La obesidad infantil, un problema creciente, también se correlaciona con la desigualdad socioeconómica.[28] La obesidad es más elevada entre los menos educados.[29] Sin universidad, la obesidad es un 25% más frecuente para los hombres blancos y un 78% más frecuente para las mujeres blancas. Para los hombres negros, la educación universitaria no previene la obesidad, y para las mujeres negras, previene muy poco. Esto parece consistente con la correlación de la obesidad con el estrés social[30] porque un título universitario no protege a los negros estadounidenses del racismo persistente.

La obesidad se ha atribuido a circuitos neuronales y vías metabólicas construidas a partir de "genes ahorrativos". La idea era que nuestros circuitos de alimentación evolucionaron a lo largo de milenios cuando, viviendo como recolectores, mayormente teníamos hambre. La mejor estrategia de super-

Figura 6.5

La obesidad se correlaciona fuertemente con la desigualdad de ingresos. Arriba: La obesidad es más alta en los países con menos igualdad de ingresos. **Abajo:** La obesidad es más alta en los estados con menos igualdad de ingresos de los Estados Unidos.

Fuente: Modificado de *The Spirit Level*, por R. Wilkinson y K. Pickett, 2010, Nueva York: Bloomsbury Press.

vivencia podría haber sido atiborrarse en cada oportunidad, pero ahora que las oportunidades de alimentación son ilimitadas, sufrimos las consecuencias. Sin embargo, los recolectores contemporáneos *no* tienen hambre en su mayoría. Más bien, emplean estrategias matemáticamente óptimas que satisfacen las necesidades nutricionales con relativamente pocas horas de esfuerzo por semana, dejando un tiempo libre considerable para la socialización y las prácticas sagradas.[31]

La hipótesis de que ciertas poblaciones humanas portan "genes ahorrativos" se ha derrumbado en gran medida. Ahora, cualquiera que sea su genotipo, esencialmente todas las poblaciones humanas en todo el planeta están aumentado rápidamente sus depósitos de grasa.[32] No tiene sentido culpar a los circuitos reguladores humanos "ahorrativos", ya que los circuitos de alimentación del núcleo precedieron por mucho tiempo a los recolectores humanos. Incluso las larvas de la mosca de la fruta, alimentadas con una dieta alta en carbohidratos, desarrollan hiperglicemia y diabetes tipo 2 con altos niveles sanguíneos de triglicéridos y ácidos grasos libres.[33] Estos mecanismos compartidos de regulación metabólica aparentemente fueron transmitidos desde nuestro ancestro común, el urbilaterio.

El aumento planetario de la obesidad es relativamente reciente, comenzando en los Estados Unidos alrededor de 1980. No coincide con una repentina ubicuidad de alimentos calóricamente ricos, esas cosas habían estado en los supermercados estadounidenses desde la década de los años 50. Más bien, está impulsado por un consumo ilimitado que no se logra satisfacer. Los segmentos menos iguales, menos educados y más estresados de la población dependen del mismo sistema de recompensa neuronal que aquellos que están mejor, pero los primeros tienen una menor diversidad de recompensas, es decir, menos fuentes de errores positivos de predicción de recompensas que entregan dopamina (ver capítulo 5). Por ende, corren un mayor riesgo de todo tipo de adicciones, incluida la comida rica. En resumen, el defecto moderno en la obesidad opera en los niveles más altos, reflejando una intensa búsqueda de pulsos de satisfacción. Mucho después de que la grelina y la leptina hayan dicho basta, sus efectos centrales quedan anulados por percepciones aprendidas y fantasías de alimentos calóricamente ricos que gritan, *¡más!*[34]

Fisiopatología de la obesidad y la hipertensión

La obesidad a menudo se acompaña de hipertensión. Aunque los mecanismos son complejos y no del todo comprendidos, está claro que la leptina elevada estimula los nervios simpáticos hacia las glándulas renales y suprarrenales, aumentando el angiotensin II y la aldosterona. Estos, como se ha señalado, elevan la presión arterial y estimulan el apetito por la sal (ver Figura 6.2).[35] Entonces, como era de esperar, la ingesta alta de sodio acompaña a la obesidad.[36] Además, la pérdida de peso, que reduce la leptina, también reduce la presión arterial. En resumen, la leptina, un regulador clave del metabolismo energético, también aparentemente afecta la regulación cardiovascular. Los Magliozzis, familiarizados con las máquinas donde cada parte tiene una función distinta y separada, se habrían asombrado.

El consumo ilimitado de carbohidratos y grasas estimula los niveles crónicamente altos de insulina. Los receptores de insulina en muchos tejidos, incluyendo el cerebro, se adaptan reduciendo su sensibilidad ("resistencia a la insulina"). Esto eventualmente hace que las células *necesiten más* insulina, lo cual evoca una mayor resistencia.[37] Una vez más, estas respuestas endocrinas no están "desreguladas". Están respondiendo a innumerables influencias ricamente conectadas que siguen el principio de *adaptar la sensibilidad al nivel medio* (ver Figura 3.9). Sin embargo, estos sistemas, impulsados mucho más allá de las especificaciones de su diseño, conducen eventualmente a la diabetes tipo 2, cuya compleja señalización endocrina también contribuye a la hipertensión, la inflamación vascular y la supresión inmune. La combinación eleva la mortalidad reno-cerebro-cardiovascular (ver Figura 6.6).[38] Los hermanos Magliozzi, reconociendo una condición en la que un sistema bien diseñado ha sido maltratado a tal punto que excede su capacidad de respuesta, probablemente considerarían este otro caso de "una tuerca en el engranaje".

¿Qué es, entonces, la tuerca? En última instancia, es la acumulación de daño molecular, celular y sistémico como consecuencia de los factores estresantes que causan la excitación fisiológica crónica. El daño es resumido por algunos observadores como "carga alostática", definida como el resultado neto de que el cerebro crónicamente lleve a todos los sistemas más allá de sus niveles normales.[39] El estrés y su carga alostática pueden aliviarse mediante episodios de restauración, facilitados por errores positivos de predicción de recompensas (véase el capítulo 5). En un ejemplo simple, las ratas agudamente estresadas por la restricción muestran excitación neuroendocrina, cardiovascular y conductual que se alivia con recompensas: dulces o sexo.[40] Las moscas de la fruta exhiben compensaciones similares entre actividades con el potencial de aliviar la excitación con un pulso de satisfacción: beben menos etanol cuando son recompensadas alternativamente por el sexo.[41]

Un sistema de recompensa, una vez desensibilizado por la exposición prolongada a las oleadas de dopamina que ge-

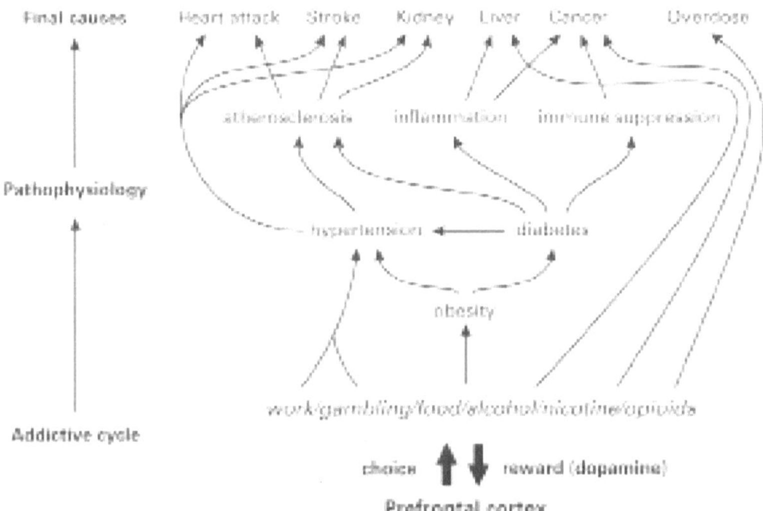

Figura 6.6
Para satisfacer una necesidad de dopamina, la corteza prefrontal elige actividades que garantizan su liberación. Estos incluyen comportamientos de consumo que impulsan el ciclo adictivo estándar: droga ⟶ dopamina ⟶ adaptación ⟶ más drogas. El consumo de alimentos calóricamente ricos eleva una miríada de hormonas metabólicas del cerebro, el intestino, el hígado, el páncreas, los huesos, la grasa, los músculos y otros tejidos. Los receptores para esas hormonas también se adaptan, requiriendo niveles aún más altos. Por ejemplo, un alto nivel de insulina sostenido causa “resistencia a la insulina” (adaptación) que eventualmente requiere más insulina. Las consecuencias son la obesidad, la diabetes, la hipertensión y una serie de otras afecciones que en conjunto aumentan la mortalidad por una multitud de “causas finales”.
Fuente: Modificado de “Predictive Regulation and Human Design”, por P. Sterling, 2018, *eLife, 7*, e3.

neran los comportamientos adictivos, necesitará tiempo para readaptarse. Los receptores de dopamina necesitan tiempo para recuperarse lo suficiente y así restaurar su sensibilidad anterior, la cual sería capaz de brindar satisfacción con una simple puesta del sol.

¿Qué es, después de todo, la salud?

El modelo de alostasis define la salud como l*a capacidad de responder de manera óptima a las fluctuaciones de la demanda*. La definición se aplica en todos los niveles a los sistemas internos, a individuos y a grupos sociales. Y aplica para todo tipo de demandas: infecciones, cáncer, trastornos mentales, estrés social o una guerra. Sin embargo, la siguiente discusión continúa con el enfoque del capítulo sobre fisiología interna.

Cuando las fluctuaciones son modestas, los circuitos maximizan su sensibilidad y rango de respuesta centrando sus curvas de entrada/salida al nivel medio (véase la Figura 6.7, arriba a la izquierda). Cuando la demanda cambia significativamente, los circuitos se adaptan rápidamente a la nueva media y, por lo tanto, mantienen la sensibilidad y el rango de respuesta (recordemos la Figura 3.9). Un sistema se vuelve no saludable cuando la demanda lo impulsa a operar durante largos períodos a altos niveles que fueron diseñados para servir solo para periodos breves. Aunque se puede preservar el rango de respuesta, la operación prolongada a alta demanda evoca adaptaciones que tardan en revertirse durante breves períodos de menor demanda. En consecuencia, los daños se acumulan (véase la Figura 6.7, abajo a la izquierda).

El modelo de alostasis contrasta la farmacoterapia de bajo nivel con la terapia de "sistema" de nivel superior. La farmacoterapia generalmente trata de *corregir un parámetro específico*. Un fármaco bloquea alguna parte del circuito para forzar que el parámetro se desplace hacia el rango estándar (ver Figura 6.7, arriba a la derecha). Pero, dado que el medicamento no cambia la predicción, el circuito aún anticipa una alta demanda y utiliza sus componentes restantes para

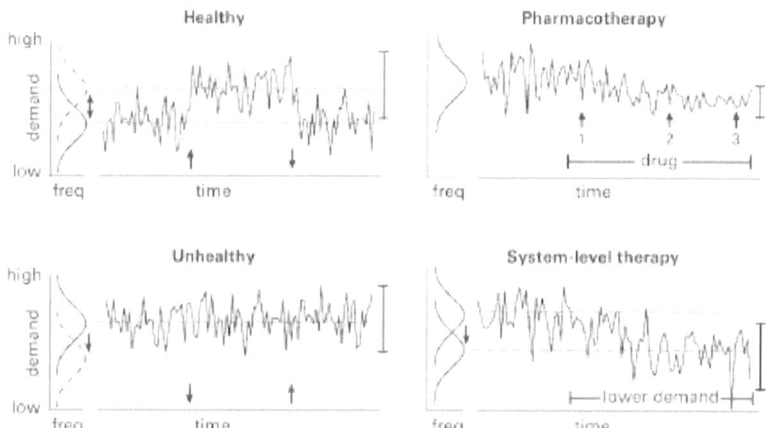

Figura 6.7

El modelo de alostasis define la salud como una capacidad de respuesta óptima. Arriba a la izquierda: Sistema saludable que responde a las fluctuaciones de la demanda. La demanda media es moderada (curva sólida), lo que permite la máxima ganancia y rango de respuesta (soporte). Cuando la demanda media aumenta (curva discontinua), el sistema se adapta rápidamente, preservando así la función óptima (recordemos la Figura 3.9). Cuando la demanda media se relaja al nivel inicial, el sistema se adapta de nuevo rápidamente. **Abajo a la izquierda:** Sistema insalubre adaptado a una alta demanda prolongada (curva sólida). Los circuitos y los tejidos se adaptan estructuralmente (recordemos la Figura 6.1), por lo que cuando la demanda se relaja brevemente (flechas), el sistema no puede seguir: el tiempo es insuficiente para el descanso y la reparación. **Arriba a la derecha:** El sistema bajo alta demanda prolongada (curva sólida) responde alrededor de una media alta. Las flechas indican terapia farmacológica. El fármaco 1 reduce la media, pero el sistema compensa y la media se desplaza hacia arriba. La droga 2 bloquea otro componente, nuevamente reduce la respuesta media, pero también comprime el rango de respuesta; de nuevo el sistema se adapta. El fármaco 3 reduce decisivamente la media, pero comprime profundamente el rango de respuesta. **Abajo a la derecha:** Sistema bajo alta demanda prolongada tratado con terapia de sistema con el objetivo de cambiar la predicción para relajar la demanda (curva sólida más baja). La media de respuesta se adapta gradualmente y el rango de respuesta se conserva. Frecuencia, Frecuencia.

Fuente: Reimpreso con modificaciones de "Allostasis: A Model of Predictive Regulation", por P. Sterling, 2012, *Physiology & Behavior, 106*, 5–15, con permiso de Elsevier.

compensar. Eso requiere que otro medicamento bloquee otro componente, obtenga otra compensación, y así sucesivamente. A medida que un circuito se bloquea progresivamente, se vuelve menos estable y el rango de respuesta se reduce. Además, cada fármaco bloquea otros circuitos que comparten los mismos receptores que el circuito objetivo y, por lo tanto, también responden al fármaco.

La terapia de sistema *intenta cambiar la predicción*. El objetivo es reducir la demanda durante el tiempo suficiente para que el sistema "cree" en base a la nueva predicción y la readaptación (véase la Figura 6.7, abajo a la derecha). A medida que las respuestas vuelven a la media inicial, se mantiene el rango de respuesta. Los circuitos que comparten los mismos receptores que el circuito objetivo también pueden beneficiarse. Este es un "efecto secundario" de la terapia de sistema, y es bueno.

Considere la hipertensión establecida. El modelo de homeostasis típicamente se enfoca en los niveles más bajos (ver Figura 6.2). Comúnmente, el tratamiento comienza con un diurético para reducir el líquido en el reservorio vascular.[42] Pero el cerebro, que *aún predice la necesidad* de alta presión, compensa contrayendo los vasos arteriales para reducir el reservorio. Para evitar eso, se puede agregar un antagonista del calcio para relajar el músculo liso vascular. Aún así, el cerebro insiste en que la presión debe ser alta, y nuevamente compensa a través de los nervios simpáticos que elevan el gasto cardíaco. Para evitar eso, se puede agregar un antagonista del transmisor simpático, coloquialmente un "betabloqueante", antagonizando así la última vía capaz de elevar la presión.

Desafortunadamente, el betabloqueante, al tiempo que reduce la presión, también evita que el individuo aumente el gasto cardíaco durante el ejercicio (recuerde la Figura 3.7), una necesidad central para todos los aspectos de la salud física, emocional y cognitiva. Además, el medicamento también reduce la capacidad de metabolizar la glucosa, que es fundamental para las personas con obesidad y diabetes tipo 2, afecciones que con frecuencia acompañan a la hipertensión. De hecho, el betabloqueante bloquea la regulación simpática en todos los tejidos que expresan receptores beta-adrenérgicos, incluidos el hígado, el páncreas, el riñón, la médula suprarrenal, la corteza suprarrenal, las células de atriopeptina cardíaca, etc. Para eludir estos "efectos secundarios" metabólicos, puede ser sustituído por un inhibidor de la enzima convertidora de angiotensina o un bloqueador del receptor de angiotensina II, ambos con amplios efectos sobre los vasos, el riñón y el cerebro (ver Figura 6.2).

Se pueden trazar escenarios similares para la terapia farmacológica de otros problemas epidémicos, incluidas las adicciones, la obesidad y la diabetes tipo 2. En cada caso, el modelo estándar conduce hacia tratamientos farmacológicos en el nivel más bajo. Por ejemplo, se ha probado un antagonista del receptor μ-opioides para tratar la práctica de comer compulsivamente y la obesidad con la idea de que el bloqueo de las recompensas en lo profundo de los circuitos hipotalámicos reducirá el apetito por los alimentos.[43] Un enfoque similar combina naltrexona, un antagonista de los opioides, más bupropión, un agonista de la dopamina.[44] Pero surge el mismo problema: nuestros sistemas de control optimizados durante *miles de millones* de años fueron diseñados con múltiples bucles para permitir compensaciones eficientes. Estos innumerables mecanismos compensatorios también deben ser tratados con medicamentos.

Una nueva terapia para la diabetes parece particularmente brillante por su simplicidad conceptual: un medicamento que inhibe una proteína transportadora de glucosa específica del riñón, por lo que el exceso de glucosa en la sangre es simplemente eliminad en la orina. Una reseña afirma:

> Al inducir la glucosuria, los inhibidores de SGLT2 reducen el peso corporal y la grasa corporal, y cambian la utilización del sustrato de carbohidratos a lípidos y, posiblemente, cuerpos cetónicos. Debido a que SGLT2 reabsorbe sodio junto con glucosa, los bloqueadores SGLT2 son natriuréticos y antihipertensivos. También SGLT2 reduce la demanda de oxígeno del riñón y disminuye la albuminuria....[45]

Como era de esperar, una orina azucarada aumenta las infecciones bacterianas del tracto urinario, pero para eso tenemos antibióticos. Mi amigo que toma este medicamento aparentemente también requiere dos medicamentos adicionales para mejorar su secreción de insulina, además de un bloqueador de los canales de calcio para su hipertensión asociada, una estatina y un anticoagulante para su aterosclerosis.

Los nuevos descubrimientos de reguladores moleculares del metabolismo de los carbohidratos y lípidos se plantean invariablemente como posibles objetivos terapéuticos para tratar la diabetes, las enfermedades cardíacas y la panoplia de fisiopatologías relacionadas (ver Figura 6.6). Por ejemplo, el hallazgo de que las hormonas secretadas por los huesos afectan el metabolismo de los carbohidratos, sugirió *"otro objetivo potencial para tratar, prevenir y predecir la diabetes"*.[46] Por supuesto, para predecir la diabetes tipo 2, simplemente hay que mirar la cintura de una persona y verle comer. Y para tratarlo o prevenirlo, el individuo simplemente necesita hacer ejercicio y perder peso. "Unicamente ejercicio y dieta" parece más difícil que "únicamente tomar cuatro píldoras". Sin embargo, el ejercicio y la eliminación de grasa pueden restaurar los sistemas a la salud *real* (ver Figura 6.7, abajo a la derecha), mientras que una multitud de píldoras solo pueden *administrar* la mala salud y conducen a una progresiva disminución de la capacidad de respuesta.

La terapia de sistema para reducir la excitación crónica y elevar la diversidad de errores de predicción de recompensas incluye muchas posibilidades. Algunos, como el ejercicio, están potencialmente bajo el control de un individuo. Simplemente te levantas de la cama y te pones las zapatillas para correr. Los beneficios en el estado de ánimo, la salud cardiovascular y la reducción del apetito son inmediatos y mejoran con la práctica continua. Pero ciertas terapias del sistema, como la dieta, se resisten al control individual porque eliminan la recompensa principal de la que depende el individuo para obtener algo de dopamina diaria. Las recompensas de la pérdida de peso discernible se encuentran semanas y meses en el futuro. Por lo tanto, la dieta sin ejercicio y / o algunas otras fuentes de recompensa a menudo resulta ser su propio tipo de ejercicio, inútil. La terapia de sistemas a nivel social se considerará en el capítulo 7.

¿Quién obtiene qué?

No todas las personas que inhalan cocaína varias veces progresan a la adicción. Y de los que se vuelven adictos, algunos se recuperan con bastante facilidad, mientras que otros luchan y recaen durante años. Un comportamiento sostenido y tan bien recompensado puede ser más difícil de "desaprender" que una canción de amor. Además, castigar un comportamiento adictivo funciona para algunas personas, pero muchas persisten a pesar de las consecuencias anticipadas. Este problema, quién se vuelve adicto y quién se recupera, ciertamente tiene un componente genético, pero la experiencia contribuye significativamente como se muestra en ratones seleccionados de una cepa genéticamente homogénea.

Cuando los ratones presionan una palanca para excitar sus neuronas dopaminérgicas, pronto presionan compulsivamente a altas velocidades, como lo harían también para la cocaína. Una descarga eléctrica administrada al azar en un tercio de los ensayos hace que el 40% de los ratones renuncien al comportamiento compulsivo, pero el 60% persevera a pesar del dolor. Cuando se inhibe el circuito desde la corteza orbitofrontal (decisiones) hasta el estriado dorsal (acción voluntaria), los ratones perseverantes renuncian a las recompensas; por el contrario, cuando la estimulación fortalece esta vía, los renunciantes se convierten en perseverantes. Las diferencias iniciales en la respuesta parecen explicarse mejor por las diferencias preexistentes en el complejo circuito orbitofrontal debido a la experiencia de la vida. Dado que los mecanismos de recompensa se conservan ampliamente, las diferencias no genéticas entre un adicto perseverante versus un renunciante adicto bien puede implicar diferencias dentro del circuito orbitofrontal que surgen de las experiencias de la vida.[47]

Las diferencias individuales en la salud abundan. No todos los niños confinados sufren TDAH, no todos los adultos con estrés crónico se vuelven hipertensos, no todas las personas obesas desarrollan diabetes tipo 2, y así sucesivamente. Las variaciones genéticas producen diferencias innatas en circuitos metabólicos claves y en circuitos neuronales claves que como se ha señalado, están profundamente moldeados por la experiencia. Sin embargo, la mayoría de las personas sometidas a estrés crónico y a la disminución de la diversidad de recompensas, obtienen *algo*. Así que debemos entender que la salud depende, después de aceptar los genes que se nos tocaron, de mejorar la experiencia de vida para todos. Pero, ¿cómo surgen las diferencias extremas y cómo debemos interpretarlas?

Shawn Bradley mide 2.28 metros de altura, lo que representa 4.2 desviaciones estándar de la media para los hombres adultos estadounidenses (ver Figura 6.8). Aproximadamente el 80% de la variación de altura es hereditaria. Entonces, viendo al Sr. Bradley, el primer pensamiento de uno es *¡Ja! una mutación genética*. Sin embargo, resulta que la altura depende de *muchos* genes. El Sr. Bradley es heterocigoto para 621 genes asociados con estatura alta y 634 genes asociados con estatura baja. Sus efectos aditivos se cancelan aproximadamente. Pero es homocigoto para 465 genes asociados con estatura alta y solo 267 genes asociados con estatura baja. Por lo tanto, la altura del Sr. Bradley es en gran parte atribuible a su exceso de 198 genes para la altura. El Sr. Bradley es inusual, pero no hay "desorden".[48]

Muchos otros aspectos del diseño humano muestran una heredabilidad significativa, incluyendo hipertensión, obesidad, alcoholismo, TDAH, autismo, esquizofrenia y trastorno bipolar. Para todos ellos, los primeros esfuerzos buscaron mutaciones en unos pocos genes con grandes efectos. Pero los estudios de todo el genoma están mostrando que muchas características son similares a los rasgos, con pequeñas contribuciones de muchos genes y diferencias ampliamente distribuidas en toda la población. La distribución para cada

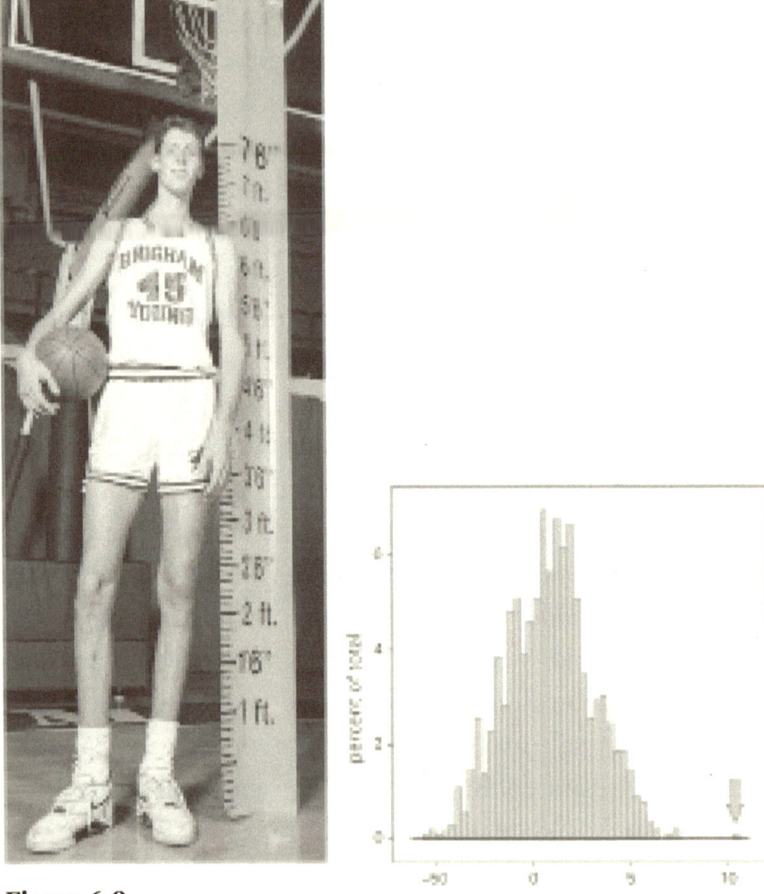

Figura 6.8
Shawn Bradley mide 7.5 pies de altura sin condiciones médicas conocidas. Esto lo coloca muy lejos en la línea de la distribución normal para la altura (flecha). El Sr. Bradley jugó baloncesto para la Universidad Brigham Young y luego para la Asociación Nacional de Baloncesto.
Fuentes: Foto cortesía de Mark A. Philbrick, BYU Fotografía.

rasgo tiene dos colas, y algunos individuos deben ocupar los extremos. Al igual que el Sr. Bradley para la altura, serán inusuales, pero no hay un verdadero "desorden". Esto es clave para entender las diferencias humanas.

El desafío de las diferencias humanas

Cada miembro de nuestra especie recibe sólo un conjunto parcial de capacidades físicas, intelectuales y emocionales. Esto permite que exista el espacio cerebral para que algunos circuitos se expandan a través de la práctica, mientras que otros circuitos reciben el espacio suficiente para arreglárselas (ver Figura 4.14). Esta característica del diseño humano extiende el principio de la *especialización* desde la diversidad de proteínas subcelulares hasta el más alto nivel de circuitos neuronales y comportamiento. La especialización cerebral, poderosamente moldeada por la cultura, expande continuamente la capacidad computacional de nuestra especie. Sin embargo, cada individuo, al estar incompleto, debe confiar en otros para suministrar lo que falta. Este aspecto central de nuestro diseño, la individualidad *extrema junto con la socialidad extrema*, nos hace increíbles como especie, pero el costo es el sufrimiento individual.

¿Por qué sufrimos? Porque, sugiero, nuestras diferencias individuales nos hacen extraños unos a otros, y sin embargo, debemos cohesionarnos. A veces esperamos que nuestra pareja y nuestros hijos se parezcan a nosotros en hábitos, temperamento y gustos, imaginando que esto podría aliviar nuestra soledad existencial. Pero nuestra biología no lo permite. El paquete único de regalos y déficits de cada niño produce un extraño, incluso dentro de una familia nuclear. Por lo tanto, en general, la familia no puede resolver el problema central y, a menudo, lo empeora al juzgar negativamente y empujar a un miembro de la familia hacia una meta que es contraria a sus talentos e inclinaciones. Cuando, inevitablemente, nos comparamos con otros con diferentes dones y diferentes oportunidades, podemos sentir una vergüenza insoportable.

Sufrir por nuestra conflictiva necesidad de cohesionar explica por qué el arte surgió temprano como parte de nuestro diseño (ver capítulo 4). Tantas pinturas y esculturas, tantas canciones y poemas, tantas historias y chistes, todo habla del sufrimiento humano. El arte nos une para dar testimonio sagrado de nuestro sufrimiento. Nos reunimos para celebrarlo: la Misa en *Si Menor* en una catedral gótica, *"Lift Ev'ry Voice and Sing"* en una iglesia afroamericana, *"Saint Louis Blues"* en un bar de *honky-tonk*: las lágrimas fluyen, las tensiones disminuyen, el éxtasis aumenta y la presión arterial disminuye. Se puede escuchar ahora con *auriculares*, y algunos pueden preferirlo, pero generalmente un contexto comunitario amplifica enormemente la experiencia emocional.

El poder reconocer las diferencias intrínsecas del otro nos puede ayudar. En lugar de juzgar, podríamos ver las diferencias como una maravilla de nuestra biología: la pulcritud compulsiva de una pareja (o lo contrario) o la desobediencia de un niño distraído con su voz interior. Podríamos mirarnos unos a otros menos inquietantemente intencionales, y más neutralmente, como si estuviéramos contemplando animales con comportamientos diferentes a los nuestros. No te enojas con tu gato porque no guarda la leche en el refrigerador porque esa no es la naturaleza de un gato. Bueno, lo mismo puede ser cierto para tu pareja. Reconocer la extrañeza del otro abre la posibilidad de acomodarlo e incluso celebrarlo. Esto es más exigente, pero puede transformar una relación de tolerancia a una de alegría, al tiempo que reduce la presión arterial.

La variabilidad individual de *H. sapiens* afecta la estructura de las comunidades y las sociedades más grandes. Por diseño, algunos de nosotros somos naturalmente empáticos y altruistas,[49] mientras que algunos son naturalmente indiferentes a los demás y narcisistas hasta el punto de la psicopatía. Los primeros pueden convertirse en sanadores, y los segundos pueden convertirse en líderes políticos. La empatía y la psicopatía bien pueden representar colas de una distribución continua de rasgos como la altura (ver Figura 6.8), pero en cualquier caso pertenecen igualmente a nuestro diseño y pueden haber contribuido igualmente a nuestra supervivencia.[50]

Abordar los problemas que crean las diferencias

El *Diagnostic and Statistical Manual of Mental Disorders* (Manual Diagnóstico y Estadístico de los Trastornos Mentales) de la Asociación Americana de Psiquiatría enumera 297 "trastornos" mentales. Muchos no son trastornos en absoluto, sino más bien *grupos* de síntomas que hacen la vida difícil para quien los soporta e inconvenientes para la comunidad. Incluso los trastornos mentales aparentemente bien definidos, como la esquizofrenia, el trastorno bipolar y el autismo, carecen de la claridad de un hueso roto o un gen de leptina defectuoso. En cambio, diferentes enfermedades mentales tienen síntomas comunes lo que difuculta su diagnóstico.[51] Esto se reconoce en los diagnósticos mas generales como la esquizofrenia "borderline" y el "espectro" de la esquizofrenia.

Además, muchas variantes genéticas asociadas con el trastorno bipolar también se identifican en estudios de esquizofrenia y autismo. En otras palabras, así como sus síntomas definitorios se superponen para estos "trastornos", también lo hacen sus genes asociados. La heredabilidad de la esquizofrenia es de aproximadamente el 80%, como la altura. Además, al igual que la altura, miles de alelos comunes contribuyen con efectos muy pequeños a los síntomas esquizofrénicos, lo que lleva a los expertos a concluir que *"una enfermedad psiquiátrica importante (puede emerger) ... tal como el crecimiento múltiple y las vías metabólicas influyen en la altura humana"*.[52] El grupo de síntomas diagnosticado como esquizofrenia conlleva un riesgo individual de por vida del 1%, un poco más de tres desviaciones estándar de la media. Estos datos desafían a la psiquiatría a explicar la lógica que etiqueta a Shawn Bradley, con 4.2 desviaciones estándar, como simplemente inusual, pero etiqueta a los "esquizofrénicos" como enfermos mentales o como "que tienen" un "trastorno" mental.

Cuando los neurocientíficos escanean el cerebro de un individuo diagnosticado como esquizofrénico, encuentran diferencias de lo "normal" en estructura y actividad. Interpretan estas diferencias como evidencia de un cerebro defectuoso.[53] Pero la lógica esta equivocada: cuando alguien ocupa la cola de la curva del espectro de la esquizofrenia *esperamos* ver evidencia en el cerebro, al igual que un escaneo de Shawn Bradley revelaría los huesos mas largos de las piernas.

De hecho, cuando las personas en las sociedades "occidentalizadas" son seguidas desde la infancia hasta su cuarta década, la mayoría experimenta síntomas diagnosticables como un trastorno mental, y solo el 17% no reporta ningún síntoma.[54] Estos pocos individuos aparentemente deben su salud mental duradera a "un estilo de personalidad ventajoso" y a la historia familiar, pero no al privilegio de la infancia, una salud superior o una gran inteligencia. Estos individuos afortunados ocupan la cima de la distribución de la salud mental de por vida. Sus vecinos más cercanos en la distribución reportan algunos síntomas a lo largo del tiempo, y así sucesivamente hasta la cola de la distribución, ocupada por algunos individuos que sufren crónicamente y son diagnosticados con un trastorno mental. Esto se ajusta a la hipótesis de que muchos de los llamados "trastornos mentales" deben verse como la expresión extrema de un rasgo multigénico.

Si es así, entonces no puede haber una solución farmacológica simple para un circuito que no está roto.[55] Podemos tratar con sensatez a los individuos en la cola de una distribución de rasgos ofreciendo el mejor entorno posible. Para estatura más baja, podemos ofrecer una buena nutrición para lograr la mejor altura posible. Para una inteligencia más baja, podemos ofrecer la mejor educación y capacitación. Y para varios grupos de síntomas mentales, podemos ofrecer una variedad de apoyos y adaptaciones. A veces lo hemos hecho.

Los primeros manicomios fueron diseñados como comunidades terapéuticas. En 1796, William Tuke, un cuáquero inglés, abrió el Retiro de York. El Retiro de Tuke inspiró los primeros asilos estadounidenses, como el Hospital de Pensilvania en Filadelfia y el Hospital Estatal de Worcester en Massachusetts. Estas instituciones ofrecían "terapia moral", que incluía trabajo físico (trabajo agrícola), habitaciones bien iluminadas, buena comida, porter (alcohol) con moderación y conferencias sobre temas variados como astronomía y literatura. El único objetivo era mejorar la sensación de bienestar del paciente.[56] Estudios de seguimiento detallados publicados a finales del siglo 19 mostraron que los programas eran altamente efectivos, al igual que los programas posteriores con objetivos similares, por ejemplo, el Hospital de Veteranos de Boston que trata a veteranos de la Segunda Guerra Mundial con trastorno de estrés postraumático.[57]

Esto no quiere decir que cada paciente fue permanentemente "curado", es decir, que se vuelva "normal". No debemos esperar normalizar a un individuo que tiene varias desviaciones estándar en uno u otro espectro conductual o cognitivo. Tampoco la normalización debe ser el objetivo. Tales individuos sufren debido a su ubicación en alguna distribución, y en cierto sentido su sufrimiento es un costo de la brillantez de los *sapiens* como especie. Por lo tanto, se les debe dar en cierto sentido la mejor atención y apoyo posible.

¿Qué pasó con la terapia moral?

¿Por qué estas comunidades terapéuticas ya no son el estándar de atención? Primero, no escalaron bien. A medida que la Revolución Industrial barrió Massachusetts desde mediados de la década de 1800 en adelante, la prevalencia del trastorno mental aumentó abruptamente y abrumó a instituciones como el Hospital Estatal de Worcester. En lugar de invertir en más retiros, los hospitales simplemente se dispararon y reemplazaron la terapia moral con "cuidado de custodia". Lejos de mejorar la sensación de bienestar, la atención de custodia aceleró el deterioro mental. Las habilidades terapéuticas requeridas para la terapia moral se perdieron, y en la década de los 30, los hospitales psiquiátricos de los Estados Unidos eran vastos almacenes.

En segundo lugar, se prometieron curas más rápidas y baratas mediante nuevos tratamientos físicos del cerebro, como la lobotomía frontal y otras formas de "psicocirugía".[58] Los médicos se convencieron de que los pacientes deprimidos y esquizofrénicos eran "mejorados" cuando se desconectaban de las mismas partes del cerebro que son cruciales para el enfoque, la memoria de trabajo, la elección, el juicio, el autocontrol y la interacción social. En 1949, cuando se otorgó un Premio Nobel por lobotomía, cientos de miles de pacientes habían sido lobotomizados y las consecuencias negativas se estaban haciendo evidentes. No importa, porque pronto se introdujeron los primeros medicamentos "antipsicóticos" y se propagaron rápidamente.

Estos medicamentos, como la clorpromazina y el haloperidol, redujeron aún más la motivación y las habilidades necesarias para proporcionar terapia moral. Los hospitales psiquiátricos fueron vaciados, pero la intención de proporcionar "atención comunitaria" no se mantuvo. Ahora, muchos ciudadanos que podrían responder a la terapia moral forman un ejército harapiento: nuestra población de personas "sin hogar". Además, esos medicamentos, al antagonizar los receptores de dopamina, causan gradualmente un daño cerebral conocido como discinesia tardía, un trastorno del movimiento que persiste después de que se retira el medicamento. La discinesia tardía requirió 25 años para ser reconocida por la profesión psiquiátrica, pero finalmente llevó a un juez federal en 1979 a otorgar a los pacientes de salud mental el derecho a rechazar el tratamiento.[59]

Conclusión

La salud de los *sapiens* modernos se ve amenazada ante la prevalencia de enfermedades crónicas y su aparente característica de ser intratables. Las patologías crónicas también son un desafío para nosotros conceptualmente. Aunque cada uno se denomina ampliamente una "enfermedad", un "trastorno" o una "desregulación", los circuitos bioquímicos y neuronales subyacentes no están realmente rotos. Este capítulo ha sugerido que las patologías crónicas surgen como las consecuencias predecibles de que el cerebro empuje los sistemas altamente optimizados más allá de los límites previstos de sus diseños. Todos estos sistemas ricamente interconectados se adaptan a las órdenes del cerebro. En consecuencia, una farmacoterapia destinada a restaurar un "valor de laboratorio" a su rango normal a menudo falla: el cerebro simplemente emplea vías alternativas para alcanzar su objetivo. A medida que se bloquean más vías, el valor de laboratorio puede normalizarse, pero el individuo pierde capacidad funcional.

Este capítulo sugiere que la salud debe ser vista como una capacidad de respuesta óptima y propone que la terapia se busque más bien a nivel sistémico. Lo que esto podría implicar se examinará en el resumen final y en las conclusiones (capítulo 7).

7. Resumen y conclusiones

—Del árbol te ordené que no comieras, ¿has comido?
Y el humano dijo: —La mujer que me diste por compañera, me dio del árbol, y yo comí. Y Dios le dijo a la mujer: —¿Qué es esto que has hecho? Y la mujer dijo: —La serpiente me engañó y yo comí.
—Génesis 3:10–13[1]

Hace algunos años asistí a una reunión de profesores para evaluar nuestro curso de neurociencia impartido en equipo para estudiantes de medicina. Escuché sin hablar durante unos 20 minutos, pero debo haber estado emitiendo suspiros profundos y contracciones faciales tipo *Tourettes*: para que nuestro distinguido Presidente, una MD / PhD en neurología y neuroquímica, se cansara.

—Sterling —exclamó—, ya que obviamente no concuerdas con lo que estamos planteando, ¿qué enseñarías tú?

Mi diferencia de opinión en cuanto a lo planteado se refería a nuestra presentación de tantos neuro-detalles, pronto olvidados porque no importan. Y me consternó nuestra negligencia en identificar lo que sí importa y lo que, por lo tanto, podría recordarse. Deseaba enseñar el *marco* por el cual entiendo los procesos naturales y su encarnación en la naturaleza humana. Lo que importa es la perspectiva, y eso es lo que ofrece este libro. No pretende reemplazar los *Principios de Medicina Interna de Harrison*, ni ningún otro gran compendio. Pero leído en unas pocas noches, podría ayudar a pensar críticamente sobre otras lecturas y prácticas en biología y medicina. Aquí resumo los puntos clave y saco algunas conclusiones generales.

Somos un tipo de animal

En este texto los seres humanos son considerados como una especie de animal que evolucionó durante cuatro mil millones de años. Somos en cierto sentido un registro fósil viviente, con capas sucesivas, donde cada una sirve con gran eficiencia. La paleontología revela extinciones, capas sucesivas de fracaso. Pero la biología celular, la fisiología, la neurociencia y la antropología revelan en *sapiens* sucesivas capas de éxito, diseños que funcionaron muy bien y se conservaron. Esta visión de abajo hacia arriba aclara que cada etapa, avanzando a ciegas, incorporó más información hasta que alcanzó algún límite de recursos. La siguiente etapa amplió los recursos, pero requirió la inversión en una nueva capa de mecanismos para un control eficiente.

El primer principio para un control eficiente es este: predecir qué recursos se necesitarán y proporcionar *lo suficiente, justo a tiempo*. Este principio minimiza los recursos para el crecimiento, la reparación y la reproducción, y a la vez minimiza la exposición del organismo al peligro. Entre los primeros peligros estaba la radiación ultravioleta, por lo que entre las primeras herramientas celulares para la predicción estaba un reloj circadiano en cianobacterias que desencadenaba la síntesis de ADN después de la puesta del sol para minimizar el daño por radiación. El reloj también promovió compensaciones metabólicas eficientes: un período para gastar energía (catabolismo) seguido de un período para la restauración (anabolismo). El reloj conservado en los animales pudo acoplarse al cerebro, permitiendo así que el comportamiento sirva a la bioquímica: buscar alimento durante el catabolismo y dormir durante el anabolismo.

El cerebro gobernado por el reloj de *sapiens* también demostró ser eficiente para coordinar las compensaciones entre varios órganos. Cuando un órgano renuncia temporalmente a los recursos (combustible y oxígeno) que otros órganos necesitan con mayor urgencia, el exceso de capacidad general puede reducirse, lo que nuevamente favorece el crecimiento y la reproducción. Las compensaciones a este nivel configuraron el reparto recíproco por parte de los recolectores a nivel comunitario. Por lo tanto, las necesidades de cada órgano, del animal entero y de toda una comunidad podrían predecirse y luego combinarse mediante un compromiso coordinado. La región cerebral más antigua que sirve al control predictivo es el hipotálamo. Pero pronto se benefició de cálculos más extensos de otras áreas. R. H. S. Carpenter lo expresó bien:

> La totalidad del cerebro puede considerarse como una forma de ayudar al hipotálamo a hacer un mejor trabajo, haciendo mejores predicciones de lo que va a ocurrir a continuación, y de lo que es probable que ocurra si se siguen una u otra línea de acción.[2]

Para identificar claramente este diseño regulatorio: un la antero-alimentación (procesamiento de información adelantada o '*feed forward*') desde el cerebro para *prevenir* errores, Joseph Eyer y yo, hace más de 30 años, elegimos un nuevo término: alostasis. Carpenter lo desaprobó, alegando que Cannon ya había cubierto este punto en 1932 como "homeostasis anidada". Bueno, tal vez sí, pero durante mis 50 años enseñando en las escuelas de medicina de los Estados Unidos, nunca escuché esa expresión. La homeostasis siempre significó el control mediante la retroalimentación de corrección de errores. Además, ese significado todavía prevalece en el plan de estudios de medicina de la Universidad de Pensilvania. Por lo tanto, parece útil distinguir dos tipos de control, uno familiar y el otro *aún* desconocido. ¡Estamos totalmente de acuerdo, Carpenter y yo, en la importancia de la regulación predictiva y en la importancia del cerebro para lograrlo![3]

Un sistema de recompensa impulsa el comportamiento anticipatorio y el aprendizaje

Se necesitaba un sistema para empujar a un animal a buscar todos sus recursos claves antes de que se agotaran y consumirlos en las cantidades correctas. Nuestros ancestros urbilaterios (gusanos) resolvieron este desafío con un circuito de recompensa. Las neuronas hipotalámicas, que monitorean el estado interno de un animal, además de las oportunidades y peligros externos, inician una búsqueda mucho antes de que se agoten las reservas internas. Cualquier comportamiento que ofrezca algo mejor de lo predicho provoca un pulso de dopamina que hace que el animal "se sienta bien", es decir, satisfecho. Por supuesto, no podemos saber cómo se siente un gusano, pero su comportamiento ciertamente da esta impresión. Este circuito, utilizando el mismo químico, opera en nuestro cerebro y en el de la mosca de la fruta. Por lo tanto, el circuito de recompensa se ha conservado durante más de mil millones de años.

Más allá de entregar un pulso para hacer lo correcto de

manera oportuna, este circuito facilita el aprendizaje. Un comportamiento que entrega un pulso de dopamina se recuerda para que pueda repetirse. Por lo tanto, los pequeños éxitos hacen crecer nuevos circuitos neuronales que gradualmente remodelan el cerebro. Nos convertimos en lo que practicamos.

Tal reestructuración del cerebro asumió un significado especial para los *sapiens* debido a nuestro grado inusual de variabilidad cortical. A medida que nuestro cerebro evolucionó a su tamaño máximo, su poder computacional se expandió aún más al especializarse en áreas dentro de cada hemisferio y entre ellos. Se obtuvo un poder computacional adicional al especializar aún más los cerebros entre individuos e invertirlos con mecanismos neuronales para compartir el conocimiento. A medida que las personas practicaban sus dones especiales, sus cerebros se volvían aún más diferentes, y sus comportamientos se volvían más extraños. Así que los *sapiens* invirtieron adicionalmente en mecanismos neuronales para alentar a los extraños a congregarse.[4] Por lo tanto, nuestros cerebros fueron dotados para las artes y también para lo que este libro ha denominado "práctica sagrada".

Humanos en movimiento incesante

El diseño de *sapiens* incluía una curiosidad profunda e inquieta, una especie de TDAH a nivel de especie. Emergiendo en África hace aproximadamente 150.000 años, nos extendimos a través de su inmensidad, habitando, hace 100.000 años, su extremo sur en la cueva de Blombos. Hace 60.000 años, varios grupos de *sapiens* habían migrado hacia el norte, alcanzando, hace 40.000 años, más arriba del Círculo Polar Ártico.

Al llegar a Asia, varios grupos emigraron hacia el sur a través del archipiélago indonesio y construyeron barcos que los llevaron hace 40.000 años a Nueva Guinea y Australia. Otra ola migratoria envió a los *sapiens* a través del istmo de Bering para poblar las Américas, tres grupos que nunca se detuvieron hasta que hace 10.000 años llegaron al Cabo de Hornos.

Nuestro éxito en habitar todos los ambientes terrenales dependía de una capacidad de cohesión social que amplificara nuestros dones individuales. La necesidad de congregarse a través del arte es evidente en todos los continentes. Pintamos las paredes de las cuevas como los grafiteros modernos en todas partes pintan el metro subterráneo. En muchos lugares dejamos instrumentos musicales—flautas de hueso—y esculturas eróticas talladas en piedra. La emigración humana moderna es ampliamente vista como un "comportamiento de escape" fortuito en respuesta a uno u otro conjunto de condiciones desesperadas. Sin embargo, esta tendencia al desplazamiento existe desde que surgió nuestra especie y nunca cesó, por lo que este comportamiento aparentemente pertenece a nuestro diseño biológico. Al reconocer que somos fundamentalmente una "especie invasora", podríamos funcionar de una mejor manera para todos.

Nuestra necesidad de cohesionar probablemente explica la rápida invención de nuevas prácticas sagradas en el instante en que un pequeño grupo se separa del principal y se aleja. Dondequiera que un grupo se establezca por unas pocas generaciones, declara, en aras de la cohesión, que es la "tierra de nuestros padres", una "patria ancestral". Pero para una especie que migra continuamente, la tierra real de nuestros padres debe estar en otro lugar. Aunque nuestro diseño requiere historias de "origen" para construir cohesión, ahora nos iría mejor si inventaremos otras historias que dependan menos del lugar. Independientemente de cómo lo hagamos, la cohesión debe incluir satisfacciones.

La satisfacción no se puede almacenar

El hígado y el músculo almacenan glucógeno, y los adipocitos almacenan grasa. El hueso almacena calcio y el bazo almacena glóbulos rojos, todos los recursos están allí utilizarlos según sea necesario. Pero los pulsos de satisfacción que nos mueven de una actividad a la siguiente y mantienen el estado de ánimo no se pueden almacenar. Para servir a diversos comportamientos y aprendizaje, el pulso de dopamina que entrega un pulso de satisfacción debe ser necesariamente breve. En consecuencia, la dopamina es rápidamente eliminada de los espacios sinápticos por las proteínas transportadoras preparan a las neuronas para sentir la próxima recompensa. No importa cuán maravillosa sea una comida o un encuentro sexual, el brillo pronto se desvanece, por diseño.

Desde el origen de nuestra especie vivimos de la caza y la recolección. Durante el transcurso de un día, estas actividades proporcionaron diversas pequeñas recompensas y, por lo tanto, pulsos frecuentes de satisfacción. Las actividades requieren esfuerzo, pero el esfuerzo en sí mismo aumenta la satisfacción.[5] Hubo molestias: demasiado calor, demasiado frío, demasiado húmedo, pero el *alivio* de la incomodidad proporciona su propia satisfacción. Hubo un intercambio recíproco de recursos y, como ahora observamos al obtener imágenes del cerebro en un escáner, se activan las áreas de recompensa cerebral y se reciben. Se requirió aprendizaje durante décadas para dominar las habilidades para la caza y la recolección, y cada mejora brindó un pulso de satisfacción. Las habilidades de forrajeo alcanzan su punto máximo en la mediana edad, pero su declive es gradual, por lo que los recolectores contribuyeron a la vida familiar y comunitaria hasta bien entrados los 60 y 70 años y, por lo tanto, obtenían pequeñas satisfacciones continuas.

Cómo el *sapiens* perdió la vida de pequeñas satisfacciones[6]

Cuando el clima se calentó y estabilizó hace aproximadamente 12.000 años, se hizo posible vivir explotando los recursos locales de manera más intensiva, como lo demuestra la aparición mundial de implementos de piedra para moler materiales vegetales. Ciertos grupos de *sapiens* cesaron su odisea de 50.000 años para establecerse, y el sedentarismo inició muchos cambios. Primero, donde un grupo explotaba un territorio más intensamente, se expandía y desplazaba hacia otros que usaban la tierra más ligeramente. En segundo lugar, un esfuerzo más intensivo redujo la fluctuación de los recursos, por lo que compartir tenía menos atractivo, mientras que asegurar una ventaja económica tenía más atractivo. Por lo tanto, el igualitarismo, que fue el sello distintivo del *sapiens* durante su larga fase migratoria, disminuyó.

Con la agricultura y los eventuales excedentes, aparecieron razones para registrar los datos físicamente, es decir, escribir en arcilla. Esta ruta para almacenar cantidades ilimitadas de información fuera de un cerebro vivo condujo en pocos milenios a comprender problemas como la relación entre la presión y el volumen de un gas, lo que permitió la invención de una máquina de vapor práctica. Su aparición, hace apenas

250 años, coincidió con la elimnación de las tradicionales tierras campesinas en Inglaterra y Escocia para lograr una mayor productividad y la consiguiente conversión de los agricultores rurales en trabajadores urbanos. Uno de los resultados fue un intenso crecimiento económico que ha llevado, en un abrir y cerrar de ojos, al mundo moderno.

Un resultado complementario fue la constricción de actividades humanas de amplio alcance a simples "trabajos" que por diseño requieren una habilidad o capacitación mínima. La tendencia a lo largo de varios siglos ha continuado: aunque una fracción de la población encuentra actividades más complejas, muchas se reducen a actividades cada vez más simples, que pronto se realizarán robóticamente. Los seres humanos, que evolucionaron para el desafío físico y mental, para el aprendizaje permanente y para las relaciones sociales multigénero, han sido bastante bien despojados de las oportunidades diarias de recibir sus pulsos esenciales de dopamina.

Dado que los pulsos de dopamina son tan esenciales para la salud humana como las vitaminas, se buscan alternativas en actividades que administran dopamina sin esfuerzo y en grandes oleadas: las drogas adictivas, los alimentos calóricamente ricos, los juegos de azar, la pornografía, etc. La profesión médica y el establecimiento de investigación biomédica buscan tratar cada problema técnicamente. Pero hay razones para dudar de sus probabilidades de éxito. Un enfoque más racional sería desarrollar nuevas mecanismos para restaurar el significado y el desafío a la vida cotidiana, para todos.

Otro complemento de la vida industrial y posmoderna es la estmulación fisiológica crónica por cual la que el sistema cardiovascular se adapta a la hipertensión establecida. La vida moderna también reduce en gran medida el ejercicio físico, lo que contribuye aún más al aumento de peso, la diabetes y los problemas cardiovasculares. La solución racional es reducir la excitación cambiando la vida moderna. Para nombrar algunas posibilidades para los Estados Unidos, dar a todos unas vacaciones pagadas de duración decente, proporcionar atención médica universal para reducir la ansiedad crónica y proporcionar cuidado infantil asequible para las familias trabajadoras. Estas prácticas están dentro de los medios nacionales, ya que se han establecido desde hace mucho tiempo en los países europeos, donde probablemente contribuyen a sus tasas más bajas de enfermedades crónicas y muertes por desesperación (véase la Figura 5.2).

¿Quién o qué es culpable?

El epígrafe de este capítulo se refiere al primer ser humano que fue desafiado por no poder frenar su curiosidad natural, su impulso por explorar. Asustado y avergonzado, él culpa a su pareja, y ella, también asustada y avergonzada, culpa a una serpiente. Al leer por primera vez este pasaje a principios de mis 40 años, me quedé atónito y reconocí instantáneamente mi propio terror y vergüenza por mi matrimonio colapsado y mi esfuerzo por escapar de esos sentimientos a través de la culpa.

El pasaje me ayudó, una vez que recupere el oxígeno, porque aclaró que la culpa nunca podría aliviar el miedo o la vergüenza. El pasaje, que viene como lo hace casi inmediatamente después de la Creación, también sugirió que la curiosidad, la desobediencia y la culpa pertenecen a nuestro núcleo humano. De repente pertenecí a esta cadena de seres.

No puedo recordar un caso durante mi educación en el que un adulto reconociera el error y pidiera perdón. Mi familia celebraba ser libres de la opresión y creían en la igualdad para todos; culpamos de todos los problemas humanos a los capitalistas y a su sistema que hacía a la gente codiciosa y cruel. Nuestras creencias fueron reforzadas por la comunidad circundante que a su vez culpó de todo a los comunistas (mi familia y amigos). Este prolongado callejón sin salida intelectual y emocional persistió para mí hasta que me enfrenté a ese pasaje impactante en *Génesis*. Desde entonces, he tratado de entender los problemas que los humanos crean para sí mismos, para los demás y para el medio ambiente como un carrete de nuestra naturaleza intrínseca, simultáneamente magnífico y horrible, pero culpa de nadie.

Este libro ha identificado muchas dificultades: adicciones a las drogas y obesidad, hipertensión, diabetes tipo 2 y cambio climático. Ha criticado los esfuerzos para tratar estas dificultades como problemas técnicos iguales a los problemas que presentan los automóviles que las personas buscaban resolver llamando a los hermanos Magliozzi. El libro ha criticado la educación infantil y el tratamiento de los niños con drogas por los problemas engendrados por su escolarización. El libro ha criticado la visión del sufrimiento mental individual como un "trastorno" y su tratamiento principalmente con drogas. Algunos lectores pueden leer estas expresiones de preocupación como culpar a los demás: culpar a médicos, maestros, psiquiatras y capitalistas. Pero eso no tendría sentido, y no es mi intención.

Simplemente observo que el *sapiens* es animal, un producto de la selección natural. Un animal no tiene ninguna responsabilidad intrínseca: simplemente se comporta de acuerdo con sus genes y su entorno, que incluye su cultura. En consecuencia, cuando las cosas van mal, no hay sentido ni lógica a la que culpar. El único problema es, ¿qué se puede hacer para ayudar?

Mi principio rector sería *tratar al más alto nivel*. Tal como están las cosas, los tratamientos técnicos de bajo nivel han dominado durante tanto tiempo que las profesiones de ayuda han perdido las habilidades necesarias para proceder a niveles superiores. No es culpa del médico que la atención médica se base en gran medida en la farmacoterapia. Pero, ¿qué pasaría si entrenáramos a los estudiantes de primer año en hipnosis, una forma de observar profundamente una psique individual y hablar con ella indirectamente? Esto no es para reemplazar la farmacoterapia, sino para comenzar a reconstruir las habilidades interpersonales. Se podría comenzar con las obras de Milton H. Erickson.[7]

No es culpa del psiquiatra que el modelo actual de sufrimiento mental se base en la idea de una enfermedad para ser tratada con medicamentos. Pero si se reviviera el modelo de terapia moral, ciertamente podría pagarse con una pequeña fracción de la inmensa riqueza nacional.

No es culpa del maestro que un aula de 30 niños contenga algunos para quienes el confinamiento y las demandas de prestar atención durante largos períodos son imposibles. Pero podríamos reducir el tamaño de las clases, mezclar edades, fomentar el aprendizaje autónomo, etc. Podríamos permitir más tiempo para la "educación" física y hacer que sea una verdadera educación con atención a los deportes con posibilidades de participación de por vida en lugar de solo otra oportunidad para que los niños más atléticos desanimen a los menos atléticos.

Ciertamente no es culpa de los traficantes de drogas que una proporción tan grande de nuestra sociedad busque drogas que proporcionen una oleada de dopamina. Los comerciantes son simplemente animales altamente especializados que practican sus oficios especiales. Son empresarios del otro lado de una división arbitraria. Y a veces la división misma cambia de modo que el tráfico de drogas es recapturado por los capitalistas legales. Esto ha ocurrido en los Estados Unidos con la comercialización de opioides como la oxicodona, y ahora está en pleno apogeo con la marihuana. Pero, ¿de qué sirve tratar los muchos males de la sociedad si nuestra vida en la tierra está condenada por las emisiones de CO_2?

No necesitamos todo ese CO_2 y podríamos reducir la desigualdad

El sistema industrial proporciona una vida tan cómoda que pocos de los que la han experimentado volverán voluntariamente a la extrema simplicidad asociada con las emisiones de CO_2 más bajas. Sin embargo, para los países ricos hay un rango de cinco veces en las emisiones de CO_2, y dentro de ese rango hay poca diferencia en la esperanza de vida. Obviamente, los mayores emisores podrían reducir el CO_2 cinco veces y aún así vivir bien.[8]

Incluso en tiempos de abundancia, el sufrimiento humano se distribuye de manera desigual y se experimenta *precisamente* de acuerdo con la posición de uno en la escala de ingresos relativos. Las tasas de mortalidad son progresivamente más altas para los menos iguales, y las expectativas de vida son más cortas. Las tasas de trastorno mental y consumo de drogas son más altas para los menos iguales, al igual que las tasas de encarcelamiento, tanto entre los países como entre los estados de los Estados Unidos. Tales diferencias ya se observaron para la obesidad (ver Figura 6.5). Algunos observadores descartan estas diferencias, insistiendo en que, desde el Siglo de las Luces, todo ha mejorado.[9] Sin embargo, el patrón de sufrimiento de la desigualdad se conecta con nuestro pasado de primates y con nuestro surgimiento como una especie igualitaria.

Los monos *cebus*, un género centroamericano con un alto índice de cerebro por peso corporal, prestan mucha atención a las recompensas obtenidas por otros miembros de su grupo. Si su propio salario es más bajo, trabajan menos, y hay un punto por debajo del cual consideran que el acuerdo es demasiado injusto para continuar.[10] Otras especies de primates altamente cooperativas comparten esta sensibilidad a la inequidad.[11] Para que los primeros *sapiens* dependan del compartir, habrían necesitado ser exquisitamente sensibles al trato justo por parte de los vecinos y estar alertas a las desigualdades. Tratamos enérgicamente de "mantenernos al mismo nivel que los vecinos" porque pertenece a nuestra herencia.

Nos sentimos bien cuando somos tratados de manera justa, y también cuando tratamos a un vecino como a nosotros mismos. Los estudios de imágenes muestran que ambas partes de un intercambio equitativo son recompensadas por la dopamina. Presenciar un intercambio generoso es gratificante, pero menos que hacerlo uno mismo. Esta es la neurobiología que subyace al eslogan: *Es mejor dar que recibir*. En resumen, los principios sociales, como la equidad, surgieron temprano en nuestros circuitos sociales (ver Figura 4.9), y los estudios actuales en neuroeconomía coinciden en que la riqueza absoluta es menos importante que el grado de desigualdad.[12]

La causa de todo ese CO_2 es un impulso incesante para consumir: automóviles, carne, drogas, viajes, etc. (véase el capítulo 5).[13] Los economistas y políticos dicen: "Crecer o morir". Pero ahora parece que "*crecer y morir*" es más probable. Dado que varios países tienen una mejor salud social e individual con emisiones de CO_2 cinco veces más bajas, todo lo que se necesita es reducir el grado de desigualdad. Esto no requeriría empobrecer a los más altos para pagar por los más bajos.

No requeriría un retorno al igualitarismo primario. Simplemente significaría acercar las cosas a lo que está construido en nuestros cerebros primarios por los beneficios de la cooperación. Para ser claros, cuando no podemos mantenernos al mismo nivel que los vecinos, nos sentimos mal, es nuestra naturaleza animal. Pero cuando tratamos de aliviar ese sentimiento mediante todo tipo de consumo, conduce siempre hacia la adicción: *más*.

No necesitamos sentirnos tan mal

Imaginar que podríamos volver a la vida de los *sapiens* migratorios sería ridículo. Sin embargo, para ser honesto, mis hijos a veces pueden haber creído que hacia allí se dirigía nuestra familia cada vez que devoraba otro libro de Peter Matthiessen.[14] Para algunas personas, incluyéndome a mí mismo, la vida de un recolector igualitario tiene un fuerte atractivo; este impulso arde persistentemente dentro de nosotros y ocasionalmente estalla. Si es un rasgo cuantitativo, puedo estar a varias desviaciones estándar de la media. Pero eso implica un anhelo que existe hasta cierto punto para todos. Podríamos reorganizar muchos aspectos de la vida moderna para reconocer tales necesidades y tratar directa y persistentemente de satisfacerlas.

En lugar de tratar las adicciones por pura fuerza de voluntad y con antagonistas de los opioides y la dopamina, deberíamos desarrollar actividades y relaciones que brinden los pulsos gratificantes esenciales. Cada uno es diferente, pero compartimos los puntos más amplios como nuestra herencia de los primeros *sapiens*. Sabemos que la salud de los recolectores modernos, incluida la salud cardiovascular, la ausencia de obesidad y diabetes, etc., se relacionan fuertemente con su ejercicio constante. También sabemos por estudios modernos que el ejercicio es importante para la salud cognitiva y emocional, para aliviar los síntomas de la esquizofrenia,[15] y para reorganizar los circuitos de la alimentación hipotalámica.[16]

Por lo tanto, debemos comenzar por educar a nuestros jóvenes no para "trabajos", sino para actividades interesantes, significativas y socialmente positivas en las que puedan continuar creciendo durante toda la vida. ¿Por qué deberíamos ser obsoletos a los 45 años, justo cuando los lóbulos frontal y temporal finalmente están madurando? (Véase la Figura 4.12.) Todo lo que se requiere es reorientar nuestro pensamiento para promover contribuciones continuas más allá de los 45 años. Si construyéramos vidas ricas en pequeñas sorpresas positivas, tendríamos menos necesidad de vidas ricas en productos farmacéuticos.

¿Qué tan rápido podemos cambiar?

Ha habido períodos en una escala de décadas en los que las amenazas sociales se abordaron mediante un cambio relativamente rápido y relativamente pacífico. Aquí hay un ejemplo que podría dar esperanza y valor.

En agosto de 1944, 2 meses después del Día D, 10,000 trabajadores blancos en el ámbito del transporte en Filadelfia organizaron una huelga para protestar por la capacitación de unos pocos trabajadores negros, quienes pasarían de trabajos serviles a conducir autobuses y tranvías. La ciudad fue paralizada, ralentizando la crítica producción para la guerra. Luego, el presidente Roosevelt federalizó el sistema de tránsito. Envió 5.000 soldados estadounidenses para dirigirlo y ordenó a los huelguistas a que reanudaran el trabajo o serían reclutados al ejército. Por lo tanto, el sistema de tránsito de Filadelfia se integró casi de la noche a la mañana sin desorden público. Cuatro años más tarde, en julio de 1948, el presidente Truman, por orden ejecutiva, abolió la discriminación racial en las Fuerzas Armadas de los Estados Unidos, eliminando así la segregación en las escuelas, bases y hospitales militares. La última unidad totalmente negra fue abolida en septiembre de 1954, solo 10 años después del asunto en Filadelfia.

El año siguiente (1955) marcó la acción *ciudadana*: el exitoso boicot de autobuses de Montgomery que llevó en 1956 a una decisión de la Corte Suprema que prohibía la segregación en los autobuses. Luego siguieron las sentadas en el mostrador del almuerzo (1960) y los Paseos por la Libertad (1961) que eliminó la segregación en las instalaciones públicas y los viajes; luego el Verano de la Libertad (1964), que culminó en la Ley de Derechos Civiles de 1964 y la Ley de Derechos de Voto de 1965, ambas promulgadas por el presidente Johnson, un tejano. Por supuesto, hubo mártires, pero menos de lo que uno podría imaginar, y, por supuesto, el trabajo está inconcluso. Por ejemplo, los afroamericanos en Cleveland todavía están confinados como lo estaban en 1966 (ver el Prefacio). Sin embargo, el patrón de esclavitud, segregación, linchamiento y discriminación laboral que había durado 350 años cambió radicalmente durante los 20 años entre 1944 y 1964.

Necesitamos cambiar ahora aún más fundamentalmente en nuestro uso de los recursos, los objetivos para la educación infantil y el desarrollo de actividades significativas en medio de la abundancia material. Y tenemos que hacerlo tan rápido o más rápido que el cambio en los derechos civiles. De lo contrario, me temo, el *Homo sapiens* podrá incluirse en el registro de fósiles junto con las muchas especies que ya se han extinguido.

Abreviaturas

5-HT:	5-hidroxitriptamina (serotonina)
TDAH:	trastorno por déficit de atención con hiperactividad
ADP:	adenosina difosfato
AgRP:	péptido relacionado con agouti
AM, PA, PO, PR, PV, TP:	parches faciales sensoriales de la corteza cerebral
AMPK:	adenosina monofosfato-proteína quinasa activada, un sensor del estado energético general de una célula
ATP:	adenosina trifosfato
Bcl-x_L:	un componente de fuga de protones (regulador) de la ATP sintasa
BDNF:	factor neurotrófico derivado del cerebro
BNST:	núcleo del lecho de la stria terminalis
CCK:	colecistoquinina, un péptido que regula la alimentación

CGRP:	péptido relacionado con el gen de la calcitonina
deltaFosB:	un factor de transcripción
DSM-5:	*Manual Diagnóstico y Estadístico de Las Órdenes Mentales de la Asociación Americana de Psiquiatría*, quinta edición
EGF:	factor de crecimiento epidérmico
GABA:	ácido gamma-aminobutírico
GDNF:	factor neurotrófico derivado de la glía
IgA:	anticuerpo inmunoglobulina A
IGF:	factor de crecimiento similar a la insulina
IgG:	anticuerpo inmunoglobulina G
IL-6:	interleucina-6, una citoquina
KB:	constante de Boltzmann
KBT:	la constante de Boltzmann × temperatura absoluta, una medida de energía
LPBN:	núcleo parabrachial lateral
M1:	área motora primaria de la corteza cerebral
M1, M2, M3, MFC, sM1:	parches faciales motores de la corteza cerebral
MSG:	glutamato monosódico
NADH:	nicotinamida adenina dinucleótido (forma reducida)
NPY:	neuropéptido Y

NTS:	núcleo del tractus solitarius
OVLT:	organum vasculosum de la lámina terminal
PYY:	péptido YY, un péptido intestinal que regula la alimentación
S1:	área sensorial primaria de la corteza cerebral
SCN:	núcleo supraquiasmático
SGLT2:	cotransportador de sodio/glucosa 2
ISRS:	inhibidor selectivo de la recaptación de serotonina
TE2p:	área cortical que reconoce palabras escritas; también se denomina área de formulario visual de palabras
TGFbeta:	factor de crecimiento transformador beta
V1:	primera área visual de la corteza cerebral
V2:	segunda área visual de la corteza cerebral
VEGF:	factor de crecimiento endotelial vascular

Notas

Prefacio

1. Sterling, P. (2013). Some principles of retinal design: The Proctor Lecture. *Investigative Ophthalmology & Visual Science, 54*, 2267–2275.

2. Etheridge, E. (2018). *Breach of peace*. New York: Atlas.

   Arsenault, R. (2006). *Freedom Riders*: 1961 and the struggle for racial justice. Oxford: Oxford University Press.

3. Sterling, P., & Eyer, J. (1981). Biological basis of stress-related mortality. *Social Science & Medicine, 15* (Pt. E), 3–42.

4. Sterling, P., & Eyer, J. (1988). Allostasis: A new paradigm to explain arousal pathology. In S. Fisher & J. Reason (Eds.), *Handbook of life stress, cognition and health* (pp. 629–639). Chichester, UK: Wiley.

5. Carpenter, R. H. S. (2004). Homeostasis: A plea for a unified approach. *Advances in Physiology Education, 28*, 180–187.

6. Sterling, P. (2012). Allostasis: A model of predictive regulation. *Physiology & Behavior, 106*, 5–15.

7. Jauhar, S. (2016, August 6). When blood pressure is political. *The New York Times*. https://www.nytimes.com/2016/08/07/opinion/.../when-blood-pressure-is-political .html.

8. Ramsay, D. S., & Woods, S. C. (2016). Physiological regulation: How it really works. *Cell Metabolism, 24*, 361–364.

9. Sterling, P. (2004). How retinal circuits optimize the transfer of visual information. In L. Chalupa & J. S. Werner (Eds.), *The visual neurosciences* (pp. 234–259). Cambridge, MA: MIT Press.

10. Balasubramanian, V., & Sterling, P. (2009). Receptive fields and functional architecture in the retina. *The Journal of Physiology, 587*, 2753–2753.

11. Sterling, P., & Laughlin, S. (2015). *Principles of neural design*. Cambridge, MA: MIT Press.

Introducción

1. La historia está impresa como "The Lost Mariner" en el libro de Sacks (1985) *The man who mistook his wife for a hat*. Nueva York: Summit Books. La cautivadora versión de radio se puede encontrar en http://transom.org/2002/robert-krulwich-why-love-radio.

2. El núcleo mamilar contiene alrededor de 150.000 neuronas, menos de una millonésima parte del total del cerebro. Bernstein, H.-G., Klix, M., Dobrowolny, H., Brisch, R., Steiner, J., Bielau, H., ... Bogerts, B. (2012). A postmortem assessment of mammillary body volume, neuronal number and densities, and fornix volume in subjects with mood disorders. *European Archives of Psychiatry and Clinical Neuroscience, 262*, 637–646.

3. Prueba Maria Callas: https://www.youtube.com/watch?v=j8KL63r9Zcw.

4. Naturalmente, me decepcionaron estas respuestas, ya que estos estudiantes estaban con mi lección. Pero en retrospectiva, veo que nuestras diferencias fueron al azar. La curiosidad empática, como toda característica, debe tener cierta distribución en la población. Los estudiantes débilmente empáticos no tienen "trastorno de empatía"; tampoco, a pesar de mi intensa respuesta, sufro "trastorno de empatía excesiva". Simplemente ocupamos colas opuestas de la distribución. Véase el capítulo 6.

5. Bowling, D. L., Sundararajan, J., Han, S., & Purves, D. (2012). Expression of emotion in Eastern and Western music mirrors vocalization. *PloS One, 7*, e31942

   Gill, K. Z., & Purves, D. (2009). A biological rationale for musical scales. *PloS One, 4*, e8144.

   Savage, P. E., Brown, S., Sakai, E., & Currie, T. E. (2015). Statistical universals reveal the structures and functions of human music. *Proceedings of the National Academy of Sciences of the United States of America, 112*, 8087–8992.

6. Wallace, A. F. C. (1969). *The death and rebirth of the Seneca.* New York: Vintage. Para un breve relato basado en Wallace, véase Sterling, P., & Eyer, J. (1981). Biological basis of stress-related mortality. *Social Science & Medicine, 15* (Pt. E), 3–42.

7. Darwin, C. (1859). *On the origin of species by means of natural selection, or the preservation of favored races in the struggle for life.* London: John Murray.

8. Kirschner, M. W., & Gerhart, J. C. (2005). *The plausibility of life.* New Haven, CT: Yale University Press.

9. Wallace, D. C. (2013). Bioenergetics in human evolution and disease: Implications for the origins of biological complexity and the missing genetic variation of common diseases. *Philosophical Transactions of the Royal Society of London. Series B, Biological Sciences, 368,* 20120267. Este artículo rastrea las migraciones humanas fuera de África y a través de todos los continentes mediante el seguimiento de las variaciones de sus genomas mitocondriales.

10. Aiello, L. C., & Wheeler, P. (1995). The expensive-tissue hypothesis: The brain and the digestive system in human and primate evolution. *Current Anthropology, 36,* 199–221.

11. Boyd, R., & Silk, J. B. (2018). *How humans evolved* (8th ed.). New York: Norton.

12. Bettinger, R., Richerson, P., & Boyd, R. (2009). Constraints on the development of agriculture. *Current Anthropology, 50,* 627–631.

13. Dobzhansky, T. (1973). Nothing in biology makes sense except in the light of evolution. *The American Biology Teacher, 35,* 125–129.

14. Por supuesto, cada organismo exhibe alguna variación, esa es la base de la selección natural. Sin embargo, un nicho más estrecho presenta menos ventajas a las variaciones en las adaptaciones centrales. La variación individual entre *H. sapiens* es extrema, como discutió Darwin. Darwin, C. (1871). *The descent of man, and selection in relation to sex.* Edición de Princeton University Press. Introducción de J. Bonner y R. Mayo.

    Véase también Ayroles, J. F., Buchanan, S. M., O'Leary, C., Skutt-Kakaria, K., Grenier, J. K., Clark, A. G., de Bivort, B. L. (2015). Behavioral idiosyncrasy reveals genetic control of phenotypic variability. *Proceedings of the National Academy of Sciences of the United States of America, 112,* 6706–6711.

15. Recordemos el comentario de Goethe: “Nada es más difícil de soportar que una sucesión de días justos”. Goethe, J. W. (1833). Faust.

16. Fraga, M. F., Ballestar, E., Paz, M. F., Ropero, S., Setien, F., Ballestar, M. L., ... Esteller, M. (2005). Epigenetic differences arise during the lifetime of monozygotic twins. *Proceedings of the National Academy of Sciences of the United States of America, 102*, 10604–10609.

17. McKay, D. J. C. (2009). Sustainable energy—Without the hot air. www.withouthotair.com.

18. Cooper, S. J. (2008). From Claude Bernard to Walter Cannon: Emergence of the concept of homeostasis. *Appetite*, 51, 419–427.

19. Cannon, W. B. (1932). *The wisdom of the body.* New York: Norton. Reprinted by Norton Library, 1963.

20. Gross, C. G. (1998). Claude Bernard and the constancy of the internal environment. *The Neuroscientist, 4*, 381–385.

21. Sterling, P. (2012). Allostasis: A model of predictive regulation. Physiology & Behavior, 106, 5–15; also chapter 3 in Sterling, P., & Laughlin, S. (2015). *Principles of neural design.* Cambridge, MA: MIT Press.

22. Loscalzo, J., Barabási, A.-L., & Silverman, E. K. (Eds.). (2017). *Network medicine: Complex systems in human disease and therapeutics.* Cambridge, MA: Harvard University Press. Gao, J., Barzel, B., & Barabási, A. L. (2016). Universal resilience patterns in complex networks. *Nature, 530*, 307–312.

23. Baffy, G., & Loscalzo, J. (2014). Complexity and network dynamics in physiological adaptation: An integrated view. *Physiology & Behavior*, 131, 49–56.

Capítulo 1

1. Nelson, P. (2014). *Biological physics: Energy, information, life.* New York: Freeman. Blum, H. F. (1951). *Time's Arrow and evolution.* Princeton, NJ: Princeton University Press.

2. Wallace, D.C. (2013). Bioenergetics in human evolution and disease: Implications for the origins of biological complexity and the missing genetic variation of common diseases. *Philosophical Transactions of the Royal Society of London. Serie B, Ciencias Biológicas, 368*, 20120267.

3. Henderson, L. J. (1913). *The Fitness of the Environment.* New York: McMillan.

4. Bray, D. (2009). *Wetware: A computer in every living cell.* New Haven, CT: Yale University Press.

5. Einstein, A. (1905). On the movement of small particles suspended in a s ary liquid demanded by the molecular-kinetic theory of heat (in German). *Annalen der Physik, 322*, 549–560.

6. Berg, H. (1993). *Random walks in biology.* Princeton, NJ: Princeton University Press.

7. Astumian, R. D. (2007). Design principles for Brownian molecular machines: How to swim in molasses and walk in a hurricane. *Physical Chemistry Chemical Physics, 9*, 5067–5083.

8. Astumiano, R. D. (1997). Thermodynamics and kinetics of a Brownian motor. *Science, 276*, 917–922.

9. Astumian, R. D. (2015). Irrelevance of the power stroke for the directionality, stopping force, and optimal efficiency of chemically driven molecular machines. *Biophysical Journal, 108*, 291–303.

10. Motlagh, H. N., Wrab, J. O., Li, J., & Hilser, V. J. (2014). The ensemble nature of allostery. *Nature, 508*, 331–339.

11. Véase Astumian (1997), op. cit.

12. Véase Astumian (2015), op. cit.

13. Véase Motlagh et al. (2014), op. cit.

14. Véase Astumian (2015), op. cit.

15. Lane, N. (2014). Bioenergetic constraints on evolution of complex life. *Cold Spring Harbor Perspectives in Biology, 6*, a015982. Este artículo documenta el material resumido en los siguientes párrafos.

16. Plattnera, H., & Verkhratsky, A. (2018). The remembrance of the things past: Conserved signaling pathways link protozoa to mammalian nervous system. *Cell Calcium, 73*, 25–39.

17. Purcell, E.M. (1977). Life at low Reynolds number. *American Journal of Physics, 45*, 3–11.

18. Noor, E., Eden, E., Milo, R., & Alon, U. (2010). Central carbon metabolism *Molecular Cell, 39*, 809–820.

19. Una famosa crítica de la "optimalidad" en biología, que ahora tiene 40 años, tiene un título memorable: The Spandrels of San Marco and

the Panglossian paradigm: A critique of the adaptionist programme. Gould, S. J., & Lewontin, R.C. (1979). *Proceedings of the Royal Society of London, 205*, 581–598.

20. Alexander, R. M. (1996). Optima for animals. Princeton, NJ: Princeton University Press; también Diamond, J. (1993). Evolutionary physiology. En C. A. R. Boyd & D. Noble (Eds.), *Logic of life: The challenge of integrative physiology*. Oxford: Oxford University Press.

21. En la prisa por despreciar la hipótesis de la optimalidad, los críticos lanzando preguntas como turbas agitaron adoquines: *Bueno, ¿qué pasa con el apéndice vermiforme? Parece carecer de una función; sin embargo, persiste y nos enferma. ¿Dónde está la optimalidad en eso? Además, ¿qué pasa con el ojo? Los fotorreceptores se alejan de la luz, de modo que los fotones deben pasar a través de todas las capas neuronales de la retina antes de golpear los receptores. Diseño terrible.*

    Pero ahora parece que el apéndice tiene una función: proporcionar un reservorio de respaldo crítico de nuestro microbioma para repoblar nuestro intestino después de que se borre la población primaria. fuera por una u otra toxina. Bollinger, R. R., Barbas, A. S., Bush, E. L., Lin, S. S., & Parker, W. (2007). Biofilms in the large bowel suggest an apparent function of the human vermiform appendix. *Journal of Theoretical Biology, 249*, 826–831.

    Y resulta que nuestros fotorreceptores se alejan de la luz por una buena razón, porque entonces pueden incrustar en la capa coroidea altamente vascular, que es la la principal fuente de oxígeno de la retina. Los fotorreceptores requieren más oxígeno que todos los circuitos neuronales de la retina, y desde este sitio de primer encuentro, pueden controlar el metabolismo energético a través de toda la retina. Kanow, M. A., Giarmarco, M. M., Jankowski, C. S., Tsantilas, K., Engel, A. L., Du, J., Hurley, J. B. (2017). Biochemical adaptations of the retina and retinal pigment epithelium support a metabolic ecosystem in the vertebrate eye. eLife, 6, e28899.

22. Los teóricos están de acuerdo en esta posibilidad, una trampa subóptima en el paisaje adaptativo, pero de varios expertos que he consultado, ninguno ha ofrecido un ejemplo real. Probablemente esas trampas subóptimas no sobreviven mucho tiempo.

23. Tlusty, T. (2010). A colorful origin for the genetic code: Information theory, statistical mechanics and the emergence of molecular codes. *Physics of Life Reviews, 7*, 362–376.

24. Itzkovitz, S., & Alon, U. (2007). The genetic code is nearly optimal for allowing additional information within protein-coding sequences. *Genome Research, 17,* 405–412.

25. Freeland, S. J., Knight, R. D., Landweber, L. F., & Hurst, L. D. (2000). Early fixation of an optimal genetic code. *Molecular Biology and Evolution, 174,* 511–518.

26. Denton, M. J., Marshall, C. J., & Legge M. (2002). The protein folds as platonic forms: New support for the pre-Darwinian conception of evolution by natural law. *Journal of Theoretical Biology, 219,* 325–342.

27. Otros tipos de enlaces también contribuyen a conformaciones estables, como enlaces más débiles entre los átomos de hidrógeno y el agua, las "fuerzas de van der Waals" y los puentes de sal.

28. Geiler-Samerotte, K. A., Dion, M. F., Budnik, B. A., Wang, S. M., Hartl, D. L., & Drummond, D. A. (2011). Misfolded proteins impose a dosage-dependent fitness cost and trigger a cytosolic unfolded protein response in yeast. *Proceedings of the National Academy of Sciences of the United States of America, 108,* 680–685.

29. Razvi, A., & Scholtz, J. M. (2006). Lessons in stability from thermophilic proteins. *Protein Science, 15,* 1569–1578.

30. Lahonde, C., Insausti, T. C., Paim, R. M. M., Luan, X., Belev, G., Pereira, M. H., ... Lazzaril, C. R. (2017). Countercurrent heat exchange and thermoregulation during blood-feeding in kissing bugs. *eLife, 6,* e26107.

31. Nesse, R. M., & Williams, G. C. (1996). *Why we get sick: The new science of Darwinian medicine.* New York: Vintage.

32. Barenholz, U., Davidi, D., Reznik, E., Bar-On, Y., Antonovsky, N., Noor, E., & Milo, R. (2017). Design principles of autocatalytic cycles constrain enzyme kinetics and force low substrate saturation at flux branch points. *eLife, 6,* e29667.

33. Véase el capítulo 5 en Sterling, P., & Laughlin, S. (2015). *Principles of neural design.* Cambridge, MA: MIT Press.

34. Darwin (1859) observó que "la mejor definición de un alto estándar de organización es el grado en que las partes se han especializado, y la selección natural tiende a con este fin, en la medida en que las piezas están habilitadas para realizar sus funciones de manera cada vez más eficiente" (editado ligeramente para mayor brevedad).

35. Glegg, D. (1969/2009). *Design of design*. Cambridge: Cambridge University Press.

36. Zhang, J., Maslov, S., & Shakhnovich, E. I. (2008). Constraints imposed by non-functional protein–protein interactions on gene expression and proteome size. *Molecular Systems Biology, 4*, 210.

37. En Filadelfia, John Bartram, el botánico, y Benjamin Franklin estaban preocupados, y esto llevó a Franklin a diseñar su estufa de bajo consumo de combustible. Véase Wulf, A. (2015). *The invention of nature: Alexander von Humboldt's New World*. New York: Random House.

38. Moser, C.C., Farid, T. A., Chobot, S. E., & Dutton, P. L. (2006). Electron tunneling chains of mitochondria. *Biochimica et Biophysica Acta, 1757*, 1096-1109.

39. Sobti, M., Smits, C., Wong, A. S. W., Ishmukhametov, I., Stock, D., Sandin, S., & Stewart, A. G. (2016). Cryo-EM structures of the autoinhibited E. coli ATP synthase in three rotational states. *eLife, 5*, e21598.

40. Kinosita, K., Jr., Yasuda, R., Noji, H., & Adachi, K. (2000). A rotary molecular motor that can work at near 100% efficiency. *Philosophical Transactions of the Royal Society of London. Series B, Biological Sciences, 355*, 473–489.

41. Grundlingh, J., Dargan, P. I., El-Zanfaly, M., & Wood, D. M. (2011). 2,4-dinitrophenol (DNP): A weight loss agent with significant acute toxicity and risk of death. *Journal of Medical Toxicology, 7*, 205–212. https://www.nhs.uk/news/ medication/warnings-issued-over-deadly-dnp-diet-drug.

42. Wallace (2013), Op. cit.

43. El pariente cercano de ATP, GTP, se utiliza en operaciones especiales; también los músculos almacenan energía como fosfocreatina.

44. Moser, C. C., Página, C. C., & Dutton, P. L. (2006). Darwin at the molecular scale: Selection and variance in electron tunneling proteins including cytochrome c oxidase. *Philosophical Transactions of the Royal Society of London. Serie B, Biological Sciences, 361*, 1295–1305.

45. Purcell (1977), Op. cit.

46. Oswald, M. C., Brooks, P. S., Zwart, M. F., Mukherjee, A., Oeste, R. J., Giachello, C. N., Landgraf, M. (2018). Reactive oxygen species regulate activity-dependent neuronal plasticity in *Drosophila*. *eLife, 7*, e39393

47. Moser et al. (2006), Op. cit.

48. Cserép, C., Pósfai, B., Schwarcz, A. D., & Dénes A. (2018). Mitochondrial ultrastructure is coupled to synaptic performance at axonal release sites. *eNeuro, 5,* e0390–17.2018, 1–15.

49. Woelfel, M. A., Ouyang, Y., Phanvijhisiri, K., & Johnson, C. H. (2004). The adaptive value of circadian clocks: An experimental assessment in cyanobacteria. *Current Biology, 14,* 1481–1486.

50. Dunn, C. W., Giribet, G., Edgecombe, G. D., & Hejnol, A. (2014). Animal phylogeny and its evolutionary implications. *Annual Review of Ecology, Evolution, and Systematics, 45,* 371–395.

Capítulo 2

1. Arendt, D. (2008). The evolution of cell types in animals: Emerging principles from molecular studies. *Nature Reviews. Genetics, 9,* 868–882.

2. Kirschner, M. W., & Gerhart, J. C. (2005). *The plausibility of life.* New Haven, CT: Yale University Press.

   El debate continúa en cuanto a qué vino primero, los factores de transcripción para el plan corporal o para la diferenciación celular. Véase Erwin, D. H., & Davidson, E. H. (2002). The last common bilaterian ancestor. *Development, 129,* 3021–3032.

3. Tapscott, S. J. (2005). The circuitry of a master switch: Myod and the regulation of skeletal muscle gene transcription. *Development, 132,* 2685–2695.

4. Véase Tapscott (2005).

5. Arendt, D., Musser, J.M., Baker, C. V. H., Bergman, A., Cepko, C., Erwin, D. H., ... Wagner, G. P. (2016). The origin and evolution of cell types. *Nature Reviews. Genetics, 17,* 745–757.

6. Las vías de señalización clave que regulan el desarrollo son el factor de crecimiento transformador β (TGF-β), WNT canónico (cWNT), receptores nucleares (NR), receptor tirosina kinsa (RTK), Notch/Delta, Hedgehog, y la quinasa Janus/transductor de señal y activador de transcripción (JAK/STAT). Babonis, L. S., & Martindale, M. Q. (2016). Phylogenetic evidence for the modular evolution of metazoan signaling pathways. *Philosophical Transactions of the Royal Society of London. Series B, Biological Sciences, 372,* 201504–1577.

7. Dupre, C., & Yuste, R. (2017). Non-overlapping neural networks in Hydra vulgaris. *Current Biology, 27,* 1085–1097.

8. Lee, D. A., Andreev, A., Truong, T. V., Chen, A., Hill, A. J., Oikonomou, G., ... Prober, D. A. (2017). Genetic and neuronal regulation of sleep by neuropeptide VF. *eLife, 6,* e25727.

9. Dunn, C. W., Giribet, G., Edgecombe, G. D., & Hejnol, A. (2014). Animal phylogeny and its evolutionary implications. *Annual Review of Ecology, Evolution, and Systematics, 45,* 371–393.

10. Vergara, H. M., Bertucci, P. Y., Hantz, P., Tosches, M. A., Achim, K., Vopalensky, P., & Arendt, D. (2017). Whole-organism cellular gene-expression atlas reveals conserved cell types in the ventral nerve cord of *Platynereis dumerilii. Proceedings of the National Academy of Sciences of the United States of America, 14,* 5878–5885.

11. Kirschner, M., & Gerhart, J. (1998). Evolvability. *Proceedings of the National Academy of Sciences of the United States of America, 95,* 8420–8427. Algunas formas persisten porque, aunque efectivas, no pueden cambiar fácilmente. Pero otras formas persisten porque son tan flexibles y robustas que apoyan el cambio. La simetría bilateral y todos los factores de transcripción del desarrollo que la soportan pertenecen a esta categoría de *evolubilidad.*

12. Shubin, N. (2008). *Your Inner Fish: A journey into the 3.5-billion-year history of the human body.* New York: Random House. Shubin explica cómo la selección natural transformó una aleta en un brazo y un brazo en una mano. La magia reside en los antiguos factores de transcripción.

    Sterling, P., & Laughlin, S. (2015). Principles of neural design. Cambridge, MA: MIT Press. Chapter 1: What engineers know. Explica cómo varios problemas de diseño en los primeros Ford Modelo T establecieron una base para la posterior diversificación de una miríada de nuevas “especies”.

13. Arendt, D., Denes, A. S., Jékely, G., & Tessmar-Raible, K. (2008). The evolution of nervous system centralization. *Philosophical Transactions of the Royal Society of London. Series B, Biological Sciences, 363,* 1523-1528. Vergara et al. (2017), op. cit.

14. Arendt, D., Denes, A. S., Jékely, G., & Tessmar-Raible, K. (2008). The evolution of nervous system centralization. *Philosophical Transactions of the Royal Society of London. Serie B, Ciencias Biológicas, 363,* 1523-1528.

15. la Fleur, S. E. (2003). Daily rhythms in glucose metabolism: Suprachiasmatic nucleus output to peripheral tissue. *Journal of Neuroendocrinology, 15,* 315–322. Las especies que se alimentan por la noche y descansan durante el día también muestran variación diurna pero con la fase invertida. Por lo tanto, los ratones anticipan el anochecer aumentando el metabolismo de la glucosa y lo contrario antes del amanecer.

16. Gerhart-Hines, Z., & Lazar, M. A. (2015). Circadian metabolism in the light of evolution. *Endocrine Reviews, 36,* 289–304. Esta parte del capítulo se basa en gran medida en esta revisión amplia y lúcida.

17. Joven, M. E. (2016). Temporal partitioning of cardiac metabolism by the cardiac myocyte circadian clock. *Experimental Physiology, 101,* 1035–1039.

18. Moore-Ede, M.C. (1986). Physiology of the circadian timing system: Predictive versus reactive homeostasis. *The American Journal of Physiology, 250,* R737–R852. Esta importante revisión precedió al descubrimiento de relojes en cada célula, pero los datos informados probablemente dependen de un reloj renal.

19. Dyar, K. A., Ciciliot, S., Wright, L. E., Biensø, R. S., Tagliazucchi, G. M., Patel, V. R., ... Schiaffino, S. (2014). Muscle insulin sensitivity and glucose metabolism are controlled by the intrinsic muscle clock. *Molecular Metabolism, 3,* 29–41. Ahora se ha demostrado que el control circadiano del metabolismo muscular por el núcleo supraquiasmático actúa a través de un reloj muscular intrínseco.

20. Wang, X., Zhang, X., Wu, D., Huang, Z., Hou, T., Jian, C., ... Cheng, H. (2017). Mitochondrial flashes regulate ATP homeostasis in the heart. *eLife, 6,* e23908.

21. Alavian, K. N., Li, H., Collis, L., Bonanni, L., Zeng, L., Sacchetti, S., ... Jonas, E. A. (2011). Bcl-xL regulates metabolic efficiency of neurons through interaction with the mitochondrial F1Fo ATP synthase. *Nature Cell Biology, 13,* 1224–1233.

22. Las neuronas tienen un mecanismo predictivo rápido para regular el ATP. Cuando una neurona dispara potenciales de acción, sus bombas de sodio consumen enormes cantidades de ATP que la agotarían en segundos. Por lo tanto, a medida que las bombas de sodio se encienden, predicen la necesidad venidera y aumentan directamente la producción de ATP mitocondrial, manteniendo así la concentración constante y evitando errores fatales. Baseza-Lehnert, F., Saab, A. S., Gutiérrez, R.,

Larenas, V., Díaz, E., Horn, M., ... Barros, L. F. (2019). Non-canonical control of neuronal energy status by the Na+ pump. *Cell Metabolism, 29*, 1–13.

23. Ramsay, D. S., & Woods, S.C. (2014). Clarifying the roles of homeostasis and allostasis in physiological regulation. *Psychological Review, 121*, 224–247.

24. Hardie, D. G. (2008). AMPK: A key regulator of energy balance in the single cell and the whole organism. *International Journal of Obesity, 32*, S7–S12.

25. Colgado, Y. P., Teragawa, C., Kosaisawe, N., Gillies, T. E., Pargett, M., Minguet, M., ... Albeck, J. G. (2017). Akt regulation of glycolysis mediates bioenergetic stability in epithelial cells. *eLife, 6*, e27293.

26. Para un breve resumen del diseño y aprendizaje de *C. elegans*, véase Sterling y Laughlin (2015), op. cit., capítulo 2, Why an animal needs a brain.

27. Lee, D. A., Andreev, A., Truong, T. V., Chen, A., Hill, A. J., Oikonomou, G., ... Prober, D. A. (2017). Genetic and neuronal regulation of sleep by neuropeptide VF. *eLife, 6*, e25727.

28. Sutton, R. S., & Barto, A. G. (2018). *Reinforcement learning: An introduction*. Cambridge, MA: MIT Press.

29. Williams, E. A., Veraszt, C., Jasek, S., Conzelman, M., ... Jékely, G. (2017). Synaptic and peptidergic connectome of a neurosecretory center in the annelid brain. *eLife, 6*, e26349.

30. Conzelmann, M., Williams, E. A., Krug, K., Franz-Wachtel, M., Macek, B., & Jékely, G. (2013). The neuropeptide complement of the marine annelid *Platynereis dumerilii*. *BMC Genómica, 14*, 906.

31. Flavell, S. W., Pokala, N., Macosko, E. Z., Albrecht, D. R., Larsch, J., & Bargmann, C. I. (2013). Serotonin and the neuropeptide PDF initiate and extend opposing behavioral states in *C. elegans*. *Celda, 154*, 1023–1035. Este estudio en particular se refiere al nemátodo; sin embargo, muchos de los péptidos y sus funciones conductuales están presentes también en *Platynereis* (véanse las notas 28 y 29).

32. Guarnición, J. L., Macosko, E. Z., Bernstein, S., Pokala, N., Albrecht, D. R., & Bargmann, C. I. (2012). Oxytocin/vasopressin-related peptides have an ancient role in reproductive behavior. *Science, 338*, 540–543. Este informe se refiere a *C. elegans*. Sin embargo, *Platynereis* también

expresa estas hormonas, que ambos gusanos probablemente heredaron de su ancestro cnidario compartido.

33. Yao, S., Bergan, J., Lanjuin, A., & Dulac, C. (2017). Oxytocin signaling in the medial amygdala is required for sex discrimination of social cues. *eLife, 6*, e31373.

34. Uno podría preguntarse si el urbilaterian nos legó su reloj lunar para gobernar nuestros ciclos de ovulación y receptividad sexual. Parece sensato, además de romántico, que *H. sapiens* hubiera conservado esos mecanismos fisiológicos y los hubiera celebrado culturalmente en la poesía y el canto. Sin embargo, buscando en Google poderosamente y contactando a varios expertos, encontré solo un estudio preliminar para apoyar esta conjetura: Law, S. P. (1986). The regulation of menstrual cycle and its relationship to the moon. (from MIT paper edition). *Acta Obstetrica Gynecologica Scandanavica, 65*, 45–48.

Capítulo 3

1. Speakman, J. R. (2013). Measuring energy metabolism in the mouse—Theoretical practical, and analytical considerations. *Frontiers in Physiology 4*, 34.

2. Bennett, A. F., & Nagy, K. A. (1977). Energy expenditure in free-ranging lizards. (1977). *Ecology, 58*, 697–700.

3. Diamond, J. M. (1993). Evolutionary physiology. In D. Noble & C. A. R. Boyd (Eds.), *Logic of life: The challenge of integrative physiology* (pp. 89–111). Oxford: Oxford University Press.

4. Robert, V. A., & Casadevall, A. (2009). Vertebrate endothermy restricts most fungi as potential pathogens. T*he Journal of Infectious Diseases, 200*, 1623–1626.

5. Stein, R.B., Gordon, T., & Shriver, J. (1982). Temperature dependence of mamalian muscle contractions and ATPase activities. *Biophysical Journal, 40*, 97–107.

6. Bennett, A. F., & Ruben, J. A. (1979). *Endothermy and activity in vertebrates. Science, 206*, 649–654.

7. Nymark, S., Heikkinen, H., Haldin, C., Donner, K., & Koskelainen, A. (2005). Light responses and light adaptation in rat retinal rods at different temperatures. *The Journal of Physiology, 567*, 923–938.

8. Arshavsky, V. Y., & Burns, M. E. (2014). Current understanding of sig-

nal a cation in phototransduction. *Cellular Logistics, 4*, e28680.

9. Dhingra, N. K., Kao, Y.-H., Sterling, P., & Smith, R. G. (2003). Contrast threshold of a brisk-transient ganglion cell in vitro. *Journal of Neurophysiology, 89*, 2360–2369. Las neuronas retinianas que transmiten señales visuales al cerebro duplican su sensibilidad por cada 10°C.

10. Ames, A., Li, Y. Y., Heher, E.C., & Kimble, C. R. (1992). Energy metabolism of rabbit retina as related to function: High cost of Na+ transport. *The Journal of Neuroscience, 12*, 840–853.

11. Katz, B., & Miledi, R. (1965). The effect of temperature on the synaptic delay at the neuromuscular junction. *The Journal of Physiology, 181*, 656–670.

12. Pavlov, I. (1904). Physiology of digestion. Nobel lecture. Disponible al http://www.nobelprize.org/nobel_prizes/medicine/laureates/1904/pavlov-lecture.html.

13. Helander, H. F., & Fändriks, L. (2014). Surface area of the digestive tract—Revisited. *Scandinavian Journal of Gastroenterology, 49*, 681–689.

    El intestino delgado humano alcanza unos 5 metros de longitud y alcanza una superficie de absorción de unos 20 metros.

14. Diamond, J. (2002). Quantitative evolutionary design. *The Journal of Physiology, 542* (Pt. 2), 337–345.

15. Diamante, J. (1993). Evolutionary physiology. In D. Noble & C. A. R. Boyd (Eds.), *Logic of life: The challenge of integrative physiology* (pp. 89-111). Oxford: Oxford University Press.

16. Thrus, A.B., Dent, R., McPherson, R., & Harper, M.-E. (2013). Implications of mitochondrial uncoupling in skeletal muscle in the development and treatment of obesity. *The FEBS Journal, 280*, 5015–5029.

17. Wallace, D.C. (2013). Bioenergetics in human evolution and disease: Implications for the origins of biological complexity and the missing genetic variation of common diseases. *Philosophical Transactions of the Royal Society of London. Series B, Biological Sciences, 368*, 20120267.

    Estas diferencias se rigen por variantes de genes mitocondriales cuyas altas tasas de mutaciónen comparación con los genes nucleares permiten una adaptación genética relativamente rápida a la latitud.

18. Gerhart-Hines, Z., & Lazar, M. A. (2015). Circadian metabolism in the light of evolution. Endocrine Reviews, 36, 289–304. Véase también: Perrin, L., Loizides-Mangold, U., Chanon, S., Gobet, C., Hulo, N., Isenegger, L. ... Dibner C. (2018). Transcriptomic analyses reveal rhythmic and CLOCK-driven pathways in human skeletal muscle. *eLife, 7*, e34114.

19. Morrison, S. F., Madden, C. J., & Tupone, D. (2014). Central neural regulation of brown adipose tissue thermogenesis and energy expenditure. *Cell Metabolism, 19*, 741–756.

20. Yu, S., Cheng, H., François, M., Qualls-Creekmore, E., Huesing, C., He, Y., ... Münzberg, H. (2018). Preoptic leptin signaling modulates energy balance independent of body temperature regulation. *eLife, 7*, e33505.

21. Blessing, W., Mohammed, M., & Ootsuka, Y. (2013). Brown adipose tissue thermogenesis, the basic rest–activity cycle, meal initiation, and bodily homeostasis in rats. *Physiology & Behavior, 121*, 61–69.

    Blessing, W., & Ootsuka, Y. (2016). Timing of activities of daily life is jaggy: How episodic ultradian changes in body and brain temperature are integrated into this process. *Temperature, 3*, 371–383.

22. Los humanos complementan su escaso aislamiento exterior con una capa interna de tejido graso justo debajo de la piel.

23. Schmidt-Nielsen, K. (1981, mayo). Countercurrent systems in animals. *Scientific American, 244*, 118–128.

24. Zimmerman, C. A., Leib, D. E., & Knight, Z. A. (2017). Neural circuits underlying thirst and fluid homeostasis. *Nature Reviews. Neuroscience, 18*, 459–469.

25. Bronceado, C. L., & Knight, Z. A. (2018). Regulation of body temperature by the nervous system. *Neuron, 98*, 31–18.

26. Weibel, E. R. (2000). *Symmorphosis: On form and function in shaping life*. Cambridge, MA: Harvard University Press.

27. Wang, P. (2018). The beat goes on. *eLife, 7*, e36882.

28. Mukouyama, Y. S., Shin, D., Britsch, S., Taniguchi, M., & Anderson, D. J. (2002). Sensory nerves determine the pattern of arterial differentiation and blood vessel branching in the skin. *Cell, 109*, 693–705.

29. Sheng, Y., & Zhu, L. (2018). The crosstalk between autonomic nervous system and blood vessels. *International Journal of Physiology,*

Pathophysiology, and Pharmacology, 10, 17–28.

Bevan, J. A., Bevan, R. D., & Duckles, S. P. (1980). *Adrenergic regulation of vascular smooth muscle: Supplement 7. Handbook of physiology, The cardiovascular system, vascular smooth muscle.* Originally published 1980. Published online January 2011.

30. Okin, D., & Medzhitov, R. (2012). Evolution of inflammatory diseases. *Current Biology, 22*, R733–R740.

31. Ganeshan, K., Nikkanen, J., Man, K., Leong, Y. A., Sogawa, Y., Maschek, J. A., ... Chawla, A. (2019). Energetic trade-offs and hypometabolic states promote disease tolerance. *Cell, 177*, 399–413.

32. Man, K., Loudon, A., & Chawla, A. (2016). Immunity around the clock. *Science, 354*, 999–1003.

33. Diamond, J. (2002). Quantitative evolutionary design. *The Journal of Physiology, 542* (Pt. 2), 337–345.

34. Lefèvre, C.M., Sharp, J. A., & Nicholas, K. R. (2010). Evolution of lactation: Ancient origin and extreme adaptations of the lactation system. *Annual Review of Genomics and Human Genetics, 11*, 219–238.

35. Power, M. L., & Schulkin, J. (2016). *Milk: The biology of lactation.* Baltimore: Johns Hopkins University Press.

36. VEGF: factor de crecimiento endotelial vascular; EGF: factor de crecimiento endotelial; GDNF: factor de crecimiento derivado de la glial; BDNF: factor de crecimiento derivado del cerebro; IGF: factor de crecimiento similar a la insulina; TGF, factor de crecimiento transformador.

37. Lefevre, C.M., Sharp, J. A., & Nicholas, K. R. (2010). Evolution of lactation: ancient origin and extreme adaptations of the lactation system. *Annual Review of Genomics and Human Genetics, 11*, 219–238.

38. Leib, D. E., Zimmerman, C. A., Poormoghaddam, A., Huey, E. L., Ahn, J. S., Lin, Y. C., ... Knight, Z. A. (2017). The forebrain thirst circuit drives drinking through negative reinforcement. *Neuron, 96*, 1272–1281.

Mandelblat-Cerf, Y., Kim, A., Burgess, C. R., Subramanian, S., Tannous, B. A., Lowell, B. B., & Andermann, M.L. (2017). Bidirectional anticipation of future osmotic challenges by vasopressin neurons. *Neuron, 93*, 57–65.

Augustine, V., Gokce, S. K., Lee, S., Wang, B., Davidson, T. J., Reimann, F., ... Oka, Y. (2018). Hierarchical neural architecture underlying thirst regulation. *Nature, 555*, 204–209.

39. Chen, Y., Lin, Y.-C., Zimmerman, C. A., Essner, R. A., & Knight, Z. A. (2016). Hunger neurons drive feeding through a sustained, positive reinforcement signal. *eLife, 5*, e18640.

40. Sternson, S.M., & Eiselt, A.-K. 2017. Three pillars for the neural control of appetite. *Annual Review of Physiology, 79*, 401–423.

    Andermann, M. L., & Lowell, B.B. (2017). Toward a wiring diagram understanding of appetite control. *Neuron, 95*, 757–778.

41. Bronceado, C. L., Cooke, E. K., Leib, D. E., Lin, Y. C., Daly, G. E., Zimmerman, C. A., & Knight, Z. A. 2016. Warm-sensitive neurons that con trol body temperature. *Cell, 167*, 47–59.e15.

    Tan, C. L., & Knight, Z. A. (2018). Regulation of body temperature by the nervous system. *Neuron, 98*, 31–18.

42. Schultz, W., Dayan, P., & Montague, P. R. (1997). A neural substrate of prediction and reward. *Science, 275*, 1593-1599.

    Schultz, W., Stauffer, W. R., & Lak, A. (2017). The phasic dopamine signal maturing: from reward via behavioural activation to formal economic utility. Current Opinion in Neurobiology, 43, 139–148.

    Levy D. J., & Glimcher, P. W. (2011). Comparing apples and oranges: using reward-specific and reward-general subjective value representation in the brain. The Journal of Neuroscience, 31, 14693–14707.s

    Levy, D. J., & Glimcher, P. W. (2012). The root of all value: a neural common currency for choice. Current Opinion in Neurobiology, 22, 1027–1038.

43. Watabe-Uchida, M., Eshel, N., & Uchida, N. (2017). Neural circuitry of reward prediction error. *Annual Review of Neuroscience, 40*, 373–394.

Capítulo 4

1. Wallace, D.C. (2013). Bioenergetics in human evolution and disease: Implications for the origins of biological complexity and the missing genetic variation of common diseases. *Philosophical Transactions of the Royal Society of London. Series B, Biological Sciences, 368*, 20120267.

2. Slatkin, M., & Racimo, F. (2016). Ancient DNA and human history. *Proceedings of the National Academy of Sciences of the United States*

of America, 113, 6380–6387.

Moreno-Mayar, J. V., Vinner, L., de Barros Damgaard, P., de la Fuente, C., Chan, J., Spence, J. P., Willerslev, E. (2018). Early human dispersals within the Americas. *Science, 362*, 6419.

3. Froehle, A. W., & Churchill, S. E. (2009). Energetic competition between *Neandertals* and anatomically modern humans. *PaleoAnthropology 2009*, 96–116.

4. Mellars, P., & French, J. C. (2011). Tenfold population increase in Western Europe at the *Neandertal*-to-modern human transition. *Science, 333*, 623–627.

5. Villa, P., & Roebroeks, W. (2014). *Neandertal* demise: An archeological analysis of the modern human superiority complex. *PloS One, 9*, e96424.

6. Los órganos internos también usan mecanorreceptores para el estiramiento y la presión. Estas señales viajan centralmente a través de picos.

7. Sterling, P., & Laughlin, S. (2015). *Principles of neural design*. Cambridge, MA: MIT Press. Este libro cubre con más detalle todos los principios discutidos aquí.

8. Balasubramanian, V., & Sterling, P. (2009).

   Simon Laughlin señala que los bits por pico disminuyen con la tasa por una razón aún más profunda que se deriva de las matemáticas de la codificación de picos. Ver Figura 3.5 y ecuación 3.1 en Sterling y Laughlin (2015), op. cit.

9. Sterling, P. (2013). Some principles of retinal design: The Proctor Lecture. *Investigative Ophthalmology & Visual Science, 54*, 2267–2275.

10. Sterling y Laughlin (2015), op. cit., capítulo 13.

11. Sokoloff, L. (1977). Relation between physiological function and energy metabolism in the central nervous system. *Journal of Neurochemistry, 29*, 13–26.

12. Las aves también redujeron el olfato a favor de la visión, por las mismas razones, la capacidad de recopilar información a tasas más altas con menos peligro (ver nota 18). Ciertas familias de aves, como los *Corvidae* (cuervos, cuervos, arrendajos) tienen proporciones de peso cerebral a corporal iguales a primates y delfines más altos, que se quedan justo por debajo de los humanos. Al igual que los mamíferos altamente

encefalizados, los córvidos también son altamente sociales, y algunos, como el cuervo de Nueva Caledonia, hacen herramientas.

13. Darwin, C. (1871). *The descent of man, and selection in relation to sex.* Princeton University Press edition.

14. Shubin, N. (2008). *Your Inner Fish.* New York: Random House.

15. Quam, R.M., Martínez, I., Rosa, M., & Arsuaga, J. L. (2017). Evolution of hearing and language in fossil hominins. In R. Quam, M. Ramsier, R. R. Fay, & A. N. Popper (Eds.), *Springer handbook of auditory research: Vol. 63. Primate hearing and communication* (pp. 201–231). Cham, Switzerland: Springer International.

16. Ozker, M., Yoshor, D., & Beauchamp, M. S. (2018). Frontal cortex selects representation of the talker's mouth to aid in speech perception. *eLife, 7,* e30387.

17. Deaner, R. O., Khera, A. V., & Platt, M. L. (2005). Monkeys pay per view: Adaptive valuation of social images by rhesus macaques. *Current Biology, 15,* 543–548.

18. Para un tratamiento extendido, véanse los capítulos 7–12 en Sterling y Laughlin (2015), op. cit.

19. Por ejemplo, el nervio óptico del perro contiene alrededor de 150,000 axones, 10 veces menos que el mono.

    Brooks, D. E., Strubbe, D. T., Kubilis, P. S., MacKay, E. O., Samuelson, D. A., & Gelatt, K. N. (1995). Histomorphometry of the optic nerves of normal dogs and dogs with hereditary glaucoma. *Experimental Eye Research, 60,* 71–89.

    Muchas especies de mamíferos adaptaron su visión de manera similar, moviendo los ojos hacia adelante para permitir la estereoscopia, aumentando la densidad de células de cono y ganglio, y así sucesivamente. Véase, por ejemplo, Ahnelt, P. K., Schubert, C., Kübber-Heiss, A., Schiviz, A., & Anger E. (2006). Independent variation of retinal S and M cone photoreceptor topographies: A survey of four families of mammals. *Visual Neuroscience, 23,* 429–435.

    Las aves invirtieron aún más en una visión espacial y cromática fina. Por ejemplo, las rapaces a menudo tienen dos fóveas, una para la mejor visión monocular y otra para la visión estereoscópica fina. Algunos también logran el doble de la resolución espacial de los humanos al cuadruplicar su densidad de cono, y como los macacos y los humanos, también usan células ganglionares pareadas. Véase Sterling, P. (2004). How retinal circuits optimize the transfer of visual information. En J. S. Werner & L.M. Chalupa (Eds.), *The visual neurosciences* (pp. 234-259). Cambridge, MA: MIT Press.

20. Akbas, E., & Eckstein, M. P. (2017). Object detection through search with a foveated visual system. *PLoS Computational Biology, 13*, e1005743.

21. O, C.C., Peterson, M. F., & Eckstein, M. P. (2015). Initial eye movements during face identification are optimal and similar across cultures. *Journal of Vision, 15*, 12.

22. Sterling y Laughlin (2015), op. cit., capítulo 12.

23. Horton, J.C., & Hoyt, W. F. (1991). The representation of the visual field in human striate cortex: A revision of the classic Holmes map. *Archives of Ophthalmology, 109*, 816–824.

24. Por ejemplo, agarrar requiere conocer la ubicación de un objeto y su orientación. Este subconjunto de información visual es extraído por un área de captación particular (una de several) que se ubica justo donde se necesita, en el lóbulo parietal posterior, para conectarse. a través de cables cortos con "áreas táctiles" que guían el agarre. Véase Fattori, P., Breveglieri, R., Raos, V., Bosco, A., & Galletti, C. (2012). Vision for action in the macaque medial posterior parietal cortex. *The Journal of Neuroscience, 32*, 3221–3234.

    El agarre guiado visualmente se puede satisfacer a bajo costo mediante la aproximación: la mano puede coincidir aproximadamente con un objeto y luego ajustarse con precisión mediante la retroalimentación de los receptores táctiles. Véase Santello, M., Baud-Bovy, G., & Jörntell, H. (2013). Neural bases of hand synergies, *Frontiers in Computational Neuroscience, 7*, 1–15.

25. Tsao, D. (2014). The macaque face patch system: A window into object representation. *Cold Spring Harbor Symposia on Quantitative Biology, 79*, 109–114.

26. Chang, L., & Tsao, D. Y. (2017). The code for facial identity in the primate brain. *Cell, 169*, 1013–1028.

27. Las caras invertidas son difíciles de reconocer, probablemente porque los circuitos para una necesidad tan rara no forman parte del paquete.

28. Taubert, J., Flessert, M., Wardle, S. G., Basile, B. M., Murphy, A. P.,

Murray, E. A., & Ungerleider, L. G. (2018). Amygdala lesions eliminate viewing preferences for faces in rhesus monkeys. *Proceedings of the National Academy of Sciences of the United States of America, 115,* 8043–8048.

29. Landi, S. M., & Freiwald, W. A. (2017). Two areas for familiar face recognition in the primate brain. *Science, 357,* 591–595.

30. Shepherd, S. V., & Freiwald, W. A. (2018). Functional networks for social communication in the macaque monkey. *Neuron, 99,* 413–420.

31. Sliwa, J., & Freiwald, W. A. (2017). A dedicated network for social interaction processing in the primate brain. *Science, 356,* 745–749.

32. Rathelot, J.-A., & Strick, P. L. (2009). Subdivisions of primary motor cortex based on cortico-motoneuronal cells. *Proceedings of the National Academy of Sciences of the United States of America, 106,* 918–923.

    La proporción de entradas corticoespinales directas a las neuronas motoras aumenta de mono a chimpancé a humano.

33. Rathelot, J.-A., Dum, R. P., & Strick, P. L. (2017). Posterior parietal cortex contains a command apparatus for hand movements. *Proceedings of the National Academy of Sciences of the United States of America, 114,* 4255–4260.

34. Geschwind, N. (1965). Disconnexion syndromes in animals and man: I. Brain, 88, 237–294; Geschwind, N. (1965). Disconnection syndromes in animals and man: II. *Brain, 88,* 585–644.

35. Kaplan, H., & Robson, A. J. (2002). The emergence of humans: The coevolution of intelligence and longevity with intergenerational transfers. *Proceedings of the National Academy of Sciences of the United States of America, 99,* 10221–10226.

36. Madera, B. M., Watts, D. P., Mitani, J. C., & Langergraber, K. E. (2017). Favorable ecological circumstances promote life expectancy in chimpanzees similar to that of human hunter-gatherers, *Journal of Human Evolution, 105,* 41–56.

37. Gurven, M., Stieglitz, J., Trumble, B., Blackwell, A. D., Beheim, B., Davis, H., ... Kaplan, H. (2017). The Tsimane Health and Life History Project: Integrating anthropology and biomedicine. *Evolutionary Anthropology, 26,* 54–73. Describe estudios longitudinales recientes de cazadores-horticultores en la selva boliviana con una longevidad y productividad continua similares.

Para un resumen amplio, véase Kelly, R. L. (2013). *The lifeways of hunter-gatherers: The foraging spectrum*. New York: Cambridge University Press.

38. Hawkes, K. (2010). The evolution of human life history. *Proceedings of the National Academy of Sciences of the United States of America, 107* (Suppl. 2), 8977–8984.

    Hawkes resume la evidencia de la "hipótesis de la abuela": los niños destete reciben subsidios nutricionales de sus abuelas que permiten a las madres tener más hijos con intervalos de nacimiento más cortos.

    Gurven, M., Kaplan, H., & Gutierrez, M. (2006). How long does it take to become a proficient hunter? Implications for the evolution of extended development and long life span. *Journal of Human Evolution, 51*, 454–470. El estudio muestra que la caza es tan compleja cognitivamente que se requieren hasta 20 años para alcanzar el rendimiento máximo después de que los hombres alcanzan el tamaño y la fuerza completos.

39. Cheney, D. L., & Seyfarth, R.M. (2008). *Baboon metaphysics: The evolution of a social mind*. Chicago, IL: University of Chicago Press.

40. Henrich, J. (2016). *The secret of our success: How culture is driving human evolution, domesticating our species and making us smarter*. Princeton, NJ: Princeton University Press.

    Los monos y los chimpancés exhiben cultura, pero en un grado modesto. Por ejemplo, la difusión cultural del lavado de papas dentro de una tropa de macacos japoneses observada en la década de 1950 sigue siendo un tema de discusión por parte de los primatólogos. Boesch, C. (2012). From material to symbolic cultures: Culture in primates. En J. Valsiner (Ed.), En J. Valsiner (Ed.), *The Oxford handbook of culture and psychology*. Oxford: Oxford University Press.

41. Aiello, L. C., & Wells, J. C. K. (2002). Energetics and the evolution of the genus Homo. *Annual Review of Anthropology, 31*, 323–338.

42. Wallace (2013), op. cit.

43. Alperson-Afil, N., Sharon, G., Kislev, M., Melamed, Y., Zohar, I., Ashkenazi, S., ... Goren-Inbar, N. (2009). Spatial organization of hominin activities at Gesher Benot Ya'aqov, Israel. *Science, 326*, 1677-1680.

44. Kittler, R., Kayser, M., & Stoneking, M. (2003). Molecular evolution

of Pediculus humanus and the origin of clothing. *Current Biology, 13,* 1414-1417.

45. Comunicación de Robert T. Boyd.

46. Glasser, M. F., Coalson, T. S., Robinson, E. C., Hacker, C. D., Harwell, J., Yacoub, E., Van Essen, D. C. (2016). A multi-modal parcellation of human cerebral cortex. *Nature, 536,* 171–178.

47. Garcea, F. E., Chernoff, B. L., Diamond, B., Lewis, W., Sims, M. H., Tomlinson, S. B., Mahón, B. Z. (2017). Direct electrical stimulation in the human brain disrupts melody processing. *Current Biology, 27,* 2684–2691. Este artículo contiene extensas referencias a la evidencia reciente de la separación hemisférica de los circuitos para la música y el lenguaje.

48. Las siguientes referencias incluyen evidencia de la localización de la música en el hemisferio derecho, pero también indican algunas de las complejidades y rompecabezas: Sihvonen, A. J., Ripolles, P., Leo, V., Rodriguez-Fornells, A., Soinila, S., & Sarkamo, T. (2016). Neural basis of acquired amusia and its recovery after stroke. *The Journal of Neuroscience, 36,* 8872–8881.

    Fedorenko, E., McDermott, J. H., Norman-Haignere, S., & Kanwisher, N. (2012). Sensitivity to musical structure in the human brain. *Journal of Neurophysiology, 108,* 3289–3300.

49. Kanwisher, N. G., McDermott, J., & Chun, M. M. (1997). The fusiform face area: A module in human extrastriate cortex. *The Journal of Neuroscience, 17,* 4302–4311.

    McCarthy, G., Puce, A., Gore, J. C., & Allison, T. (1997). Face-specific processing in the human fusiform gyrus. *Journal of Cognitive Neuroscience, 9,* 605–610. Estos artículos muestran el área de la cara fusiforme en gran parte en el hemisferio derecho.

    Collins, J. A., Koski, J. E. y Olson, I. R. (2016). More than meets the eye: The merging of perceptual and conceptual knowledge in the anterior temporal face area. *Frontiers in Human Neuroscience, 10,* 189;

    Kelley, W. M., Miezin, F. M., McDermott, K. B., Buckner, R. L., Raichle, M. E., Cohen, N. J., Petersen, S. E. (1998). Hemispheric specialization in human dorsal frontal cortex and medial temporal lobe for verbal and nonverbal memory encoding. *Neuron, 20,* 927–936.

50. Saygin, Z.M., Osher, D. E., Norton, E. S., Youssoufian, D. A., Beach, S.

D., Feather, J., ... Kanwisher, N. (2016). Connectivity precedes function in the d ment of the visual word form area. *Nature Neuroscience, 19*, 1250–1255.

51. Peretz, I., & Hyde, K. L. (2003). What is specific to music processing? Insights from congenital amusia. [Review]. *Trends in Cognitive Sciences, 7*, 362 367.

52. Sacks, O. (2007). *Musicophilia: Tales of music and the brain.* New York: Kopf; Rosenthal, G., Tanzer, M., Simony, E., Hasson, U., Behrmann, M., & Avidan, G. (2017). Altered topology of neural circuits in congenital prosopagnosia. *eLife, 6*, e25069.

53. Russell, R., Duchaine, B., & Nakayama, K. (2009). Super-recognizers: People with extraordinary face recognition ability. *Psychonomic Bulletin & Review, 16*, 252–257.

54. Arcaro, M. J., Schade, P. F., Vicente, J. L., Ponce, C. R., & Livingstone, M. S. (2017). Seeing faces is necessary for face-patch formation. *Nature Neuroscience, 20*, 1404–1412.

55. Clare, S., Stagg, C. J., Johansen-Berg, H., Kolasinski, J., Makin, T. R., Logan, J. P., & Jbabdi, S. (2016). Perceptually relevant remapping of human somatotopy in 24 hours. *eLife, 5*, e17280.

56. Van Essen, D.C., & Glasser, M. F. (2018). Parcellating cerebral cortex: How invasive animal studies inform noninvasive mapmaking in humans. *Neuron, 99*, 640–663; ver especialmente Información Suplementaria.

57. Muthukrishna, M., & Henrich, J. (2016). Innovation in the collective brain. *Philosophical Transactions of the Royal Society of London. Serie B, Biological Sciences, 371*, 20150192.

58. d'Errico, F., Banks, W. E., Warren, D. L., Sgubin, G., van Niekerk, K., Henshilwood, C., ... Sánchez Goñi, M. F. (2017). Identifying early modern human ecological niche expansions and associated cultural dynamics in the South African Middle Stone Age. *Proceedings of the National Academy of Sciences of the United States of America, 114*, 7869–7876; Henshilwood, C. S., d'Errico, F., van Niekerk, K. L., Dayet, L., Queffelec, A., & Pollarolo, L. (2018). An abstract drawing from the 73, levels at Blombos Cave, South Africa. *Nature, 562*, 115–118.

59. Aubert, M., Brumm, A., Ramli, M., Sutikna, T., Saptomo, E. W., Hakim, B. ... Dosseto, A. (2014). Pleistocene cave art from Sulawesi, Indonesia. *Nature, 514*, 223–227.

60. Silk, J. B., & Boyd, R. (2018). *How humans evolved* (8th ed.). New York: Norton.

61. https://en.wikipedia.org/wiki/G%C3%B6bekli_Tepe.

62. https://en.wikipedia.org/wiki/Watson_Brake.

63. Las fechas exactas siguen siendo controvertidas porque las tasas de mutación sugieren una separación más temprana de lo sugerido aquí por la evidencia fósil.

Capítulo 5

1. Pinker, S. (2018). *Enlightenment now: The case for reason, science, humanism, and progress.* New York: Random House.

2. Hu, H., Petousi, N., Glusman, G., Yu, Y., Bohlender, R., Tashi, T. ... Huff, C. D. (2017). Evolutionary history of Tibetans inferred from whole-genome sequencing. *PloS Genetics, 13,* e1006675.

   Beall, C. M. (2007). Two routes to functional adaptation: Tibetan and Andean high-altitude natives. *Proceedings of the National Academy of Sciences of the United States of America, 104,* 8655–8660.

   Ilardo, M. A., Moltke, I., Korneliussen, T. S., Cheng, J., Stern, A. J., Racimo, F., ... Willerslev, E. (2018). Physiological and genetic adaptations to diving in sea nomads. *Cell, 173,* 569–580.e15.

   Ingram, C., Mulcare, C., Itan, Y., Thomas, M., & Swallow, D. (2009). Lactose digestion and the evolutionary genetics of lactase persistence. *Human Genetics, 124,* 579–591.

   Tishkoff, S. A., Reed, F. A., Ranciaro, A., Voight, B. F., Babbitt, C. C., Silverman, J. S., ... Deloukas, P. (2007). Convergent adaptation of human lactase persistence in Africa and Europe. *Nature Genetics, 39,* 31–40.

   Jablonski, N. G. (2004). The evolution of human skin and skin color. *Annual Review of Anthropology, 33,* 585–623.

   Racimo, F., Gokhman, D., Fumagalli, M., Ko, A., Hansen, T., Moltke, I., ... Nielsen, R. (2017). Archaic adaptive introgression in TBX15/WARS2. *Molecular Biology and Evolution, 34,* 509–524.

3. Gintis, H., Henrich, J., Bowles, S., Boyd, R., & Fehr, E. (2008). Strong reciprocity and the roots of human morality. *Social Justice Research, 21,* 241–253.

Gintis, H., Bowles, S., Boyd, R., & Fehr, E. (2005). *Moral sentiments and material interests: The foundations of cooperation in economic life.* Cambridge, MA: MIT Press.

Henrich, J. (2017). *The secret of our success: How culture is driving human evolution, domesticating our species, and making us smarter.* Princeton, NJ: Princeton University Press.

4. Esta sección se basa particularmente en Kaplan, H. S., Hooper, P. L., & Gurven, M. (2009). The evolutionary and ecological roots of human social organization. *Philosophical Transactions of the Royal Society of London. Series B, Biological Sciences, 364,* 3289–3299, pero la misma historia se puede encontrar en muchas otras fuentes, incluyendo las siguientes:

   Kelly, R. L. (2013). *The lifeways of hunter-gatherers: The foraging spectrum.* New York: Cambridge University Press.

   Silk, J. B., & Boyd, R. (2018). *How humans evolved* (8th ed.). New York: Norton.

   Pontzer, H., Wood, B. M., & Raichlen, D. A. (2018). Hunter-gatherers as models in public health. *Obesity Reviews, 19* (Suppl. 1), 24–35.

5. Gurven, M., Kaplan, H., & Gutierrez, M. (2006). How long does it take to become a proficient hunter? Implication on the evolution of delayed growth. *Journal of Human Evolution, 51,* 454–470.

6. Kaplan, H. S., Schniter, E., Smith, V. L., & Wilson, B. J. (2012). Risk and the evolution of human exchange. *Proceedings of the Royal Society of London. B, Biological Sciences, 279,* 2930–2935.

7. Gintis, H., Henrich, J., Bowles, S., Boyd, R., & Fehr, E. (2008). Strong reciprocity and the roots of human morality. *Social Justice Research,*

8. Gurven, M., Stieglitz, J., Trumble, B., Blackwell, A. D., Beheim, B., Davis, H., ... Kaplan, H. (2017). The Tsimane Health and Life History Project: Integrating anthropology and biomedicine. *Evolutionary Anthropology, 26,* 54–73; Gurven, M., & Kaplan, H. (2007). Longevity among hunter-gatherers: A cross-cultural examination. *Population and Development Review, 33,* 321–365.

9. Gurven, M. D., Trumble, B. C., Stieglitz, J., Blackwell, A. D., Michalik, D. E., Finch, C. E., & Kaplan, H. S. (2016). Cardiovascular disease and type 2 diabetes in evolutionary perspective: A critical role for helminths? *Evolution, Medicine, and Public Health, 2016,* 338–357.

10. Gurven, M., Blackwell, A. D., Rodriguez, D. E., Stieglitz, J., & Kaplan, H. (2012). Does blood pressure inevitably rise with age? Longitudinal evidence among foragerhorticulturalists. *Hypertension, 60*, 25–33.

    Hollenberg, N. K., Martinez, G., McCullough, M., Meinking, T., Passan, D., Preston, M., ... Vicaria-Clement, M. (1997). Aging, acculturation, salt intake, and hypertension in the Kuna of Panama. *Hypertension, 29*, 171–176.

    He, J., Klag, M. J., Whelton, P. K., Chen J.-Y., Qian, M.-C., & He, G.-Q. (1994). Body mass and blood pressure in a lean population in southwestern China. *American Journal of Epidemiology, 139*, 380–389.

    Lindeberg, S., Nilsson-Ehle, P., Terént, A., Vessby, B., & Scherstén, B. (1994). Cardiovascular risk factors in a Melanesian population apparently free from stroke and ischaemic heart disease: The Kitava Study. *Journal of Internal Medicine, 236*, 331–340.

    Lindeberg, S., Berntorp, E., Nilsson-Ehle, P., Terént, A., & Vessby, B. (1997). Age relations of cardiovascular risk factors in a traditional Melanesian society: The Kitava Study. *American Journal of Clinical Nutrition, 66*, 845–852.

    Lindeberg, S., Eliasson, M., Lindahl, B., & Ahrén, B. (1999). Low serum insulin in traditional Pacific Islanders—The Kitava Study. *Metabolism, 48*, 1216–1219.

11. Véase, por ejemplo, Kline, M. A., Boyd, R., & Henrich, J. (2013). Teaching and the life history of cultural transmission in Fijian villages. *Human Nature, 24*, 351–374.

12. Gray, P. (2013). Free to learn. New York: Basic Books. https://www.psychologytoday .com/us/blog/freedom-learn/200808/children-educate-themselves-iii-the-wisdom-hunter-gatherers.

    Por supuesto, los padres, conscientes de los peligros de los depredadores, serpientes, etc., establecen perímetros seguros. Pero dentro de esos perímetros, los niños son sustancialmente libres de deambular, interactuar con objetos afilados, correr, trepar y caerse, cosas por las que los padres estadounidenses podrían ser encarcelados por negligencia.

13. Salinas-Hernandez, X. I., Vogel, P., Betz, S., Kalisch, R., Sigurdsson, T., & Duvarci, S. (2018). Dopamine neurons drive fear extinction learning by signaling the omission of expected aversive outcomes. *eLife, 7*, e38818.

14. https://www.drugabuse.gov/drugs-abuse/opioids/opioid-overdose-crisis.

15. https://en.wikipedia.org/wiki/Suicide_in_the_United_States.

16. https://www.niaaa.nih.gov/alcohol-health/overview-alcohol-consumption/ alcohol-facts-and-statistics.

17. Case, A., & Deaton, A. (2017). Mortality and morbidity in the 21st century. *Brookings Papers on Economic Activity*, 397–476.

18. Eyer, J., & Sterling, P. (1977). Stress-related mortality and social organization. *Review of Radical Political Economics, 9*, 1–44.

19. Nestler, E. J., & Malenka, R. C. (2004, March). *The addicted brain. Scientific American, 290*, 78–85.

20. https://drugabuse.com/library/heroin-history-and-statistics.

21. https://en.wikipedia.org/wiki/Gin_Craze.

22. https://www.niaaa.nih.gov/alcohol-health/overview-alcohol-consumption/alcohol-facts-and-statistics.

23. https://www.cdc.gov/tobacco/data_statistics/fact_sheets/fast_facts/index.htm.

24. De Biasi, M., & Dani, J. A. (2011). Reward, addiction, withdrawal to nicotine. *Annual Review of Neuroscience, 34*, 105–130.

25. Tolentino, J. (2018, May 14). The promise of vaping and the rise of Juul. *The New Yorker*.

26. Kenny, P. J. (2013). The food addiction. Scientific American, 309, 44–49; Fletcher, P. C., & Kenny, P. J. (2018). Food addiction: A valid concept? *Neuropsychopharmacology, 43*, 2506–2513.

27. CDC National Center for Health Statistics (NCHS) data brief. *Prevalence of obesity among adults and youth: United States, 2015–2016.* https://lanekenworthy.net/ 2012/05/31/why-the-surge-in-obesity.

28. Folsom, A., Yatsuya, H., Nettleton, J. A., Lutsey, P. L., Cushman, M., & R mond, W. D., for the Atherosclerosis Risk in Communities Study Investigators. (2011). Community prevalence of ideal cardiovascular health by the AHA definition, and relation to cardiovascular disease incidence. *Journal of the American College of Cardiology, 57*, 1690–1696.

29. Reuter, J., Raedler, T., Rose, M., Hand, I., Gläscher, J., & Büchel, C. (2005). Pathological gambling is linked to reduced activation of the mesolimbic reward system. *Nature Neuroscience, 8*, 147–148.

30. Nathans, J., & Sterling, P. (2016). How scientists can reduce their carbon footprint. *eLife, 5*, e15928.

31. Pratt, L. A., Brody, D. J., & Gu, Q. (2017). *Antidepressant use among persons aged 12 and over: United States, 2011–2014* (NCHS Data Brief No. 283). Hyattsville, MD: National Center for Health Statistics.

32. Moran, R. J., Kishida, K. T., Lohrenz, T., Ignacio Saez, I., Laxton, A. W., Witcher, M. R., ... Montague, P. R. (2018). The protective action encoding of serotonin transients in the human brain. *Neuropsychopharmacology, 43*, 1425–1435.

33. Zhou, F. M., Liang, Y., Salas, R., Zhang, L., De Biasi, M., & Dani, J. A. (2005). Corelease of dopamine and serotonin from striatal dopamine terminals. *Neuron, 46*, 65–74.

34. Montague, P. R., Kishida, K. T., Moran, R. J., & Lohrenz, T. M. (2016). An efficiency framework for valence processing systems inspired by soft cross-wiring. *Current Opinion in Behavioral Sciences 11*, 121–129.

35. Los jingles publicitarios, aunque inútiles y tontos, pueden ser casi irradiables, pero eso atestigua el poder de su arte ("bueno hasta la última gota") y su repetición incesante.

36. Henry, J. P., Liu, Y.-Y., Nadra, W. E., Qian, C., Mormede, P., Lemaire, V., ... Hendley, E. D. (1993). Psychosocial stress can induce chronic hypertension in normotensive strains of rats. *Hypertension, 21*, 714–723; Henry, J. P., Liu, J., & Meehan, W. P. (1995). Psychosocial stress and experimental hypertension. In J. H. Laragh & B. M. Brenner (Eds.), *Hypertension: Pathophysiology, diagnosis and management* (pp. 905–921). New York: Raven Press.

37. Report of the NHLBI task force on blood pressure control in children. (1977). *Pediatrics, 59*, 797–820; report of the second task force on blood pressure control in children. (1987). *Pediatrics, 79*, 1–25; the fourth report on the diagnosis, evaluation, and treatment of high blood pressure in children and adolescents (NIH Publication No. 05–5267)—originally printed 1996, revised May 2005.

38. American Psychiatric Association. (2013). *Diagnostic and statistical manual of mental disorders* (5th ed.; DSM-5). Washington, DC: Author.

39. https://www.cdc.gov/ncbddd/adhd/data.html.

40. Schwarz, A. (2016). ADHD nation. New York: Scribner.

41. Nestler, E. J., Hyman, S. E., Holtzman, D. M., & Malenka, R. C. (2015). *Molecular neuropharmacology: A foundation for clinical neuroscience* (3rd ed., chapter 6, pp. 149–183). New York: McGraw-Hill.

42. Kim, Y., Teylan, M. A., Baron, M., Sands, A., Nairn, A. C., & Greengard, P. (2009). Methylphenidate-induced dendritic spine formation and DeltaFosB expression in nucleus accumbens. *Proceedings of the National Academy of Sciences of the United States of America, 106*, 2915–2920.

Grueter, B. A., Robison, A. J., Neve, R. L., Nestler, E. J., & Malenka, R. C. (2013). ΔFosB differentially modulates nucleus accumbens direct and indirect pathway function. *Proceedings of the National Academy of Sciences of the United States of America, 110*, 1923–1928.

Barrientos, C., Knowland, D., Wu, M. M. J., Lilascharoen, V., Huang, K. W., Malenka, R. C., & Lim, B. K. (2018). Cocaine-induced structural plasticity in input regions to distinct cell types in nucleus accumbens. *Biological Psychiatry, 84*, 893–904.

43. Schwarz (2016), op. cit.

44. Ripollés, P., Marco-Pallarés, J., Hielscher, U., Mestres-Missé, A., Tempelmann, C., Heinze, H. J., ... Noesselt, T. (2014). The role of reward in word learning and its implications for language acquisition. *Current Biology 24*, 2606–2611.

Ripollés, P., Marco-Pallarés, J., Alicart, H., Tempelmann, C., Rodríguez-Fornells, A., & Noesselt, T. (2016). Intrinsic monitoring of learning success facilitates memory encoding via the activation of the SN/VTA-hippocampal loop. *eLife, 5*, e17441.

Ripollés, P., Ferreri, L., Mas-Herrero, E., Alicart, H., Gómez-Andrés, A., MarcoPallares, J., ... Rodriguez-Fornells, A. (2018). Intrinsically regulated learning is modulated by synaptic dopamine signaling. *eLife, 7*, e38113.

45. El *sapiens* moderno está privado de sueño. Siete horas por noche para los adultos es el estándar de oro para la salud, pero el 35% de los adultos estadounidenses duermen menos que eso. El grado de privación del sueño es mayor para los negros, desempleados, menos educados, nunca casados y divorciados. Los adolescentes necesitan dormir más, de 8

a 10 horas, pero pocos lo logran. La privación crónica del sueño (menos de 7 horas por noche) se asocia con obesidad, diabetes, hipertensión, enfermedades cardíacas, accidentes cerebrovasculares, depresión y aumento de la mortalidad, y también con deterioro de la función inmune, aumento del dolor, deterioro del rendimiento cognitivo y mayor riesgo de accidentes. Esto no debería ser una sorpresa, dada la profunda importancia del ritmo diurno para toda fisiología y para el reloj en cada célula (ver capítulo 2).

Grandner, M., Mullington, J. M., Hashmi, S. D., Redeker, N. S., Watson, N. F., & Morgenthaler, T. I. (2018). Sleep duration and hypertension: Analysis of > 700,000 adults by age and sex. *Journal of Clinical Sleep Medicine, 14*, 1031–1039.

46. Sutton, R. S., & Barto, A. G. (2018). *Reinforcement learning: An introduction* (2nd ed.). Cambridge, MA: MIT Press.

47. La adaptación de los receptores moleculares a la dopamina, los opioides, la nicotina, etc. es precisamente análoga a la adaptación del fotorreceptor a la luz: el nivel medio establece la sensibilidad del receptor, de modo que pequeñas fluctuaciones alrededor de esa media pueden evocar respuestas fuertes. Cuando la intensidad media aumenta, los receptores disminuyen rápidamente su sensibilidad; entonces para evocar la misma respuesta se requiere una mayor intensidad o dosis. Véase Sterling, P., & Laughlin, S. (2015). *Principles of neural design*. Cambridge, MA: MIT Press.

48. Nestler and Malenka (2004), op. cit.; Kenny (2013), op. cit.

49. Sterling, P. (2018). Predictive regulation and human design. *eLife, 7*, e3.

50. Mi breve relato de la transición a la agricultura se basa en este lúcido artículo: Richerson, P. J., Boyd, R., & Bettinger, R. L. (2001). Was agriculture impossible during the Pleistocene but mandatory during the Holocene? A climate change hypothesis. *American Antiquity, 66*, 387–411.

51. Kelly (2013), op. cit.

52. Scott, J. C. (2017). *Against the grain: A deep history of the earliest states*. New Haven, CT: Yale University Press.

53. Dehaene, S., Cohen, L., Morais, J., & Kolinsky, R. (2015). Illiterate to literate: Behavioral and cerebral changes introduced by reading acquisition. Nature Reviews. *Neuroscience, 16*, 234–244.

54. Siuda-Krzywicka, K., Bola, K., Paplinska, M., Sumera, E., Jednorog, K., Marchewka, A., ... Szwed, M. (2016). Massive cortical reorganization in sighted Braille readers. *eLife, 5*, e10762.

55. Overton, M. (1996). *Agricultural revolution in England: The transformation of the agrarian economy 1500–1850*. Cambridge: Cambridge University Press; Whyte, I. D., & Whyte, K. A. (1991). *The changing Scottish landscape: 1500–1800*. London: Taylor & Francis.

56. Engels, F. (1845). *Condition of the working class in England*. Leipzig. https://www.marxists.org/archive/marx/works/download/pdf/condition-working-class-england.pdf.

57. https://en.wikipedia.org/wiki/Scottish_Agricultural_Revolution.

58. MacKay, D. J. C. (2008). *Sustainable energy—Without the hot air*. Cambridge: UIT Cambridge. Versión electrónica gratuita en www.withouthotair.com.

59. Smith, Adam. (1776). *The wealth of nations*. London. https://eet.pixel-online.org/files/etranslation/original/The%20Wealth%20of%20Nations.pdf.

Capítulo 6

1. Loscalzo, J., Barabási, A.-L., & Silverman, E. K. (Eds.). (2017). *Network medicine. Complex systems in human disease and therapeutics*. Cambridge, MA: Harvard University Press (citado en el capítulo 1).

2. Sterling, P., & Laughlin, S. (2015). *Principles of neural design*. Cambridge, MA: MIT Press.

3. La adaptación generalmente comienza con la ruta más rápida y barata hacia la inactivación, la fosforilación de las proteínas receptoras. Luego, el número de receptores disminuye por endocitosis, reciclando las proteínas de la membrana superficial hacia la célula, mientras las reemplaza más lentamente. Véase Sterling and Laughlin (2015), op. cit.

4. Dampney, R. A. L. (2016). Central control of cardiovascular system: Current perspectives. *Advances in Physiology Education, 40*, 283–296.

5. Harris, A. H., Gilliam, W. J., Findley, J. D., & Brady, J. V. (1973). Instrumental conditioning of large magnitude, daily, 12-hour blood pressure elevations in the baboon. *Science, 182*, 175.

   Herd, J. A., Morse, W. H., Kelleher, R. T., & Jones, L. G. (1969). Arterial hypertension in the squirrel monkey during behavioral experiments. *The American Journal of Physiology, 217*, 24–29.

Forsyth, R. P. (1969). Blood pressure responses to long-term avoidance schedules in the unrestrained rhesus monkey. *Psychosomatic Medicine, 31*, 300–309.

6. Timio, M., Verdecchia, P., Venanzi, S., Gentili, S., Ronconi, M., Francucci, B., ... Bichisao, E. (1988). Age and blood pressure changes: A 20-year follow-up study in nuns in a secluded order. *Hypertension, 2*, 457–461.

7. Korner, P. I. (1995). Circulatory control and the supercontrollers. *Journal of Hypertension, 13*, 1508–1521; Schiffrin, E. L. (2012). Vascular remodeling in hypertension: Mechanisms and treatment. *Hypertension, 59*, 367–374.

8. Bulley, S., Fernández-Peña, C., Hasan, R., Leo, M. D., Muralidharan, P., Mackay, C. E., ... Jaggar, J. H. (2018). Arterial smooth muscle cell PKD2 (TRPP1) channels regulate systemic blood pressure. *eLife, 7*, 42628.

9. La corteza suprarrenal contiene su propio sistema paralelo para liberar angiotensina II y aldosterona en respuesta a las señales nerviosas simpáticas. Ehrhart-Bornstein, M., Hinson, J. P., Bornstein, S. R., Scherbaum, W. A., & Vinson, G. P. (1998). Intraadrenal interactions in the regulation of adrenocortical steroidogenesis. *Endocrine Reviews, 19*, 101–143.

10. Levinthal, D. J., & Strick, P. L. (2012). The motor cortex communicates with the kidney. *The Journal of Neuroscience, 32*, 6726–6731; Dum, R. P., Levinthal, D. J., & Strick, P. L. (2016). Motor, cognitive, and affective areas of the cerebral cortex influence the adrenal medulla. *Proceedings of the National Academy of Sciences of the United States of America, 113*, 9922–9927.

11. Sterling and Laughlin (2015), op. cit., chapters 5 and 10.

12. Alhadeff, A. L., & Betley, J. N. (2017). Pass the salt: The central control of sodium intake. *Nature Neuroscience, 20*, 130–131.

Jarvie, B. C., & Palmiter, R. D. (2017). HSD2 neurons in the hindbrain drive sodium appetite. *Nature Neuroscience, 20*, 167–169.

Matsuda, T., Hiyama, T. Y., Niimura, F., Matsusaka, T., Fukamizu, A., Kobayashi, K., ... Noda, M. (2017). Distinct neural mechanisms for the control of thirst and salt appetite in the subfornical organ. *Nature Neuroscience, 20*, 230–241.

Resch, J. M., Fenselau, H., Madara, J. C., Wu, C., Campbell, J. N., Lyubetskaya, A., ... Lowell, B. B. (2017). Aldosterone-sensing neurons in the NTS exhibit state dependent pacemaker activity and drive sodium appetite via synergy with angiotensin II signaling. *Neuron, 96*, 190–206.

13. Hollenberg, N. K., Martinez, G., McCullough, M., Meinking, T., Passan, D., Preston, M., ... Vicaria-Clement, M. (1997). Aging, acculturation, salt intake, and hypertension in the Kuna of Panama. *Hypertension, 29*, 171–176.

Henry, J. P. (1988). Stress, salt and hypertension. *Social Science & Medicine, 26*, 293–302.

Waldron, I., Nowotarski, M., Freimer, M., Henry, J. P., Post, N., & Witten, C. (1982). Cross-cultural variation in blood pressure: A quantitative analysis of the relationships of blood pressure to cultural characteristics: Salt consumption and body weight. *Social Science & Medicine, 16*, 419–430.

Cooper, R., Rotimi, C., Ataman, S., McGee, D., Osotimehin, B., Kadiri, S., ... Wilks, R. (1997). The prevalence of hypertension in seven populations of West African origin. *American Journal of Public Health, 87*, 160–168.

14. Leib, D. E., & Knight, Z. A. (2015). Re-examination of dietary amino acid sensing reveals a GCN2-independent mechanism. *Cell Reports, 13*, 1081–1089.

15. Kelly, R. L. (2013). *The lifeways of hunter-gatherers: The foraging spectrum*. New York: Cambridge University Press.

16. Gerhart-Hines, Z., & Lazar, M. A. (2015). Circadian metabolism in the light of evolution. *Endocrine Reviews, 36*, 289–304.

17. Dodd, G. T., Michael, N. J., Lee-Young, R. S., Mangiafico, S. P., Pryor, J. T., Munder, A. C., ... Tiganis T. (2018). Insulin regulates POMC neuronal plasticity to control glucose metabolism. *elife, 7*, e38704.

18. Woods, S. C., & Ramsay, D. S. (2007). Homeostasis: Beyond Curt Richter. *Appetite, 49*, 388–398.

19. Morris, C. J., Purvis, T. E., Hua, K., & Scheer, F. A. J. L. (2016). Circadian misalignment increases cardiovascular disease risk factors in humans. *Proceedings of the National Academy of Sciences of the United States of America, 113*, E1402–E1411. http://www.pnas.org/cgi/doi/10.1073/pnas.1516953113.

Brandt, C., Nolte, H., Henschke, S., Engström Ruud, L., Awazawa, M., Morgan, D. A., ... Brüning, J. C. (2018). Food perception primes hepatic ER homeostasis via melanocortin-dependent control of mTOR activation. *Cell, 175*, 1321–1335.

20. Gerhart-Hines and Lazar (2015), op. cit.

21. Andermann, M. L., & Lowell, B. B. (2017). Toward a wiring diagram understanding of appetite control. *Neuron, 95*, 757–778; Sternson, S. M., & Eiselt, A.-K. (2017). Three pillars for the neural control of appetite. *Annual Review of Physiology, 79*, 401–423.

22. Grill, H. J., & Hayes, M. R. (2012). Hindbrain neurons as an essential hub in the neuroanatomically distributed control of energy balance. *Cell Metabolism, 16*, 296–309.

23. Andermann and Lowell (2017), op. cit.

24. Li, Y., Schnabl, K., Gabler, S. M., Willershäuser, M., Reber, J., Karlas, A., ... Klingenspor, M. (2018). Secretin-activated brown fat mediates prandial thermogenesis to induce satiation. *Cell, 175*, 1561–1574.

25. Kershaw, E. E., & Flier, J. S. (2004). Adipose tissue as an endocrine organ. *The Journal of Clinical Endocrinology and Metabolism, 89*, 2548–2556.

26. Mera, P., Ferron, M., & Mosialou, I. (2018). Regulation of energy metabolism by bone-derived hormones. *Cold Spring Harbor Perspectives in Medicine, 8*.

27. The GBD 2015 Obesity Collaborators (2017). Health effects of overweight and obesity in 195 countries over 25 years. *New England Journal of Medicine, 377*, 13–27.

28. Stamatakis, E., Wardle, J., & Cole, T. J. (2010). Childhood obesity and overweight prevalence trends in England: Evidence for growing socioeconomic disparities. *International Journal of Obesity, 34*, 41–47.

29. Ogden, C. L., Lamb, M. M., Carroll, M. D., & Flegal, K. M. (2010). Obesity and socioeconomic status in adults: United States, 2005–2008. *NCHS Data Brief, 50*, 1–8.

30. Scott, K. A., Melhorn, S. J., & Sakai, R. R. (2012). Effects of chronic social stress on obesity. *Current Obesity Reports, 1*, 16–25.

31. Kelly (2013), op. cit.; Hooper, P. L., Demps, K., Gurven, M., Gerkey, D., & Kaplan, H. S. (2015). Skills, division of labour and economies of

scale among Amazonian hunters and South Indian honey collectors. *Philosophical Transactions of the Royal Society,* 370.

32. The GBD 2015 Obesity Collaborators (2017), op. cit.

33. Musselman, L. P., Fink, J. L., Narzinski, K., Ramachandran, P. V., Hathiramani, S. S., Cagan, R. L., & Baranski, T. J. (2011). A high-sugar diet produces obesity and insulin resistance in wild-type drosophila. *Disease Models & Mechanisms, 4,* 842–849.

34. Brandt et al. (2018), op. cit.

35. do Carmo, J. M., da Silva, A. A., Wang, Z., Fang, T., Aberdein, N., de Lara Rodriguez, C. E., & Hall, J. E. (2016). Obesity-induced hypertension: Brain signaling pathways. *Current Hypertension Reports, 18,* 58.

    Mark, A. L. (2013). Selective leptin resistance revisited. *American Journal of Regulatory Integrative and Comparative Physiology, 305,* R566–R581.

36. Zhang, X., Wang, J., Li, J., Yu, Y., & Song, Y. (2018). A positive association between dietary sodium intake and obesity and central obesity: Results from the National Health and Nutrition Examination Survey 1999–2006. *Nutrition Research, 55.*

37. Kleinridders, A., Ferris, H. A., Cai, W., & Kahn, C. R. (2014). Insulin action in brain regulates systemic metabolism and brain function. *Diabetes, 63,* 2232–2243.

    Gao, H., Molinas, A. J. R., Miyata, X. K., Qiao, X., & Zsombok, A. (2017). Overactivity of liver-related neurons in the paraventricular nucleus of the hypothalamus: Electrophysiological findings in db/db mice. *Journal of Neuroscience, 37,* 11140–11150.

38. Wang, Z., do Carmo, J. M., Aberdein, N., Zhou, X., Williams, J. M., da Silva, A. A., Hall, J. E. (2017). Synergistic interaction of hypertension and diabetes in promoting kidney injury and the role of endoplasmic reticulum stress. *Hypertension, 69,* 879–891.

39. Peters, A., McEwen, B. S., & Friston, K. (2017). Uncertainty and stress: Why it causes diseases and how it is mastered by the brain. *Progress in Neurobiology, 156,* 164–188.

    Koob, G. F., & Schulkin, J. (2018). Addiction and stress: An allostatic view. *Neuroscience and Biobehavioral Reviews, 2,* S0149–7634:30218–5.

Sapolsky, R. M. (2017). *Behave: The biology of humans at our best and worst*. New York: Random House.

Los lectores deben tener en cuenta que apenas he mencionado el control hipotalámico de la glándula pituitaria anterior, un eje importante de la regulación endocrina. Esta vía, de gran importancia para la salud y la "carga alostática" está cubierta por muchas otras, incluidas las mencionadas McEwen, Schulkin y Sapolsky.

40. Ulrich-Lai, Y. M., Christiansen, A. M., Ostrander, M. M., Jones, A. A., Jones, K. R., Choi, D. C., ... Herman, J. P. (2010). Pleasurable behaviors reduce stress via brain reward pathways. *Proceedings of the National Academy of Sciences of the United States of America, 107*, 20529–20534.

41. Shohat-Ophir, G., Kaun, K. R., Azanchi, R., Mohammed, H., & Heberlein, U. (2012). Sexual experience affects ethanol intake in *Drosophila* through neuropeptide *F. Science, 335*, 1351–1355.

42. La siguiente descripción de los tratamientos farmacológicos para la hipertensión resume muchos estudios publicados y se puede confirmar examinando varios sitios web: Web MD, Mayo Clinic, Cleveland Clinic, UK National Health Service, etc. Web MD incluye una advertencia especial para los afroamericanos, que tienen el doble de prevalencia de hipertensión a edades más tempranas que los blancos, de que pueden ser genéticamente sensibles a la sal: a pesar de décadas de evidencia que desacredita esta noción (véase la nota 13, Cooper et al. [1997]). Web MD no advierte del peligro para los afroamericanos de DWB (conducir siendo negro).

43. Ziauddeen, H., Chamberlain, S. R., Nathan, P. J., Koch, A., Maltby, K., Bush, M., ... Bullmore, E. T. (2013). Effects of the mu-opioid receptor antagonist GSK1521498 on hedonic and consummatory eating behaviour: A proof of mechanism study in binge-eating obese subjects. *Molecular Psychiatry, 18*, 1287–1293.

44. Apovian, C. M. (2016). Naltrexone/bupropion for the treatment of obesity and obesity with type 2 diabetes. *Future Cardiology, 12*, 129–138.

45. Vallon, V., & Thomson, S. C. (2017). Targeting renal glucose reabsorption to treat hyperglycemia: The pleiotropic effects of SGLT2 inhibition. *Diabetologia, 60*, 215–225.

46. Liu, D. M., Mosialou, I., & Liu, J. M. (2018). Bone: Another potential target to treat, prevent and predict diabetes. *Diabetes, Obesity, & Metabolism, 8*, 1817–1828.

47. Pascoli, V., Hiver, A., Van Zessen, R., Loureiro, M., Achargui, R., Harada, M., ... Lüscher, C. (2018). Stochastic synaptic plasticity underlying compulsion in a model of addiction. *Nature, 564*, 366–371; Janak P. (2018). Brain circuits of compulsive addiction. *Nature, 564*, 349–350.

48. Sexton, C. E., Ebbert, M. T. W., Miller, R. H., Ferrel, M., Tschanz, J. A. T., Corcoran, C. D., ... Kauwe J. S. K. (2018). Common DNA variants accurately rank an individual of extreme height. *International Journal of Genomics, 2018*, 5121540.

49. Gintis, H., Bowles, S., Boyd, R., & Fehr, E. (Eds.). (2005). *Moral sentiments and material interests: The foundations of cooperation in economic life*. Cambridge, MA: MIT Press; Ruff, C. C., & Fehr, E. (2014). The neurobiology of rewards and values in social decision making. *Nature Reviews. Neuroscience, 15*, 549–562.

50. Nesse, R. M., & Williams, G. C. (1996). Why we get sick. New York: Vintage; Stearns, S. C., &Medzhitov, R. (2015). *Evolutionary medicine*. Sunderland: Sinauer Associates.

51. Tamminga, C. A., Pearlson, G., Keshavan, M., Sweeney, J., Clementz, B., & Thaker, G. (2014). Bipolar and schizophrenia network for intermediate phenotypes: Outcomes across the psychosis continuum. *Schizophrenia Bulletin, 40* (Suppl. 2), S131–S137.

52. International Schizophrenia Consortium: Purcell, S. M., Wray, N. R., Stone J. L., Visscher, P. M., O'Donovan, M. C., Sullivan, P. F. ... Sklar, P. (2009). Common polygenic variation contributes to risk of schizophrenia and bipolar disorder. *Nature, 460*, 748–752.

Goes, F. S., Pirooznia, M., Parla, J. S., Kramer, M., Ghiban, E., Mavruk, S., ... Potash, J. B. (2016). Exome sequencing of familial bipolar disorder. *JAMA Psychiatry, 73*, 590–597.

The Brainstorm Consortium. (2018). Analysis of shared heritability in common disorders of the brain. *Science, 360*, eaap8757.

Sullivan, P. F., & Geschwind, D. H. (2019). Defining the genetic, genomic, cellular, and diagnostic architectures of psychiatric disorders. *Cell, 177*, 162–183.

53. Kandel, E. R. (2018). The disordered mind. New York: Farrar, Straus and Giroux.

54. Schaefer, J. D., Caspi, A., Belsky, D. W., Harrington, H., Houts, R., Horwood, L. J., ... Moffitt, T. E. (2017). Enduring mental health: Preva-

lence and prediction. *Journal of Abnormal Psychology, 126*, 212–224.

55. Sterling, P. (2014). Homeostasis vs allostasis: Implications for brain function and mental disorders. *JAMA Psychiatry, 71*, 1192–1193.

56. Tuke, S. (1813). Description of the Retreat. Reprinted in 1964 with introduction by R. Hunter & I. Macalpine. London: Dawsons of Pall Mall.

    Bockhoven J. S. (1956). Moral treatment in American psychiatry. *The Journal of Nervous and Mental Disease, 124*, 292–321.

    Grob, G. N. (1966). *The state and the mentally ill: A history of Worcester State Hospital in Massachusetts, 1830–1920*. Chapel Hill: University of North Carolina Press.

57. Greenblatt, M., York, R. H., & Brown, E. L. (1955). *From custodial to therapeutic patient care in mental hospitals: Exploration in social treatment*. New York: Russell Sage Foundation.

58. Sterling, P. (1978). Ethics and effectiveness of psychosurgery. In J. P. Brady & H. K. H. Brodie (Eds.), *Controversies in psychiatry* (pp. 126–160). Philadelphia, PA: Saunders; Valenstein, E. S. (1986). *Great and desperate cures: The rise and decline of psychosurgery and other radical treatments for mental illness*. New York: Basic Books.

59. Sterling, P. (1979, December 8). Psychiatry's drug addiction. *The New Republic*, pp. 14–18.

Capítulo 7

1. Translation by Robert Alter (1996). New York: Norton.

2. Carpenter, R. H. S. (2004). Homeostasis: A plea for a unified approach. *Advances in Physiology Education, 28*, 180–187.

3. Nuestro artículo original denotó alostasis "un nuevo paradigma". Treinta años después, el paradigma sigue siendo nuevo. Por ejemplo, el compendio dominante, Principles of Neuroscience de Kandel y sus colegas, no coloca el hipotálamo y el sistema nervioso autónomo en el centro de la función cerebral, sino que los introduce solo en el capítulo 47 (p. 1056). Ni el control predictivo, ni la "homeostasis anidada", ni la alostasis se mencionan, solo la homeostasis.

4. Purzychi, B. G., Henrich, J., Apicella, C., Atkinson, Q. D., Baimel, A., Cohen, E., ... Norenzayan, A. (2017). The evolution of religion and morality: A synthesis of ethnographic and experimental evidence from eight societies. *Religion, Brain, and Behavior*. http://dx.doi.org/10.108

0/2153599X.2016.1267027.

5. Lambert, K. G. (2006). Rising rates of depression in today's society: Consideration of the role of effort-based rewards and enhanced resilience in day-to-day functioning. *Neuroscience and Biobehavioral Reviews, 30*, 497–510.

6. Sterling, P. (2016, February). Why we abandon a life of small pleasures. Author's Response to "Why we consume: Neural design and sustainability." Great Transition Initiative. http://www.greattransition.org/commentary/author-response-why -we-consume.

7. https://en.wikipedia.org/wiki/Milton_H._Erickson.

8. Wilkinson, Richard, & Pickett, K. (2010). *The spirit level: Why greater equality makes societies stronger*. New York: Bloomsbury Press.

9. Pinker, S. (2018). *Enlightenment now: The case for reason, science, humanism and progress.* New York: Penguin Random House, 100–101.

   Pinker distorsiona y exagera el razonamiento templado de The Spirit Level de Wilkinson y Pickett, llamándolo "la teoría del todo de la nueva izquierda" y acusando a los autores de seleccionar datos para probar un punto. Los acusa de "saltar de una maraña de correlaciones a una explicación de causa única". De hecho, estos autores explican cuidadosamente sus elecciones de datos y no presentan una explicación para todo. Además, son muy conscientes, como distinguidos epidemiólogos, de que una sola correlación no prueba la causalidad. Pero también saben que con *correlaciones múltiples y fuertes* con la misma variable, una hipótesis de causalidad es un buen lugar para comenzar. Todas las quejas de Pinker se abordan pacientemente al final de su libro.

   Darwin enfrentó el mismo tipo de crítica. Al concluir su *Origen de las especies*, Darwin dijo en efecto, sí, se podría explicar una característica u otra planteando la hipótesis de la creación especial. Pero tomándolos todos juntos, la hipótesis más razonable es la descendencia con modificación por selección natural.

10. Brosnan, S. F., & De Waal, F. B. (2003). Monkeys reject unequal pay. *Nature, 425*, 297–299.

11. Brosnan, S. F., & de Waal, F. B. (2014). Evolution of responses to (un) fairness. *Science, 346*, 1251776.

12. Ruff, C. C., & Fehr, E. (2014). The neurobiology of rewards and values in social decision making. *Nature Reviews. Neuroscience, 15*, 549–562.

13. Nathans, J., & Sterling, P. (2016). How scientists can reduce their carbon footprint. *eLife, 5*, e15928.

14. Matthiessen, P. (1965). *At play in the fields of the Lord.* New York: Random House; Matthiessen, P. (1978). *The snow leopard.* New York: Viking.

15. Sterling, P. (2014). Homeostasis vs allostasis: Implications for brain function and mental disorders. *JAMA Psychiatry, 71*, 1192–1193.

16. He, Z., Gao, Y., Alhadeff, A. L., Castorena, C. M., Huang, Y., Lieu, L., ... Williams, K. W. (2018). Cellular and synaptic reorganization of arcuate NPY/AgRP and POMC neurons after exercise. *Molecular Metabolism, 18*, 107–119.

    Schulkin, J., & Sterling, P. (2019). Allostasis: A brain-centered, predictive model of physiological regulation. *Trends in Neurosciences, 42*. DOI 10.1016/j.tins.2019.

Índice

D

E

Peter Sterling

Fotografía ©, Cat Thrasher

Peter Sterling estudió biología en la Universidad de Cornell y en la Facultad de Medicina de la Universidad de Nueva York y se doctoró en neurociencia en la Universidad de Western Reserve. Tras sus estudios postdoctorales en la Facultad de Medicina de Harvard, estableció un laboratorio en la Facultad de Medicina de la Universidad de Pensilvania, donde estudió la estructura y la función de los circuitos neuronales, lo que le llevó a escribir un libro con Simon Laughlin, Principles of Neural Design (2015). Sterling es también un activista social de toda la vida, habiendo hecho campaña por los derechos civiles como "Freedom Rider" contra la guerra de Vietnam y contra los intentos de tratar los trastornos mentales con psicocirugía, electroshock y fármacos neurolépticos, que dañan el cerebro.

Las observaciones del profesor Sterling sobre las diferencias de salud entre las comunidades estadounidenses socialmente estresadas y las comunidades indígenas más integradas de América Central le llevaron a formular con Joseph Eyer el concepto de alostasis. El cerebro optimiza la eficiencia energética prediciendo las necesidades y gobernando toda nuestra bioquímica y fisiología para satisfacerlas. La alostasis emplea un circuito cerebral que obliga a la búsqueda—de comida, agua, pareja—y hace una breve pausa cuando obtenemos una sorpresa positiva. La vida moderna reduce tanto las oportunidades de ser sorprendidos que nos vemos obligados a buscar estas experiencias a través del consumo: hamburguesas más grandes, más opioides e innumerables actividades que implican altas emisiones de carbono. El nuevo libro de Sterling, *What is Health?* (2020), publicado aquí en su versión traducida, *¿Qué es la salud?* (2022), arma una comprensión desde las moléculas hacia arriba de que la sociedad debe abandonar las meras soluciones técnicas y restaurar las posibilidades de pequeñas recompensas diarias para las que fuimos cableados por la evolución misma.

A través de los años, el doctor Sterling ha sido galardonado con los siguientes premios:

- C. Judson Herrick Award (1971) en reconocimiento a sus importantes contribuciones al campo de la neurología comparada;
- Boycott Prize (2004) en la reunión de FASEB sobre neurobiología de la retina,
- Proctor Medal (2012) por su investigación en el comportamiento fisiológico y la neurociencia.

Sterling vive ahora la mitad del año en una pequeña finca en las montañas del oeste de Panamá y la otra mitad en una zona rural de Massachusetts.

Títulos por Peter Sterling
disponibles en inglés

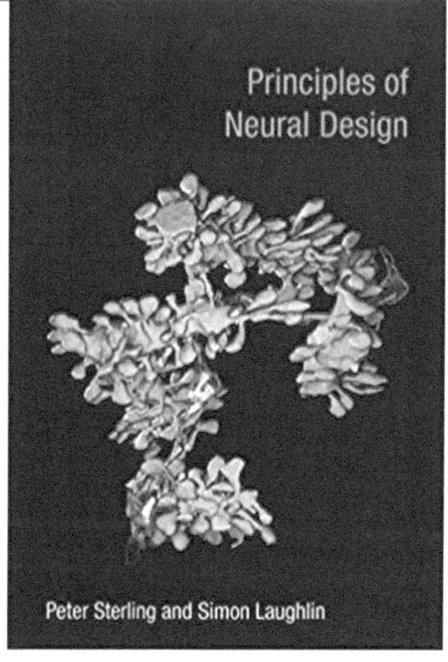

¡Gracias por leer este libro! Esperamos que haya disfrutado tanto como hemos disfrutado escribiéndolo, ilustrándolo y publicándolo. De ser así, visite el sitio donde lo compró y deje una reseña y le comenta a sus amigos.

Cecropia Press
www.cecropiapress.com